U0232407

电力物联网技术及智能应用

蒲天骄 等 著

科 学 出 版 社

北 京

内 容 简 介

本书系统介绍了电力物联网技术，并从电力生产实践出发介绍了电力物联网关键技术示范应用工程实例。全书共 8 章，第 1 章和第 2 章概述了电力物联网的发展背景、科学问题与体系架构，第 3 章～第 6 章分层介绍了新型智能感知、自组网通信、平台的接入与存储、数据机理驱动的智能应用等“端-边-管-云-智”电力物联网关键技术，第 7 章介绍国家重点研发计划项目“电力物联网关键技术”中的示范应用工程情况，第 8 章对感知技术、通信技术、平台技术与应用技术进行了展望。

本书可供电气工程专业与电力物联网专业科研人员、高等院校教师及相关从业人员参考。

图书在版编目（CIP）数据

电力物联网技术及智能应用 / 蒲天骄等著. —北京：科学出版社，2024.6

ISBN 978-7-03-077062-2

Ⅰ. ①电… Ⅱ. ①蒲… Ⅲ. ①电力系统-物联网-智能技术-研究 Ⅳ. ①TM7

中国国家版本馆CIP数据核字（2023）第218914号

责任编辑：耿建业 冯晓利 / 责任校对：王萌萌
责任印制：师艳茹 / 封面设计：无极书装

科学出版社 出版
北京东黄城根北街 16 号
邮政编码: 100717
http://www.sciencep.com
北京市金木堂数码科技有限公司印刷
科学出版社发行 各地新华书店经销
*
2024 年 6 月第 一 版 开本：720 × 1000 1/16
2024 年 6 月第一次印刷 印张：15 1/2 插页：8
字数：307 000

定价：160.00 元

（如有印装质量问题，我社负责调换）

撰 写 组

组　　长：蒲天骄

副 组 长：王新迎　韩　笑

撰写人员：谈元鹏　王晓辉　乔　骥　仝　杰　琚　诚

董　雷　钟海旺　陈　盛　李　烨　张中浩

雷煜卿　王兰若　张树华　马世乾　宋　睿

王　辰　赵紫璇　闫　冬　肖　凯　郭鹏天

李道兴　张晓娟　张继宇

序

电力物联网是电力系统数字化转型、智能化升级的基础和载体，可实现电网从物理空间到数字空间的实时全景映射，进一步在数字空间基于人工智能开展分析推演与优化决策，反馈引导物理空间中实体电网的趋优进化，最终实现电网智慧运行。

电力物联网是电网数字化、智能化发展的支点，其核心是电力物联网智能应用技术，通过构建连接源网荷储全环节要素与全社会电力用户的物联网体系，实现电网、设备与用户状态的动态采集、在线监测和实时感知，最终基于人工智能实现典型业务智慧化赋能，保障高比例可再生能源广泛接入、源网荷储资源安全高效灵活配置与多元新型负荷需求充分满足。

近年来，电力物联网技术在“采-传-存-用”相关环节都取得了一定的阶段成果，也有相关著作出版，然而随着新型电力系统的构建加快，电力物联网在精准数字映射、态势演化与引导优化等技术方面研究还有待深入和完善。特别是在如何促进电力系统物理数字信息的深度融合，如何构建实体电网的数字映射空间等科学问题上尚存在空白。具体到各技术能力方面，仍存在如下主要挑战：在状态精准感知能力上，日益突出的源荷不确定性对电网状态采集提出了更高要求；在信息高效传输能力上，当前网络连接的广泛性和实时性也亟待提升；在数据融合处理能力上，海量高并发终端接入能力不足；在智能优化决策能力上，源网荷储要素协调调控手段较为单一，且与用户资源的互动能力亟待加强。

针对上述挑战，中国电力科学研究院有限公司联合中国科学院上海微系统与信息技术研究所、清华大学、华北电力大学等多家单位通过国家重点研发计划项目“电力物联网关键技术”开展了技术攻关，并实现了技术突破、应用创新及示范落地。《电力物联网技术及智能应用》是多年来撰写团队对电力物联网及其智能应用技术研究成果与工程实践经验的系统总结和凝练，系统阐述了“端-边-管-云-智”的电力物联网体系架构以及电力物联网采-传-存-用等全环节关键技术，重点介绍了在新型高性能传感器、电力多参量物联终端、超多跳自组网装置、电力物联网支撑平台、数据机理融合的电力物联网智能应用等关键技术方面取得的创新突破；分享了天津滨海电力物联网示范工程实践经验，包括“端-边-管”侧部署安装的高性能传感器、多参量物联终端与超多跳无线自组网装置，“云”侧电力物联网支撑平台，“智”侧电力设备故障智能感知与诊断、源网荷储协同优化、综合能源能效提升等智慧化赋能典型应用实践；最后结合技术发展趋势及“双碳”

目标下电力行业发展迫切需求，展望了电力物联网智能应用技术的未来发展方向。

该书内容原创性强，技术先进性突出，撰写过程中注重学术理论研究成果与实际生产工程应用的紧密结合，分享了撰写团队在科技成果创新及实际工程实施中积累的宝贵经验，有效弥补了我国在电力物联网技术与智能应用领域方面的系统性高水平专著空白。希望该书可为电力物联网、电力人工智能等领域的科研人员、高校师生和工程技术人员提供有益参考与帮助，并加快推动数字化、智能化技术在新型能源体系的创新应用，助力“双碳”目标实现。

2024 年 5 月

前　　言

随着能源革命与数字革命的不断融合发展，电力系统正在向绿色化、网络化、智能化的新型电力系统演进升级，作为实现新型电力系统的基础和载体，电力物联网应运而生。

电力物联网是应用于电力领域的工业级物联网，围绕电力系统各个环节，充分利用传感技术[①]、网络互联技术、平台技术等现代信息技术和先进通信技术，实现电力系统各个环节设备、网架、人员的万物互联与人机交互，最终支撑电网业务在数字空间中的呈现、仿真与决策，实现电网智慧运行、设备精益管理与供电优质服务。

本书撰写团队从 2018 年起开始从事电力大数据、人工智能、物联网等方向的技术研究，2020 年 7 月开始承担国家重点研发计划项目“智能电网技术与装备”重点专项“电力物联网关键技术”，历经三年半时间，克服了新冠疫情带来的重重困难，完成了电力物联网“采-传-存-用”全环节关键技术攻关与应用验证，从无到有实现技术落地与示范工程建设。很多专家建议将国家重点研发计划项目技术创新与应用实践过程中的核心成果与应用经验进行总结凝练，撰写一本电力物联网领域的书籍与从业人员分享，以推动行业整体进步和技术创新发展。受此鼓舞，本书的撰写团队经过一年的努力，将研发应用过程中凝聚沉淀的先进技术成果与实践经验编撰为稿，多次打磨，最终形成本书。

本书从电力物联网领域的发展背景与科学问题出发，提出了计及多形态智能与跨层级协同的电力物联网新型体系架构，全方位阐述感知层、边缘层、网络层、平台层与应用层等全层级技术理论突破，结合示范工程介绍了系统化应用实例，并展望了未来发展方向。本书共 8 章，蒲天骄组织了全书撰写工作，蒲天骄、王新迎、韩笑等制定了本书大纲。

第 1 章概述了电力物联网的发展背景、科学问题与关键技术，由蒲天骄、韩笑等撰写。

第 2 章介绍了电力物联网体系架构，主要包括架构设计与安全防护技术，提出了“端-边-管-云-智”的感知、边缘、网络、平台、应用五层架构，以及基于零信任与协调防御的安全防护技术，由仝杰、雷煜卿、张晓娟、张继宇等撰写。

① 传感技术是指能够感知和检测某一形态的信息并将之置换为另一形态信息的技术。

第 3 章介绍了新型智能感知技术[①]，主要包括局部放电传感、自取能振动传感、多参量光学传感等精准感知技术和电力多参量物联代理、电力物联网边缘智能等边缘计算技术，为状态精准感知、数据就地处理提供支撑，由谈元鹏、王兰若、张树华、宋睿等撰写。

第 4 章介绍了自组网高效通信技术，主要包括宽带超多跳自组网技术与窄带多层次大规模自组网技术，解决多跳传输与应急通信系统不可靠、不稳定、环境适应力弱的问题，由琚诚、谈元鹏、王辰等撰写。

第 5 章介绍了海量物联设备连接及数据共享技术，主要包括高并发异构终端的接入管理技术与海量数据融合共享管理技术，为数据融合共享和模型高效可靠训练提供支撑基础，由王晓辉、肖凯、郭鹏天、李道兴等撰写。

第 6 章介绍了电力物联网智能应用技术，首先阐述了数据机理融合建模方法与技术框架，然后从设备、电网和用户三方面介绍了电力设备故障智能感知与诊断、源网荷储自主智能调控、综合能源自治协同等典型应用技术，有效支撑了新型电力系统源网荷储全环节的认知决策能力提升，由蒲天骄、乔骥、董雷、钟海旺、陈盛、李烨、张中浩、赵紫璇、闫冬等撰写。

第 7 章介绍了电力物联网示范应用工程，包括建设背景、物联网基础技术工程实例与智能应用系统，由王新迎、马世乾、王兰若、张中浩、陈盛、李烨、李道兴等撰写。

第 8 章结合新型电力系统发展态势与演进方向，对电力物联网的感知技术、传输技术、平台技术与应用技术进行了展望，由蒲天骄、韩笑等撰写。

在这里，我要感谢所有参加撰写的团队成员，感谢参加校对的各位编辑。

感谢张东霞、寇惠珍等教授级高级工程师对本书进行了认真细致的审查，提出了许多宝贵的修改建议。

感谢彭国政、陈予尧、史梦洁、陈勇等研究人员为相关课题研究给予了技术指导，张明皓、赵传奇、王梓博、张启哲、莫文昊、王木、朱亚运、钱森、王妍、陈川、黄猛等研究人员参与了相关技术研究工作。

感谢科学出版社在本书出版过程中给予的大力支持。

本书参考和借鉴了国内外同行的大量成果、观点与经验，参考了许多相关文献和资料，书中列出的参考文献仅是其中一部分，在此向所有参考文献的作者表示衷心的感谢。

---

① 感知技术是在智能传感技术的基础上，具备自我诊断、自我识别与自适应决策功能的技术。传感技术与感知技术更详细的区分可参考如下文献：王继业，蒲天骄，仝杰，等. 2020. 能源互联网智能感知技术框架与应用布局. 电力信息与通信技术, 18(4): 1-14.

希望本书能对关心电力物联网技术和产业发展的各级领导、高校师生及产业链相关领域的工作人员等有所裨益。

由于笔者水平有限，书中难免存在不足之处，欢迎广大专家和读者不吝指教。

作　者

2024年2月

目　　录

序
前言
第 1 章　概述 1
1.1　发展背景 1
1.2　现状和问题 3
1.3　研究框架 5
参考文献 8
第 2 章　电力物联网架构及安全防御 9
2.1　电力物联网架构设计 11
2.1.1　电力物联网架构的研究现状 11
2.1.2　电力物联网分层架构增强 14
2.2　电力物联网技术架构 17
2.2.1　终端感知及边缘计算技术 17
2.2.2　网络与通信技术 19
2.2.3　物联平台技术 20
2.2.4　人工智能应用技术 21
2.3　电力物联网安全防护 22
2.3.1　基于零信任的网络安全防护技术 22
2.3.2　面向电力物联网的协同防御技术 27
2.4　小结 30
参考文献 31
第 3 章　电力物联网中的新型智能感知 33
3.1　新型电力传感技术 35
3.1.1　局部放电传感技术 35
3.1.2　自取能振动传感技术 43
3.1.3　多参量光学传感技术 47
3.2　电力多参量物联代理技术 57
3.2.1　电力多参量物联代理 58
3.2.2　RISC-V 扩展指令集 59
3.2.3　软件定义无线电技术 60

3.2.4　南向设备模型化技术……61
3.2.5　目标检测模型高效运行技术……62
3.3　小结……66
参考文献……66
第 4 章　电力物联网的自组网通信……68
4.1　宽带超多跳自组网技术……69
4.1.1　基于时分复用的跨层信息调度技术……69
4.1.2　超多跳可靠传输技术……71
4.1.3　宽带超多跳自组网设备……78
4.2　窄带自组网技术……84
4.2.1　最小频移键控技术……84
4.2.2　窄带多层次自组网设备……86
4.3　小结……89
参考文献……89
第 5 章　电力物联网平台的接入与存储……91
5.1　高并发异构物联终端接入管控技术……93
5.1.1　软件定义的物联终端管控技术……93
5.1.2　分布式高并发通信技术……97
5.2　海量物联数据存储与分析技术……103
5.2.1　电力图数据高性能存储技术……103
5.2.2　电力图数据计算分析技术……109
5.3　小结……114
参考文献……115
第 6 章　数据机理驱动的电力物联网应用……117
6.1　数据-机理融合建模方法……118
6.1.1　融合建模需求分析……118
6.1.2　融合建模的几种典型结构……120
6.1.3　融合建模技术的应用思路……123
6.2　电力设备故障智能感知与诊断……125
6.2.1　电力设备多源数据融合技术……127
6.2.2　电力设备状态评估技术……128
6.2.3　电力设备故障诊断技术……132
6.2.4　应用算例……139
6.3　数据机理驱动的源网荷储协同优化……143
6.3.1　源网荷储预测分析技术……144

6.3.2 模型/数据交互驱动的源网荷储协同优化技术……148
6.3.3 源网荷储分布式自主控制技术……156
6.3.4 源网荷储协同优化应用算例……160
6.4 数据机理驱动的综合能源集群博弈优化技术……170
6.4.1 基于非侵入式的综合能源时空特性分析技术……171
6.4.2 知识引导融合的综合能源自治运行技术……178
6.4.3 综合能源博弈优化技术……185
6.4.4 综合能源集群博弈优化应用算例……190
6.5 小结……197
参考文献……198
第7章 电力物联网工程实例……201
7.1 系统建设背景……201
7.2 电力物联网基础技术工程实例……202
7.3 电力物联网智能应用系统……213
7.4 小结……225
第8章 未来展望……226
8.1 感知技术……226
8.2 通信技术……227
8.3 平台技术……228
8.4 应用技术……229
8.5 小结……230
参考文献……231
彩图

第1章 概　述

1.1 发展背景

全球能源和工业体系加快演变重构，我国能源低碳转型正处于关键时期。能源电力领域碳排放总量大，是实现碳减排目标的关键和重点领域。2023年7月，中央全面深化改革委员会第二次会议提出，要深化电力体制改革，加快构建清洁低碳、安全充裕、经济高效、供需协同、灵活智能的新型电力系统，更好推动能源生产和消费革命，保障国家能源安全。

目前，电力系统的状态感知、通信传输、数据分析与优化决策能力难以完全满足新型电力系统的新需求。在感知能力上，由于各类新能源发电、多元化储能及新型负荷的大规模友好接入，源荷不确定性日益突出、电网态势感知难度增大，需要对各环节的电气量、状态量、物理量、环境量、空间量、行为量进行全面精准感知；在通信能力上，网络连接的广泛性和实时性不够，需要实现对电网感知信息的高效、灵活、安全传输；在数据计算与处理能力上，海量高并发终端接入能力不足，电网模型与数据处理、计算、存储结合不够；在协同互动能力上，传统的能源电力优化运行基本理论已经无法满足多能源耦合互济、源网荷储协同优化和“双高”特征下的电力系统调频、调压需求，源网荷各要素协调调控手段较为单一且与用户资源的互动能力不足，难以实现对新能源的高效消纳、储能的有效利用与电动汽车的即插即用[1]。

为了实现对新型电力系统的全景状态感知、高效通信传输、海量数据计算与复杂系统分析决策，需要将“云-大-物-移-智-链”等数字化技术与能源电力技术进行深入融合，推动能源电力数字化转型工作[2]。能源领域的数字化转型升级是把握新一轮科技革命和产业变革新机遇的战略选择，是落实“四个革命、一个合作”能源安全新战略和建设新型能源体系的有效措施。2021年中国工程院重大咨询专项“我国碳达峰、碳中和战略及路径研究”课题三“电力行业碳达峰碳中和实施路径研究”咨询项目指出，数字化、智能化技术是实现系统升级转型的基础支撑技术。2023年3月《国家能源局关于加快推进能源数字化智能化发展的若干意见》指出，“以数字化智能化电网支撑新型电力系统建设。推动实体电网数字呈现、仿真和决策”。国家电网有限公司（以下简称国家电网公司）2022年发布的《新型电力系统数字技术支撑体系白皮书》指出，构建新型电力系统、促进能源清洁低碳转型要求数字技术与实体电网深度融合，提高电网数字化水平是数字经济发展的必然趋势，构建数字技术支撑体系是推动电网数字化转型的现实需要。中国南方电网有限责任公司(以下简称南方电网公司)于2020年发布的《数字电网白皮书》指出，数字电网应用云计算、大数据、物联网、移动互联网、人工智能、区块链等新一代数字技术对传统电网进行数字化改造，发挥数据的生产要素作用，以数据流引领和优化能量流、业务流。

电力物联网技术体系是感知、通信、计算与决策等全环节多种电力数字化技术的有机结合，是“云-大-物-移-智-链”等主要数字化技术的关键组成部分。物联网(internet of things，IoT)一词最早由麻省理工学院自动识别中心联合创始人Kevin Ashton提出[3,4]。当前，国际标准化组织/国际电工委员会第一联合技术委员会(ISO/IEC JTC1)将物联网定义为：一种物、人、系统和信息资源互联的基础设施，结合智能服务，使其能够处理物理和虚拟世界的信息并做出响应；国际电信联盟也给出了物联网的定义：让每个目标物体通过传感系统接入网络，实现从随时随地的人与人之间的沟通连接扩展到人与物、物与物之间按需进行的信息获取、传递、存储、认知、决策、使用等服务；《物联网 术语》(GB/T 33745—2017)将物联网定义为通过感知设备，按照约定协议，连接物、人、系统和信息资源，实现对物理和虚拟世界的信息进行处理并作出反应的智能服务系统。电力物联网是应用于电力领域的工业级物联网[5,6]，《电力物联网体系架构与功能》(DL/T 2459—2021)将电力物联网定义为：在电力领域应用的物联网，充分应用移动互联、人工智能等现代信息技术、先进通信技术，对电力系统状态全面感知、信息高效处理，支撑电力行业数字化的智能服务系统。

物联网技术的起源是为了构建信息物理系统，通过集成先进的感知、计算、通信、控制等信息技术和自动控制技术，构建物理空间与信息空间中人、机、物、环境、信息等要素相互映射、实时交互、高效协同的系统。电力物联网承接了物联网的特性，旨在通过面向新型电力系统的全景状态感知、高效通信传输、海量数据计算与复杂系统分析决策等先进数字化技术，构建新型电力系统的数字孪生系统。将物理世界中的新型电力系统从物理世界向数字世界进行实时完整映射，进一步通过智能实体开展仿真、计算、分析及决策等，对物理系统进行反馈优化，从而推动数字世界与物理世界的交互反馈[7]。在全景状态感知能力方面，为海量感知数据的采集接入提供底层支撑，是信息的智能传感、分析计算、可靠通信与精准控制的基本物理实现[8]；在高效通信传输能力方面，为未来能源互联网所产生的大量交互数字信息提供可靠安全的通信保障；在海量数据计算能力方面，为海量数据的处理、存储、分析及交互提供高速平台服务与可靠技术支撑；在复杂系统分析决策能力方面，为能源物理系统提供全面映射、协同建模、智能优化、在线演进推算等多重功能支撑。最终，促进电网全面感知、信息融合、趋优进化，推进网源协调发展与调度优化，促进清洁能源并网消纳，提升能效与终端电气化水平，保障电力设备与网络安全可靠，是实现新型电力系统实时感知、主动运维、运行优化的重要技术手段之一。

1.2　现状和问题

电力物联网是应对新型电力系统带来的技术挑战、实现碳达峰碳中和目标的重要基础支撑技术体系，有望为新型电力系统的全面建成提供坚实的技术基础与良好开端，进而实现信息流、能量流和价值流的有机融合。我国电力行业立足能源革命和数字革命的时代背景，结合物联网发展趋势，高度重视电力物联网技术及其应用。目前的电力物联网建设在发、输、变、配、用各环节均取得阶段性重要成果，极大地促进了电力系统物理数字信息的深度融合。然而，当前电力物联网领域内尚没有形成可为新型电力系统提供精准数字映射与态势仿真演化的完整技术体系，无法支撑物理电网实体的数字平行系统构建，尚不具备物联网技术应有的信息物理系统支撑能力，同时仍然需要解决图 1-1 中的两个科学问题[9]。

(1) 如何形成新型电力系统的动态多维、多时空尺度高保真模型，实现物理数字融合建模。基于电力物联网感知层和边缘层的数据资源，利用数据驱动建模方法从参数辨识、场景拟合、行为预测等方面对机理模型进行补充和提升，在保证信息安全的前提下，通过数据机理融合建模驱动电力业务场景智能应用[10]。

(2) 如何进行新型电力系统物理系统与数字模型的迭代交互和动态演化，实现资源协同互动。有效利用数据的双向流动与价值挖掘，通过数据与知识融合的人工智能等先进数字技术，赋智业务场景应用，实现物理系统与数字模型的协同互动与反馈优化。

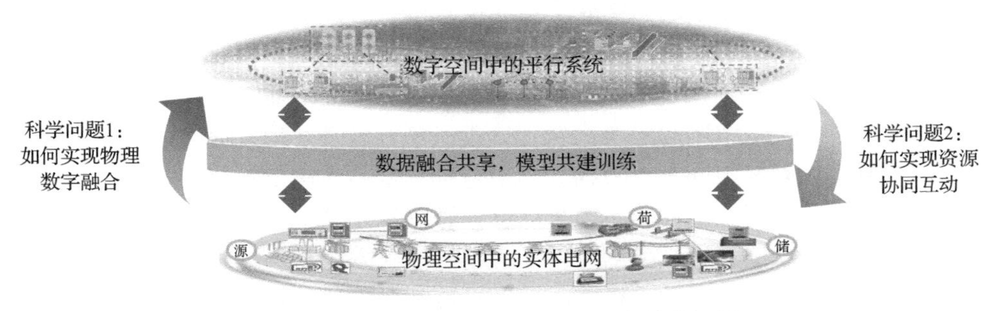

图 1-1　电力物联网技术面临的两个科学问题

两个科学问题的突破：一方面为新型电力系统的机理模型提供了海量的模拟试验与评估环境，并结合数据驱动的方式，从态势预测、参数辨识、数据拟合等方面对机理模型进行补充，实现新型电力系统从物理实体到虚拟空间的实时完整映射；另一方面通过智能实体开展仿真、计算、分析及决策等对物理系统进行反馈优化，是实现新型电力系统实时感知、运行优化及自主进化的途径之一。

要解决上述数据机理融合与资源协同互动的科学问题，电网需要具备全景状态感知、高效通信传输、海量数据分析与系统优化决策等能力，然而目前电力物联网技术与应用仍存在一定不足，难以完全应对未来新型电力系统的发展需求。

(1)在边端感知方面，存在感知深度及广度不足、传感器精度不够、连接的广泛性及实时性差、边端智能化水平低等问题。随着电网的源、荷不确定性日益突出，电网状态精准态势感知能力不足的缺陷逐渐凸显。国内在高性能传感器等方面的起步较晚，例如，多类高性能、高灵敏度局部放电传感器等技术长期被国外垄断，高灵敏度自取能振动传感技术、变压器内部多参量光学传感技术等新兴技术尚处于初级阶段，电力物联网的精准感知技术需要进一步突破。此外，当前在电力系统各环节，虽已部署较多的监测感知终端，但传感器及感知终端的数据精度、可靠性、自取能及多参量融合等问题尚未得到有效解决，制约着电力物联网感知技术的进一步应用及感知终端的全面部署。

(2)在网络通信方面，存在实时性、安全性和可靠性不足，网络资源受限问题。信息通信技术是实现电力系统采集状态高效、实时、安全传输的基础，主要包括安全连接技术、超宽带技术、60GHz 无线通信技术、自组网技术等。当前电力业务传输通信存在网络覆盖不全、需求与接入能力不匹配、原有通信方式运营成本高、基础设施建设难度大等问题，网络连接的广泛性和实时性不够，尤其是对于电力物联网异构数据的网络传输能力，目前国内外一些研究机构在自组织网络的标准化上已有相关研究，但对符合电网场景应用的局域/广域异构网络连接技术的研究仍是空白，无法有效利用现有数字基础设施。

(3)在计算及数据管理方面，存在电力物联网设备异构与数据异构问题。电力物联网平台技术主要用于电力物联网中的设备接入与数据管理，在设备接入方面，亚马逊公司 AWS IoT 平台、微软公司 Azure 物联网平台、阿里云 IoT 平台、中国移动 OneNET 平台等通用物联网平台均具备接入物联终端能力，其中大部分平台都同时搭配了 Spark、Hadoop 等大数据处理引擎，具备处理大规模结构化数据的能力。与通用物联网不同，电力物联网中包含海量的异构设备，一方面，每种设备的模型和通信协议都不同，不但难以统一管理和控制，而且设备的数量极大，与电力物联网平台的通信频率高，因此传统的接入方法无法在短时间内承担如此多的设备通信，可能会导致平台响应速度极慢甚至崩溃。另外，海量异构设备产生了大量跨专业的异构数据，这些数据不但数量庞大，而且数据模式不同，传统大数据处理方法难以进行分析。

(4)在分析决策方面，单一的数据驱动方法和机理驱动方法均难以完全满足新型电力系统的计算推演、智能决策和互动调节需求。机理驱动的建模方法通过对系统物理过程的理解来推断研究对象的特点，并结合功能需求以合适的数学表达式描述变量间的因果关系，存在部分对象机理不清晰、计算复杂度高等问题。数据驱动的建模方法通过挖掘大量历史运行数据，自动提取样本间的潜在关联关系，根据功能需求形成端到端的经验模型，存在可解释性差、泛化能力不足，亟须融合二者优势对新型电力系统各要素的非线性复杂特性进行刻画，同时需提升模型的计算精度与计算效率。

1.3 研究框架

围绕上述科学问题与关键技术问题，本书采取“边端感知能力提升—网络通信能力提升—计算管理能力提升—分析决策能力提升”的串联层级电力物联网技术体系研究框架，如图 1-2 所示。

其中边端感知技术提供物理电网实体的数字化感知与信息就地处理的基础，高效通信技术提供立体化高效可靠数字传输的渠道，物联平台技术提供物联终端与海量数据管控、存储与共享的基础，以上技术实现了物理电网向数字世界的映射，进一步地，智能应用技术在数字化基础之上，提供数据机理融合建模驱动的高阶电力业务场景智能应用能力，实现对电力物联网的智能感知诊断、优化决策与数据增值，全面提升电网可观、可测、可调、可控能力。

本书展开如下七个方面的工作。

1. 电力物联网体系架构与安全防护技术

本书提出了面向新型电力系统发展需求的电力物联网技术架构，介绍了电力物联网全环节安全防护技术。在技术架构方面，提出了“智-云-管-边-端”新型分层结构设计，定义了各层功能与技术框架，并从总体上分析了电力物联网关键技术存在的不足和发展重点；在安全防护方面，针对感知终端大量接入带来的电力物联网安全问题，研究零信任安全机制和协同防御方法，构建电力物联网安全防护架构，实现全局协同、局部自治、设备联动的协同防御。

2. 新型智能边端感知技术

本书介绍了电力物联网中的新型智能感知技术及边缘计算技术。在电力新型智能感知技术方面，提出新型局部放电传感、振动传感、温度传感、声波传感等技术的具体实现方案，介绍了高频局部放电(简称局放)传感、超声局放传感、微机电系统(micro-electro-mechanical system，MEMS)传感、分布式光纤传感、光纤光栅传感技术，通过振动等微源取能技术解决电力传感器持续可靠供电的问题，实现传感器的微型化、集成化和低功耗，有效提升电力物联网感知能力；提出智能传感轻量级人工智能算法下沉方法，通过就地加速与实时计算业务应用满足终

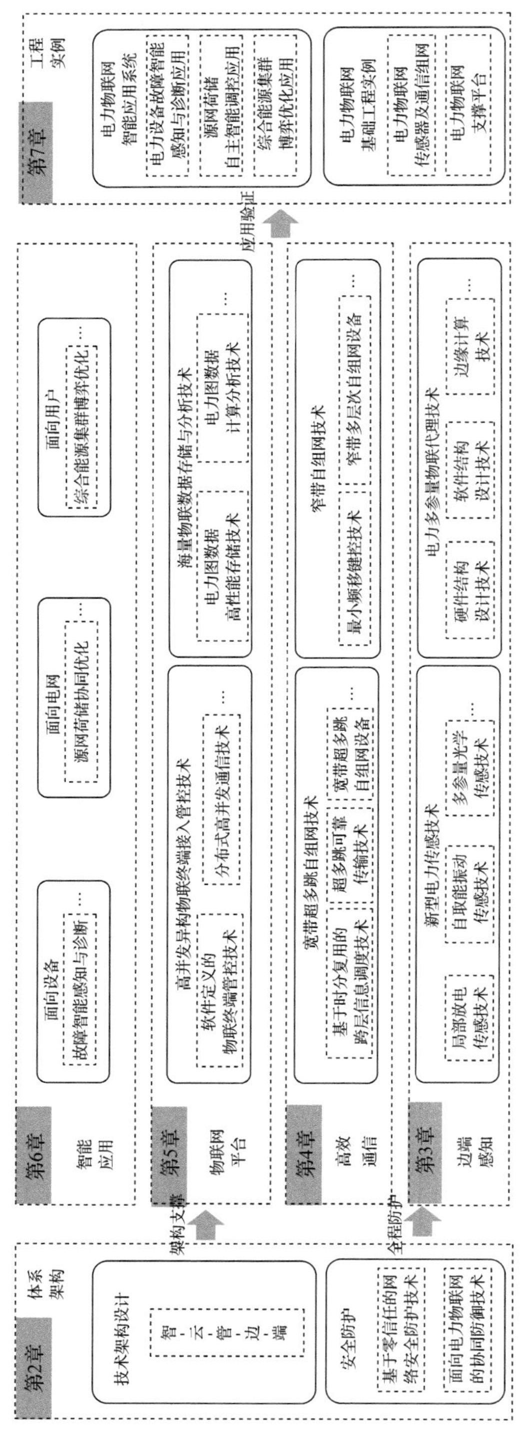

图1-2 电力物联网关键技术研究框架

端实时需求，降低系统资源成本，提高终端智能水平，介绍了基于 RISC-V 指令集自主可控核心板的电力多参量物联代理设计技术和联邦学习、模型轻量化、存算一体等电力物联网边缘智能技术，从而赋予感知终端“边缘计算”“在网计划”和“嵌入式计算”的能力。

3. 自组网高效通信技术

本书介绍了宽带超多跳自组网技术及窄带自组网技术。在宽带自组网技术方面，提出基于时分复用的跨层信息调度技术、超多跳可靠传输技术，通过跨层介质访问控制(MAC)调度技术、空分复用的无线资源调度技术、定制化帧结构和综合抗干扰技术的应用，解决了传统宽带自组网技术跳数不足、传输性能受限的问题；介绍了宽带超多跳自组网设备，从硬件设计、软件设计和样机研制三个方面描述了宽带超多跳自组网设备的研制过程。在窄带自组网技术方面，采用最小频移键控技术得到恒定包络的调制信号，减少非线性失真带来的解调问题；通过分布式自主计算实现了无线资源的合理分配，提高了数据传输的可靠性。此外，还介绍了自主研制的窄带多层次自组网设备，实现了应急通信全域覆盖及快速部署。

4. 电力物联网平台接入与存储技术

本书介绍了高并发异构物联终端接入管控技术和海量物联数据存储与分析技术。在高并发异构物联终端接入管控技术方面，提出软件定义的物联终端管理方法，通过基于软件定义配置化的电力物联数据采集管理技术与基于软件定义下行语义的电力物联终端控制技术，大幅减少了异构电力物联终端设备接入和数据上传的难度；介绍了分布式异步连接方法，通过错峰通信的方式，减少了电力物联终端与电力物联平台的通信带宽和计算资源的消耗，提高了电力物联平台接入异构电力物联终端的数量。在海量物联数据存储与分析技术方面，介绍了电力图数据高性能存储技术，通过采用完全去中心化的自组织存储架构及分布式事务处理方法，提升了大规模异构电力物联数据的存储和事务处理效率；介绍了电力图数据计算分析技术，通过节点并行与分层并行图计算方法，提高了电力异构数据的分析计算效率。

5. 电力物联网智能应用技术

本书重点阐述了数据机理融合建模方法，并面向设备、系统、用户三类主要应用对象介绍了智能应用技术。在融合建模方法方面，引入先验知识增强人工智能模型的分析决策性能，构建了数据机理融合建模的五种典型结构，包括串行模式、嵌入模式、引导模式、反馈模式和并行模式等，实现了两种建模方法的优势互补。在智能应用技术方面，通过电力设备状态评估与故障诊断、源网荷储协同优化、综合能源集群博弈三个典型应用场景，较为系统地全面阐述了电力物联网智能应用前沿技术与应用案例，其中电力设备故障诊断采用嵌入/引导模式，源网荷储协同优化采用嵌入/并行模式，综合能源博弈优化采用引导模式，有效提升了算法模型的泛化性、鲁棒性与计算效率。

6. 电力物联网工程实例

本书介绍了电力物联网关键技术体系的系统性示范应用工程实例，并结合行业发展态势与电网演进方向进行技术发展展望。在示范应用工程实例方面，介绍了国家重点研发计划项目“电力物联网关键技术”中的示范应用工程情况，该项目建设部署了电力物联网传感器及通信组网，搭建了电力物联网支撑平台，支撑了物理电网实体的精准感知与实时映射，并基于边云协同的人工智能技术研发了多个应用模块，有效提升了新型电力系统的可观、可测、可控能力。

7. 电力物联网技术发展展望

结合行业发展态势与电网演进方向展望了电力物联网在感知、通信、平台与应用等方向的发展方向，可更加有效地应对电力系统不断增强的随机性、波动性、不确定性与复杂性，构建与新型电力系统同步共生的数字镜像系统，并与物理电网实体不断交互反馈，最终引导新型电力系统趋优进化。

参考文献

[1] 周孝信, 曾嵘, 高峰, 等. 能源互联网的发展现状与展望[J]. 中国科学: 信息科学, 2017, 47(2): 149-170.

[2] 陈国平, 董昱, 梁志峰, 等. 能源转型中的中国特色新能源高质量发展分析与思考[J]. 中国电机工程学报, 2020, 40(17): 5493-5505.

[3] Chen S, Xu H, Liu D, et al. A vision of IoT: Applications, challenges, and opportunities with china perspective[J]. IEEE Internet of Things Journal, 2014, 1(4): 349-359.

[4] 王忠敏. EPC 与物联网[M]. 北京: 中国标准出版社, 2004.

[5] Bedi G, Venayagamoorthy G K, Singh R, et al. Review of internet of things (IoT) in electric power and energy systems[J]. IEEE Internet of Things Journal, 2018, 5(2): 847-870.

[6] 曹军威. 电力物联网概论[M]. 北京: 中国电力出版社, 2020.

[7] 王晓辉, 季知祥, 周扬, 等. 城市能源互联网综合服务平台架构及关键技术[J]. 中国电机工程学报, 2021, 41(7): 2310-2320.

[8] 王继业, 蒲天骄, 仝杰, 等. 能源互联网智能感知技术框架与应用布局[J]. 电力信息与通信技术, 2020, 18(4): 1-14.

[9] 赵鹏, 蒲天骄, 王新迎, 等. 面向能源互联网数字孪生的电力物联网关键技术及展望[J]. 中国电机工程学报, 2022, 42(02): 447-458.

[10] 蒲天骄, 陈盛, 赵琦, 等. 能源互联网数字孪生系统框架设计及应用展望[J]. 中国电机工程学报, 2021, 41(6): 2012-2028.

第 2 章　电力物联网架构及安全防御

物联网体系架构随着物联网行业应用发展和融入经济社会深度而不断演进，体现了物联网的核心内涵和应用发展程度。广域物联网概念中的关键要素除感知、网络、应用等构成主体外，还包括技术、标准、隐私、安全及服务业和制造业在内的物联网产业、标识、资源，支撑和规范物联网发展的法律、政策与国际治理体系等，如图 2-1 所示。

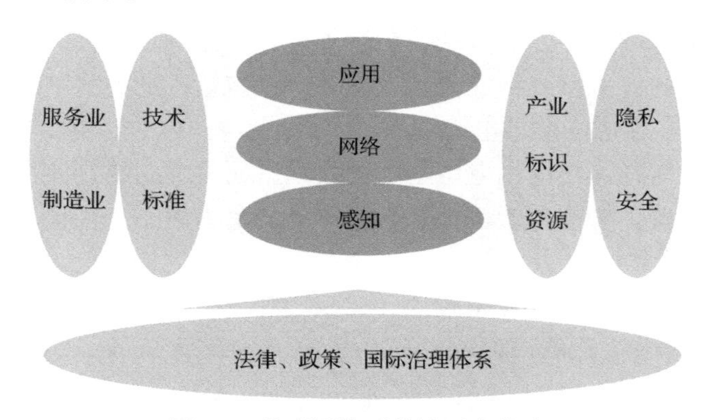

图 2-1　物联网体系关键要素范畴

早期狭义的物联网应用架构是指感知层、网络层、平台层，实现了智联万物的主体功能[1-3]。感知层是物联网的基础，实时采集现场基础设施和环境的状态数据，构建感知对象数据模型；网络层接入感知层的数据，并对其进行汇聚、传输与转发；平台层基于具有强大管理能力的云端基础设施/中间件、大数据存储和分析组件、人工智能平台等，支撑数据价值挖掘、分析与应用。随着物联网规模的不断扩大和应用的持续深入，大量感知对象被纳入物联网的管理范畴。数据处理流程的延伸和数据共享带来交互环节的增加，对于物联网的安全防护和物理信息的准确描述也逐渐成为物联网的核心内容，特别是电网行业，因业务可靠性要求高、信息系统部署环境复杂等情况，更早地意识到这些安全问题。

(1)持续推动电力物联网体系架构优化，适应能源互联网和新型电力系统建设需求。电力行业立足能源革命和数字革命的时代背景，结合物联网的发展趋势，开展适应本行业的电力物联网技术研究，在发电、新能源、输变电和配用电等领域开展大量卓有成效的应用实践。国家电网公司已建成输变电智能运检管控系统和配电自动化系统，实现主配网设备动态感知与智能巡检；用电方面已对全国约

4.9 亿个用户的用电信息实现在线采集；资产管理方面已在所有省级电力公司开展了电网资产统一身份编码（电网资产 ID）建设推广，覆盖资产全寿命周期管理全过程。南方电网公司开展大规模输电线路可视化和变电设备状态在线监测系统建设，正建设覆盖全域的电动汽车充电桩网络与车联网，提供电动汽车销售、充电、支付等一站式服务。中国华电集团有限公司（以下简称华电）、中国大唐集团有限公司（以下简称大唐）等发电企业开展了集成多类型传感器、高速传输网络和无人机巡检等物联网技术的大规模集中式智能光伏与风电站建设，建设融合视频识别、红外成像、激光扫描等技术的智慧电厂，实现了生产过程控制、生产环境监测、生产环节跟踪、远程诊断管理等物联网应用。

以电为中心的能源主要形式、以新能源大规模开发利用和电动汽车等新型负荷快速发展为标志的新一轮能源革命蓬勃兴起。新能源大规模并网、分布式能源和新型用能设施的大量接入，加大了电网安全稳定运行的难度。在这种新的发展形势下，依托互联互通的能源电力网络与“云-大-物-移-智-链”等先进的信息通信技术，大力发展并深化应用电力物联网技术，研发反映物理实体运行状态的数字模型、仿真系统，构建基于机理与数据驱动的电力人工智能应用，是当前推动电网向更高智能化和互动化水平、更强资源配置和价值创造能力、更加灵活高效新型电力系统方向演进的重要任务。

(2) 不断完善电力物联网的安全防护机制，保障设备、通信网络和数据安全。电力物联网是电力系统重要的信息基础设施，其安全稳定运行直接影响着社会安全和国家安全[4,5]。随着电力物联网不断延伸和广泛的应用场景，分布式能源、电动汽车等大量节点接入电网，以及能源互联网的创新业务快速发展、智能电表等终端的大规模应用，接入终端和用户更加泛化。一直以来，对于通过认证的对象通常采用“一次认证，持续信任”的接入认证方式，缺乏后续的持续信任评估手段，从而导致电力物联网对来自终端的信息处理能力有限，难以判断恶意指令或非法数据，无法实现细粒度的动态访问控制。数量众多的业务类型和异构的业务模式形成了规模庞大的业务网络，网络结构更加复杂，海量终端的泛在连接和智能交互需求使网络边界更加模糊，网络安全风险点和暴露面显著增多且变化多样，对现有安全技术和安全防护体系产生巨大的冲击。面对新形势下的安全风险，虽然传统的安全防护技术，如认证、防火墙、入侵检测系统（IDS）等安全手段不断成熟和日趋完善，但这些技术手段是针对不同的安全目标而设计的，无法在统一的安全策略控制下协同工作，其效果仅是安全功能的简单叠加。面对严峻的网络空间安全局势和防护需求，现有的安全叠加防护机制静态、分散、单一的应对能力已不能满足当前网络空间存在新威胁的发展需求，电力网络空间安全迫切需要走出技术维护和保障的现状，上升到统一筹划、协同防御的战略高度。

基于当前的发展状况与需求，本章首先研究如何优化电力物联网体系架构以满足能源互联网和新型电力系统的发展需求，分析新型电力物联网体系架构的构成要素、耦合关系和数据闭环处理机制；然后重点分析电力物联网的技术架构和安全架构，通过对新形势下的电力物联网技术架构的研究，梳理电力物联网发展存在的技术问题，从而有针对性地突破在感知、通信、平台、应用等方面存在的制约电力物联网发展的关键技术，提升电力物联网的性能与功能；最后通过对电力物联网延伸和边界模糊带来的安全问题提出针对性的应对方案，为电力物联网安全问题的解决提供思路，指导信息系统安全防护基础设施的建设。

2.1　电力物联网架构设计

2.1.1　电力物联网架构的研究现状

随着物联网在各行各业的广泛应用，人工智能[6]、云边协同[7]、数字孪生[8]、信息物理系统[9]等物联网新技术与应用新形态不断融合，丰富了物联网技术体系，物联网体系架构已经得到了很大发展，如“天地一体多业务融合的物联网架构[10]”“光量子通信物联网架构[11]”“电力物联网功能架构体系设计[12]”“能源互联网数字孪生的物联网架构设计”“配电物联网[13,14]”“智慧物联体系[15]”等架构。其中，电力物联网是实现新型电力系统和能源互联网的核心连接纽带[16]，支撑了能量流、信息流、业务流和价值流的有机融合。

1. 智慧物联体系的总体架构

当前正在建设的智慧物联体系是电力物联网体系架构的阶段性解决方案。在各专业现有采集感知基础设施的基础上，为满足电力企业当前业务发展需要，按照“精准感知、边缘智能、统一物联、开放共享”的技术原则，参考业界主流架构，构建了智慧物联体系“端-边-管-云”总体架构，如图 2-2 所示。

“端”是指采集终端，部署在采集监控对象本体内部或附近，对设备或对象的状态量、电气量和环境量等进行采集量测，具有简单的数据处理、控制和通信功能。

“边”是指部署在区域现场的具备边缘计算资源的智能设备。按照边缘物联代理“跨专业共享共用”的原则，实现了一定区域内各类感知数据的就地汇聚、集中上传，支持业务就地处理和区域能源自治，不同专业的边缘侧应用以物联 APP 的方式在同一个“边”上实现。典型的“边”形式包括台区融合终端、智能配变终端、输变电接入节点、能源控制器、电工装备物联网关等。

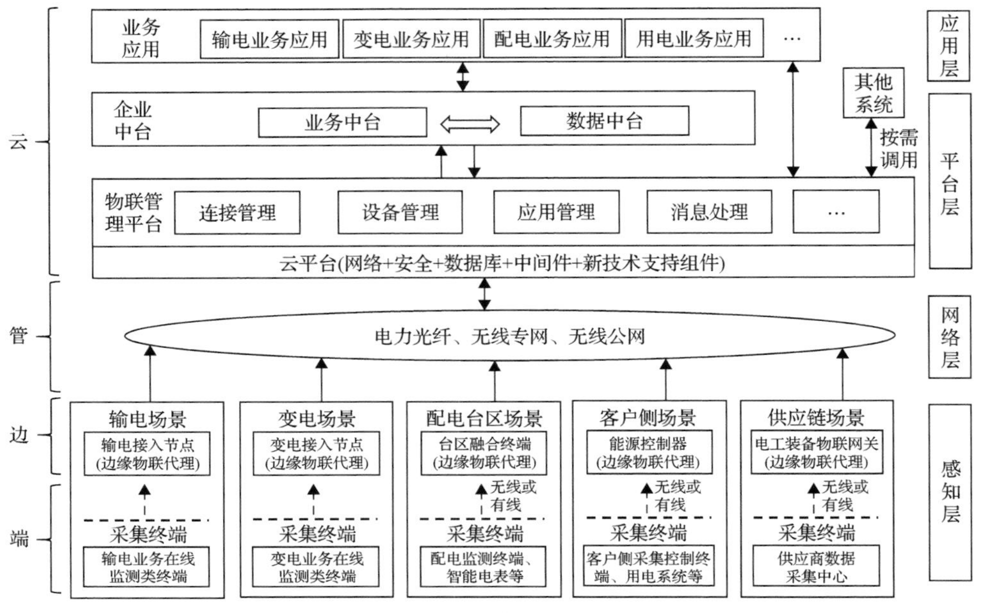

图 2-2　智慧物联体系总体架构图

“管”是指各类远程通信管道。主要包含电力光纤、无线专网和无线公网。具备架设线缆条件的建议采用有线网络，无线专网覆盖范围内的优先采用无线专网，其余采用无线公网。

“云”主要包含应用层和平台层。其中，物联管理平台实现了对各类感知层设备及物联 APP 的统一在线管理和远程运维，数据的统一接入和规范化，并向企业中台、业务系统开放接口提供标准化数据。

2. 配电物联网架构设计

目前提出的配电物联网的整体架构如图 2-3 所示。配电物联网架构设计区别于传统物联网感知层、网络层和应用层的三层架构，整体上可以划分为“云、管、边、端”四个部分。

“端”是配电物联网架构中的状态感知和执行控制主体的终端单元，其利用传感技术、芯片化技术，实现对配电设备运行环境、设备状态、电气量信息等基础数据的监测、采集、感知，突破了低压配电网不可观测的限制，也扩大了中压配电网的量测覆盖范围，是实现配电物联网的基础；同时，“端”也是配电网保护、控制操作的末端执行单元，支撑了配电网可靠运行操作动作的执行。不同于传统终端软硬件绑定的设计思路，“端”层设备采用通用的硬件资源平台，通过 APP

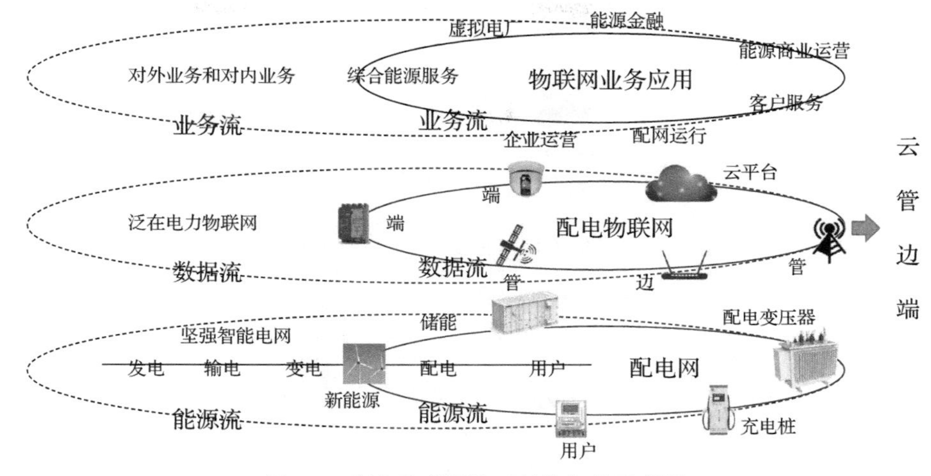

图 2-3　配电物联网体系整体架构示意图

以软件定义的方式实现了业务功能，基于面向对象的设计方法，提高了程序的开发效率和可扩展性，降低了维护难度及各 APP 之间的耦合性，便于业务的快速部署和扩展。

“边”是一种靠近物或数据源头处于网络边缘的分布式智能代理，就地或就近提供智能决策和服务。从物理角度上看，“边”和“端”可以是一体化的，例如，正在部署的智能配变终端具备开放式的软件平台，提供了互联、业务功能，是“边”和“端”的融合体。但同时，从逻辑架构的角度来看，“边”是独立存在的，通过软件定义的方式实现了终端侧硬件资源与软件应用的深度解耦，在无须硬件变更的情况下满足配电台区不断变化的应用需求，大幅拓展了包括智能配变终端在内的各类终端的功能应用范围，并且从计算资源的角度，在终端侧增加了边缘计算的层级，实现了对感知数据的本地化处理，促进了“端”层的边缘计算与“云”层大数据应用的高效协同，提升了配电网整体的计算能力。

“管”是“端”和“云”之间的数据传输通道，通过软件定义网络架构实现了多种通信方式的资源综合管理与灵活调度。配电物联网的“管”层主要包括远程通信网和本地通信网两个部分，如图 2-4 所示。

“云”是云端化的主站平台。在满足传统配电自动化系统、设备资产管理系统数据贯通、信息融合的基础上，未来的主站平台将采用虚拟化、容器技术、并行计算等技术，以软件定义的方式实现云主站对边缘侧计算、存储、网络资源的统一调度和弹性分配；采用云计算、大数据、人工智能等先进技术，实现物联网架构下的全面云化，最终具备泛在互联、开放应用、协同自治、智能决策的特点。

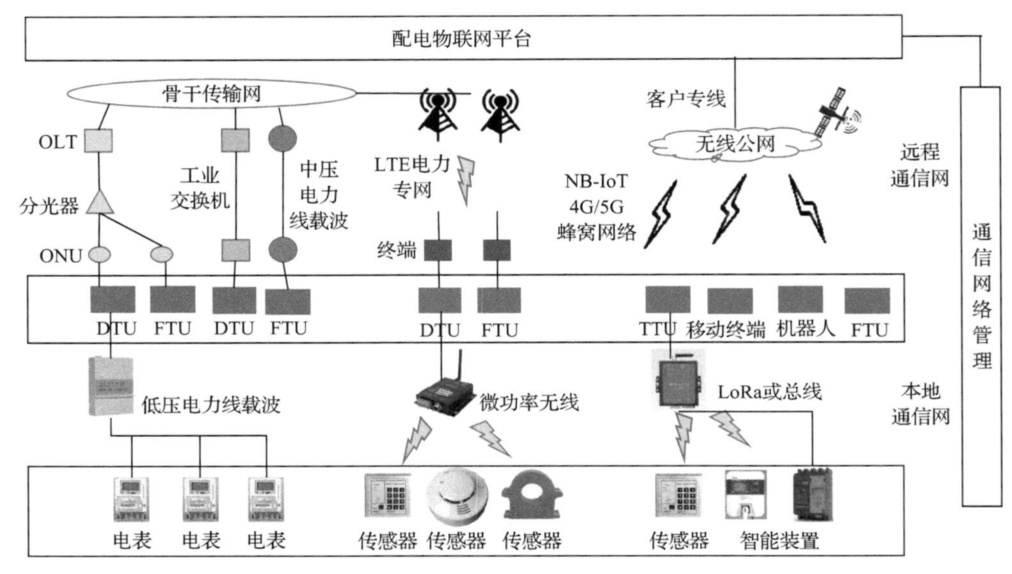

图 2-4　配电物联网的“管”层示意图

OLT-光线路终端(optical line terminal)；ONU-光网络单元(optical network unit)；FTU-馈线终端单元(feeder terminal unit)；DTU-配电终端单元(distribution terminal unit)；TTU-配电变压器终端单元(transformer terminal unit)；LoRa-远距离无线电

2.1.2　电力物联网分层架构增强

1. 新型电力物联网的分层架构

结合能源互联网的业务需求和新型电力系统的发展重点，在参考了系统工程的架构设计方法并借鉴现有相关参考架构的设计理念与关键要素的基础上，从“云-网-端”信息系统构成出发，提出电力物联网体系架构“自下而上”分为“端-边-管-云-智”五个层级，如图 2-5 所示。“端”是传感器，通过多种传感和感知技术实现物理电网数字感知；“边”是边缘物联代理，可以实现传感信息汇聚、数据分析和数据上传；“管”是通信网络，可以实现将感知数据从本地传输到平台；“云”是云平台，可以实现数据计算、存储、设备管理；“智”是支撑电网业务的人工智能技术及应用。在边界模糊的前提下，采用零信任安全接入机制和云边端协同防御机制，实现电力物联网全层级安全防护。

“端”是传感器及感知终端，可通过多种感知技术实现物理电网数字感知。感知层是电力物联网的基础层和数据源，即通过感知连接万物。感知终端包括电子标签、量测装置、监测装置、采集终端、定位终端、边缘物联终端等，能够全面实现能源互联网中发-输-变-配-用、源-网-荷-储-人的状态感知、量值传递、环境监测、行为追踪，以海量数据驱动业务融合、服务提升、模式创新。

“边”是边缘物联代理，是实现对各类传感器、感知终端、智能业务终端进行统一接入、数据解析和实时计算的装置或组件，通常称为“物联终端”或“物联网网关”。边缘物联代理与物联管理平台能够双向互联，部署在边缘侧，能够实现跨专业数据就地集成共享、区域能源自治和云边协同业务处理。

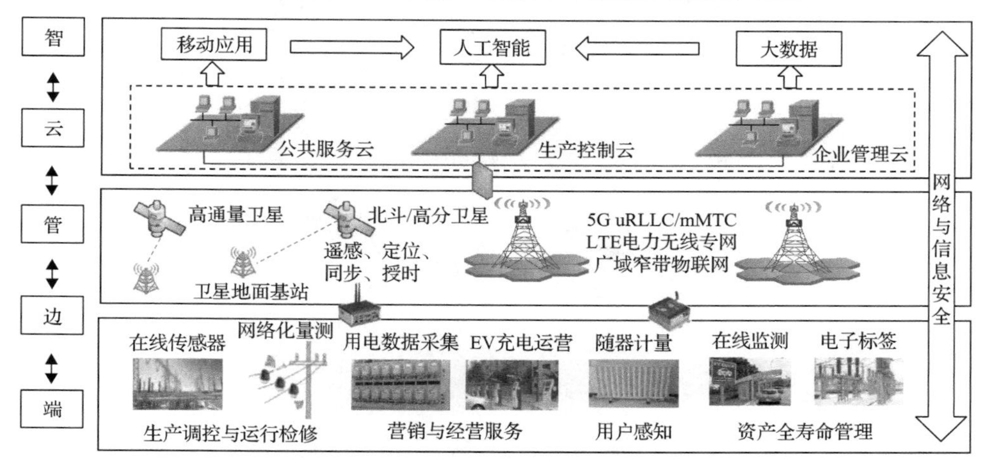

图 2-5　电力物联网分层架构增强

“管”包括连接“端”与“边”的本地通信网和“边”与“云”的远程通信网两部分。基于目前采用的软件定义网络技术可以实现多种通信方式融合管理与灵活调度，提升网络服务质量，满足电力物联网业务灵活、高效、可靠、多样的通信接入需求。

“云”是云平台，是云端化的主站平台，基于 IaaS、PaaS、SaaS 信息技术构建的云端系统将分布式的感知数据、管理系统集中进行管理、处理，横向数据融合、纵向业务贯通发挥了重要作用。主站平台采用虚拟化、容器技术、并行计算等技术，以软件定义的方式实现云主站对边缘侧计算、存储、网络资源的统一调度和弹性分配；采用云计算、大数据、人工智能等先进技术，实现物联网架构下的全面云化，最终具备泛在互联、开放应用、协同自治、智能决策的特点。

“智”是支撑电网业务的人工智能技术及应用。这是电力经验知识和人工智能的中心，包括知识库、样本库、学习模型库和人工智能应用平台。

2. 电力物联网架构的交互耦合关系

在电力物联网“端-边-管-云-智”五层体系架构设计的基础上，梳理了各个主体要素的相互关系并构建了电力物联网主体要素交互耦合的连接图，如图 2-6 所示。通过电力物联网主体要素连接图可以展示感知、网络、平台、安全、人工智能、边缘计算等技术发挥的作用，深刻了解物联网数据的采集、传输、存储、管理与分析实现的流程定位，诠释了价值、需求、系统、环境、模型等要素及相互关系，揭示了“智”在能源系统生产和管理、资源配置优化与生产方式重构中的重大影响作用。

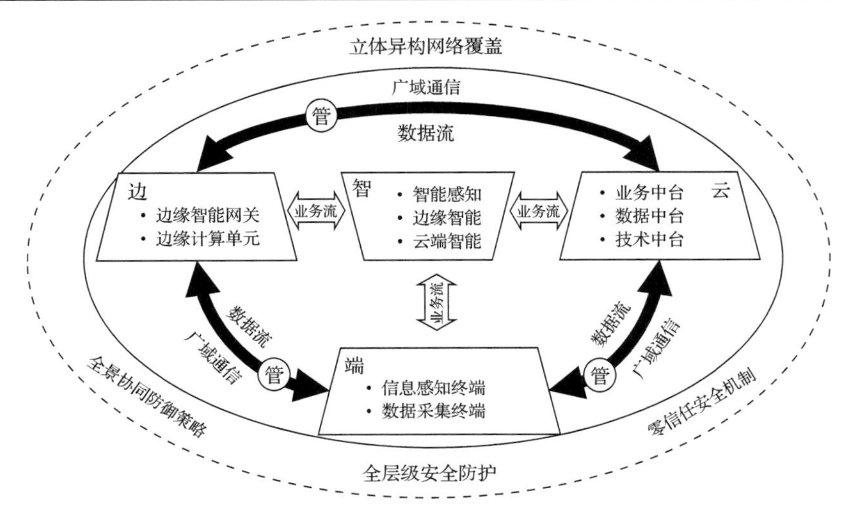

图 2-6　电力物联网架构要素交互耦合设计

通过图 2-6 可以看出，“端-边-管-云-智”五层体系架构强调每一个层级要素之间的交互性，“管”除包含“边”“云”“端”之间的广域通信外，也强调了“边”“端”之间的本地通信，通过卫星通信、光纤通信、移动蜂窝通信、局域通信构建立体异构网络覆盖，实现了“云”“边”“端”数据的互通。五层体系架构也强调“智”和“云”“边”“端”的协同关联性，加强“智”与“云”“边”“端”业务交互，将“智”在“云”“边”“端”进行广泛应用。在边界模糊的前提下，采用零信任安全接入机制和云边端协同防御机制实现电力物联网全层级的安全防护。

“端-边-管-云-智”的电力物联网体系架构具有数据强关联性、多模式强通信、孤岛系统协同、集成与互操作的特点，可以实现空天地一体化网络覆盖、全场景全层级安全防护、全环节多形态人工智能的立体架构，并实现物理系统与数字空间全面互联与深度协同，以数据为主线实现感知采集、数据模型、智能分析与决策优化。通过“端-边-管-云-智-安全”六大功能体系构建，全面打通了设备资产、生产系统、管理系统和供应链条。

3. 电力物联网架构数据流结构

电力物联网的数据流整体结构如图 2-7 所示，从采集终端产生，经边缘物联代理处理后通过网络汇聚至平台层，平台层对数据进行存储、分类、交换和分发以及设备数据处理等。平台层在生产控制大区、管理信息大区、互联网大区及公共网络之间横向贯通，实现了“数据一次采集，数据分类应用”的设计理念。智能应用是业务数据流的高级阶段，通过对数据分析、信息提取、评估决策达到了采集数据应用的目的。

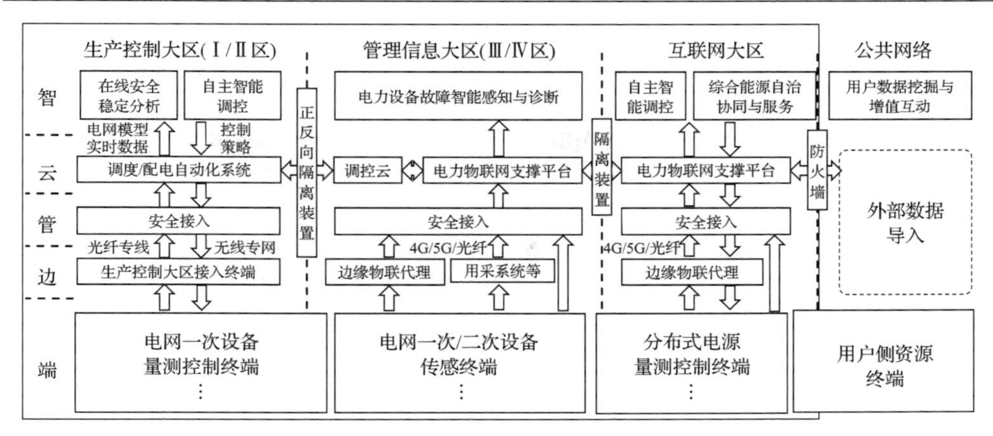

图 2-7　电力物联网数据流整体结构示意图

电力物联网“端-边-管-云-智”五层体系架构设计是物联网在能源电力领域深入发展应用的结果，充分描述了以数据为主线，通过全过程完善感知采集、数据建模、数据传输、数据共享和应用串联起价值发现、价值创新、价值创造的物联网核心内涵[17]。

2.2　电力物联网技术架构

电力物联网是充分应用移动互联、人工智能等信息新技术、先进通信技术，对电力系统状态进行全面感知、信息高效处理，支撑电力行业数字化转型的信息服务系统。因此，电力物联网是以更高效地服务能源数字革命为目的的先进信息与通信技术(ICT)和信息服务构件的技术集合体，并通过构建融合大数据和人工智能的“电网智能应用”服务平台[18,19]，满足“海量终端、边缘智能、泛在网络、按需服务、信息挖掘、安全防护、仿真验证”的技术需求，梳理了每个层级电力物联网的关键技术，并按照功能定位进一步丰富了物联网技术。电力物联网技术整体架构图如图 2-8 所示。

2.2.1　终端感知及边缘计算技术

在“端-边-管-云-智”电力物联网技术架构中，“端”是指各类传感器及感知终端，通过多种感知技术实现物理电网数字感知。“边”是边缘物联代理或物联网网关，能够对各类传感器及感知终端进行统一接入，实现数据就地采集与分析、云边协同业务处理。“端”和“边”作为电力物联网感知层的主要构成单元，主要完成数据采集、数据表示和数据就地处理功能。通过网络设备，感知层与物联管理平台通信，为云端平台提供基础数据，同时接收云端平台下发的控制命令及配置信息等，感知层典型功能架构图分为三种架构关系，如图 2-9 所示。

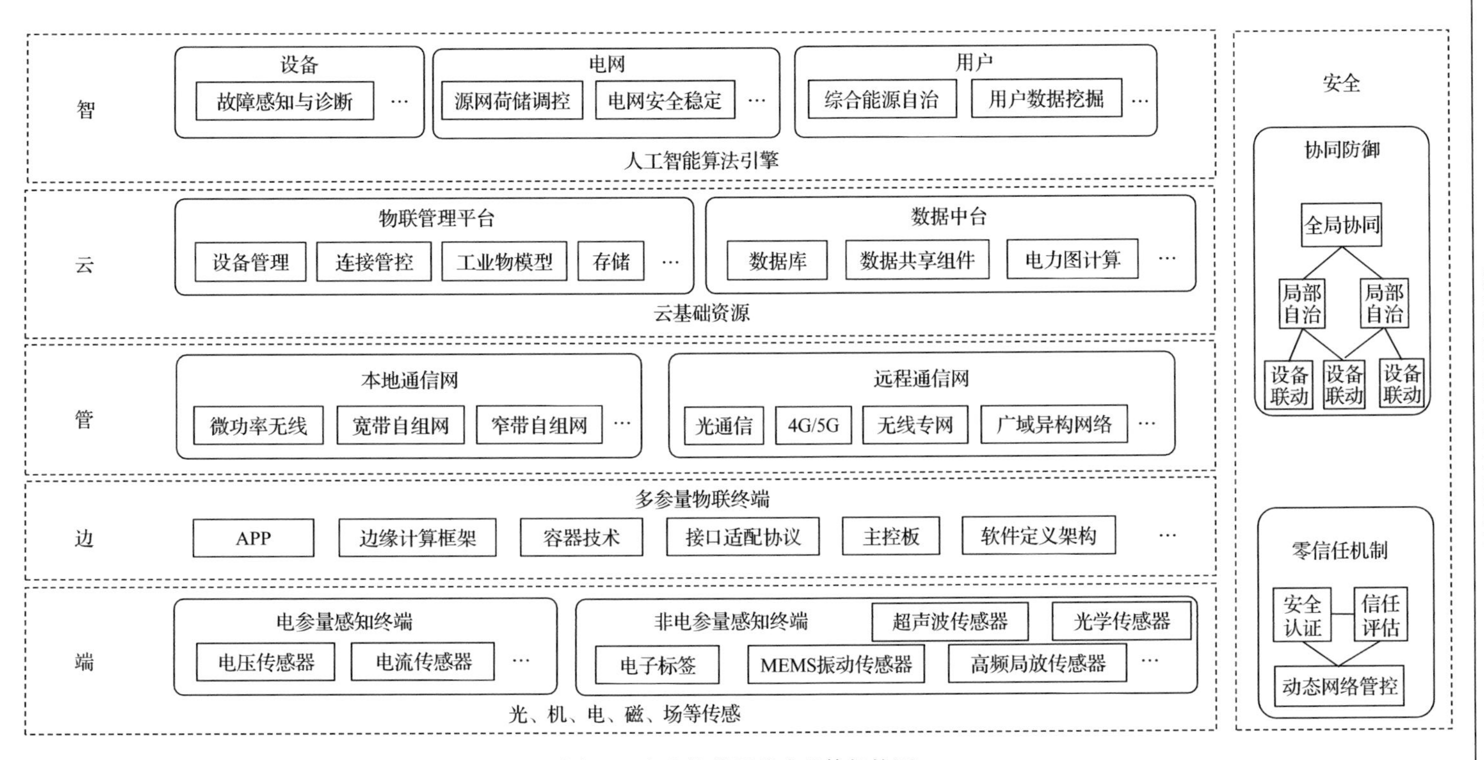

图2-8　电力物联网技术整体架构图

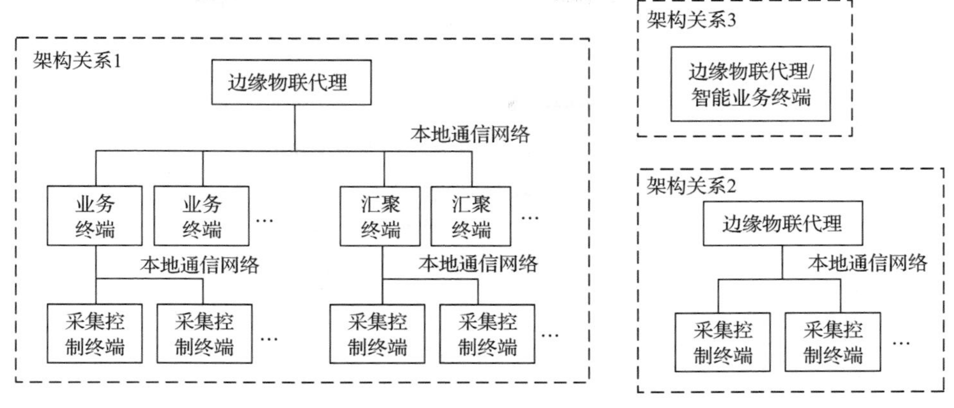

图 2-9　感知层典型功能架构图

电力物联网感知层的核心技术包括先进传感技术、边缘计算技术、微源取能技术、安全连接技术等。据统计，目前已在电力系统发、输、变、配、用各环节部署了超 140 种传感器和感知终端，传感器已经在电力系统得到了广泛应用。感知层应用存在的主要问题包括电力设备需要的监测终端的监测精度不足、传感器供电问题及在强电磁场环境下传感器运行的可靠性、使用寿命，以及感知终端边缘计算能力急需提升，这些问题制约着感知技术的进一步应用和感知终端的全面部署。因此，随着电力物联网应用的深入，迫切需要解决对电力设备监测的高精度、宽频域、低功耗、自取能、可靠感知与传输、边缘智能计算等感知技术问题。

2.2.2　网络与通信技术

在“端-边-管-云-智”电力物联网技术架构中，“管”作为云-边-端层级的桥梁，是实现电力感知终端设备和云平台直接互联互通的关键一层。网络管道是“端-边”和“云”之间的数据传输通道，实现的功能主要有数据传输、时间同步、网络管理、定位等，通过光纤网络、无线网络、载波等多种通信方式融合和网络资源的灵活调度和管理，提供了多级别的网络质量和通信服务，满足了电力物联网灵活、高效、可靠、多样的通信接入需求。管道层主要包括远程通信网络和本地通信网络两个部分，如图 2-10 所示。

目前，电力物联网的主要通信网络技术有光纤通信、中压电力线载波等有线通信方式，以及电力无线专网、电力无线虚拟专网、无线公网、卫星通信、微功率无线网络、蓝牙等无线通信方式。随着电力物联网业务的迅速发展，物联网业务对通信技术提出了增强覆盖及可靠性、扩大可连接终端数量、降低功耗、降低成本等要求。因此，针对电力物联网业务的要求，需要研究高效的通信技术以提

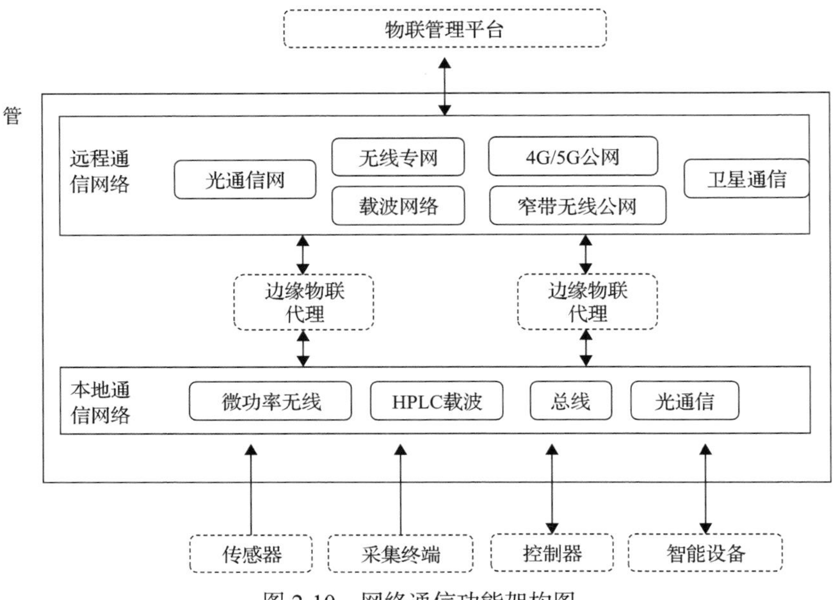

图 2-10　网络通信功能架构图

HPLC 表示低压电力线高速载波通信

高通信系统的可靠性、稳定性、环境适应性。具体研究内容包括针对电力业务传输通信网覆盖不全、需求与接入能力不匹配、原有通信方式运营成本高、基础设施建设难度大等问题，需研究异构网络快速资源调配与控制技术；针对当前电力物联网接入网络要求深覆盖、低时延、高可靠链路等问题，需研究大规模节点资源调度机制、数据高效传输跨层 MAC 调度技术、超多跳自组网的信道探测与媒体控制技术、最小频移键控技术等；在运维方式上，需研究广域窄带物联网快速故障检测技术和局部故障检测算法，用于精确识别广域窄带物联网的故障节点，实现高效运维等。

2.2.3　物联平台技术

在“智-云-管-边-端”电力物联网技术架构中，“云”通常是指电力物联网物联管理平台，是实现电力物联设备集中管理和电力智能应用的基础。物联管理平台首先要具备千万级别的设备接入、连接管理能力，可以对部署在边缘物联代理上的 APP 进行下发、部署、启停、卸载等全生命周期的管理。设备管理模块提供与设备相关的管理与控制能力，连接管理模块实现千万级连接的管理与动态负载均衡，具备动态扩展能力。模型管理模块实现各设备模型统一定义，对采集数据进行标准化处理，为企业中台或业务应用提供标准化接口服务。边云协同服务通过边缘侧计算框架在设备现场提供就地智能化分析、处理能力，实现云边资源充分利用和业务能力提升。电力物联网云平台整体功能架构如图 2-11 所示。

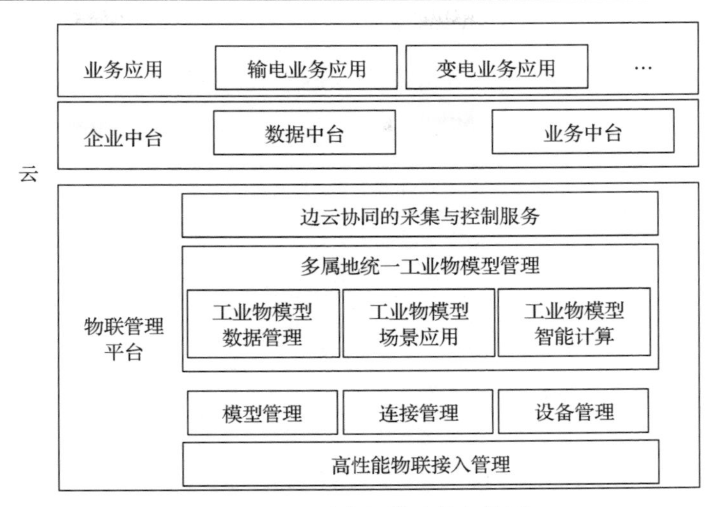

图 2-11　云平台整体功能架构图

目前，电力行业正在建设的电力物联网平台主要解决的问题是大量物联终端的接入和海量终端数据的处理。随着电力物联网大量感知终端和智能设备的部署，电力物联管理平台对这些物联设备的接入和管理将变得愈发困难。要解决该问题，首先要研究电力感知终端设备的表示和行为描述，即感知终端设备的建模问题，主要描述设备概况和状态（设备属性）、设备采集和执行所产生的事件信息（设备消息）、设备为外部提供的功能接口（设备服务）等，以及支撑云平台发现、识别、管理各类感知终端设备；其次要研究电力云平台支撑电力智能应用的数据分析、智能处理技术。电力物联网云平台完成感知终端设备的接入，将大量数据传输到平台，汇聚的电力感知数据不仅量大，同时还呈现出跨专业、异构、多源的特点，需要进行初步汇总和预处理才能提供给智能应用进行调用，因此需要研究电力物联数据的高效分析和管理技术。

2.2.4　人工智能应用技术

在“智-云-管-边-端”电力物联网技术架构中，“智”是支撑电网业务的人工智能技术及应用。随着电力物联网的建设，高性能新型传感与连接技术提供了丰富的数据来源与可靠的信息传输通道，感知设备连接及数据融合技术实现了异构设备大规模接入及多源数据融合共享，为数据驱动的电力人工智能应用提供了良好的基础条件。因此，为了实现人工智能技术对典型电力业务应用的支撑，首先需在设备、系统、用户领域开展电力系统的建模与分析方法的研究，充分发挥机理驱动建模和数据驱动融合建模的优势，推进电力系统人工智能技术的应用，典型应用有电力设备故障智能感知与诊断、源网荷储分布式自主控制服务、综合能源自治运行服务等，如图 2-12 所示。

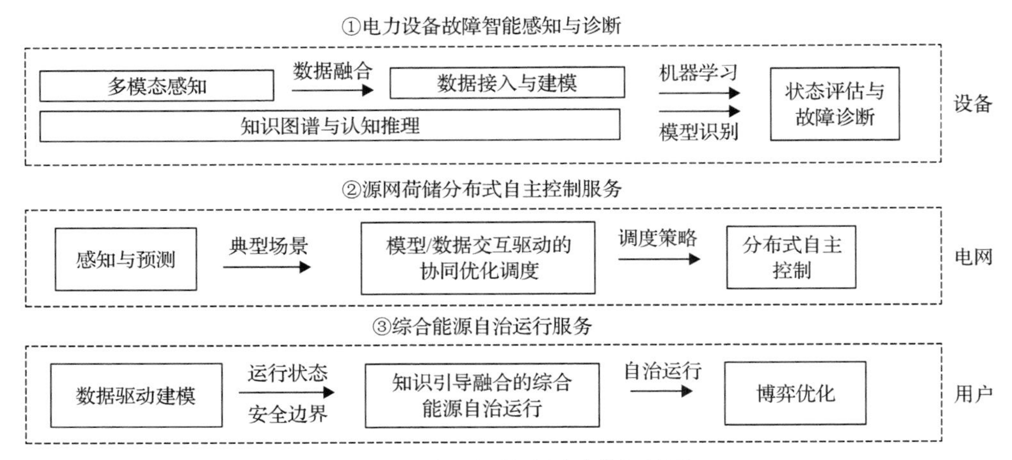

图 2-12　人工智能应用功能架构图

在推动人工智能技术在电力行业深入应用中，除了推动机理与数据驱动的融合建模技术研究，由于源、网、荷、储各个环节接入电力系统主体的增加、电网多能流时空耦合等情况的出现，传统的调控模式已经不能适应当前业务的发展现状，需要开展面向配电网的源网荷储协同优化技术、综合能源自治与协同技术等的研究，并引入知识引导与嵌入深度神经网络的故障智能感知与诊断模型等，从而实现配电网源荷双向可控、综合能源微网内部自治与协同优化、电力设备精益化管理和高效优化运行，更好地支撑能源互联网、新型电力系统的建设。

2.3　电力物联网安全防护

2.3.1　基于零信任的网络安全防护技术

通过对业界主流零信任网络安全防护架构和零信任关键技术理论研究现状的分析可知，解决电力物联网网络安全防护面临的非法终端接入、合法终端被盗用、合法终端恶意非授权访问和破坏问题[20]，需构建包括统一身份认证、持续信任评估、动态访问控制能力的终端零信任防护模型。同时，考虑到终端网络安全防护的特殊性和最小化改造的需求，需对现有网络安全防护措施进行继承和集成应用。因此，基于美国国家标准与技术研究院(National Institute of Standards and Technology, NIST)零信任网络安全架构，并参考其他有关的主流研究思路，提出适用于电力物联网的零信任网络安全防护模型[21]，如图 2-13 所示。

该模型在电力物联网网络边界、终端硬软件、终端行为清晰可控的基础上，针对其封闭性、可控性、专业性的特点及可靠性、实时性、精确性和准确性的要求，基于零信任硬件可信、软件可信、用户可信、行为可信的准则构建信任评估

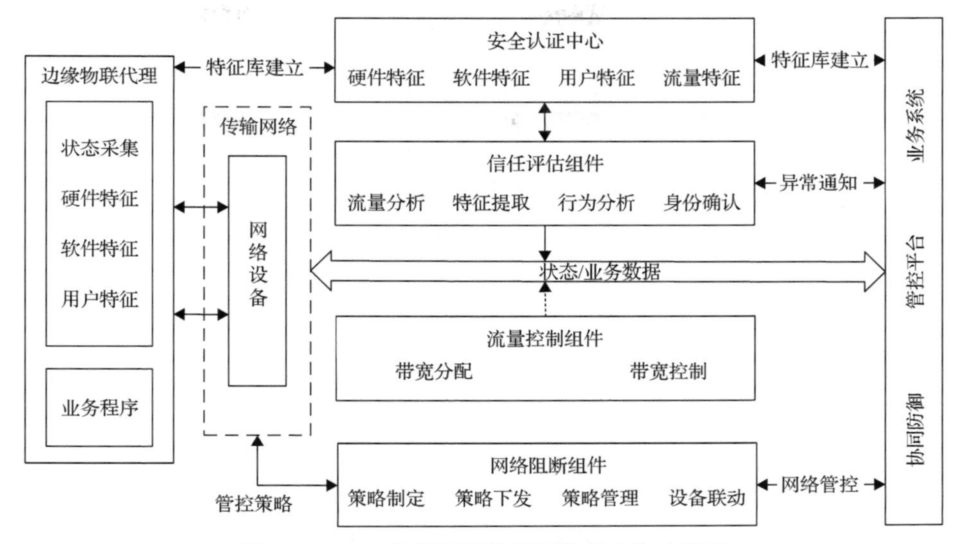

图 2-13　电力物联网零信任网络安全防护模型

和网络管控安全机制[22]。下面阐述该模型涉及的关键技术。

1. 轻量身份认证技术

目前，电力物联网安全防护仍然沿用传统电力信息安全防护的思路，以安全接入区作为传统网络边界进行安全防护，在终端接入业务系统前，先与安全接入区的接入网关建立传输控制协议(transmission control protocol, TCP)连接，再采用数字证书的方式实现身份认证。这种先连接后认证的方式使业务端口处于对外开放状态，存在很大的安全隐患。采用软件定义边界(software defined perimeter, SDP)技术设计的电力物联网轻量身份认证方案，通过在安全接入区部署 SDP 控制器和网关，使电力物联网的应用和网络服务隐藏在防火墙后方，并且丢弃所有收到的未经认证的数据包，从而确保业务系统不响应未经授权的连接请求，攻击者无法得知请求的端口是否被监听，实现了业务端口和系统的隐藏[23]，保证了电力物联网的安全。零信任身份认证部署架构如图 2-14 所示。

如图 2-14 所示，通过在安全接入区部署 SDP 控制器与 SM9 密钥中心，以及在边缘物联代理添加 SDP 客户端与单包授权组件，实现了在现有安全防护设施基础上的零信任身份认证组件改造。该方案通过 SDP 控制器实现先认证后连接的安全防护机制。SDP 控制器对终端进行单包授权认证并动态开放业务通信端口，在网络层面上隐藏了业务的通信端口，缩小了系统的暴露面，确保业务系统不响应未授权的连接请求[24]。另外，在授权协议和接入交互过程中，采用 SM9 算法实现了基于标识的加密和签名，有效减少了物联终端通信的数据量[25,26]。对于单包授权的客户端，SDP 控制器依据零信任安全机制对客户端进行持续评估，对于发生异常行为的终端，能够及时通知接入网关进行阻断处理，从而避免业务系统遭受恶意攻击或破坏。方案交互流程如图 2-15 所示。

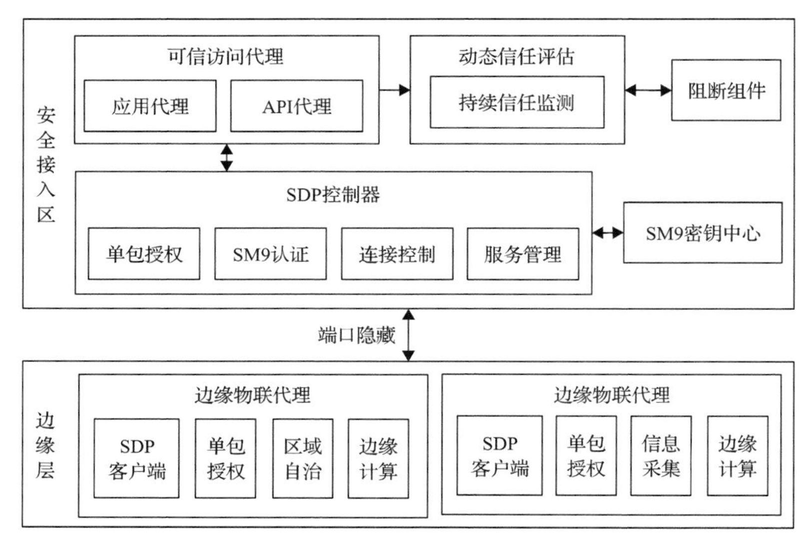

图 2-14　电力物联网零信任身份认证部署架构

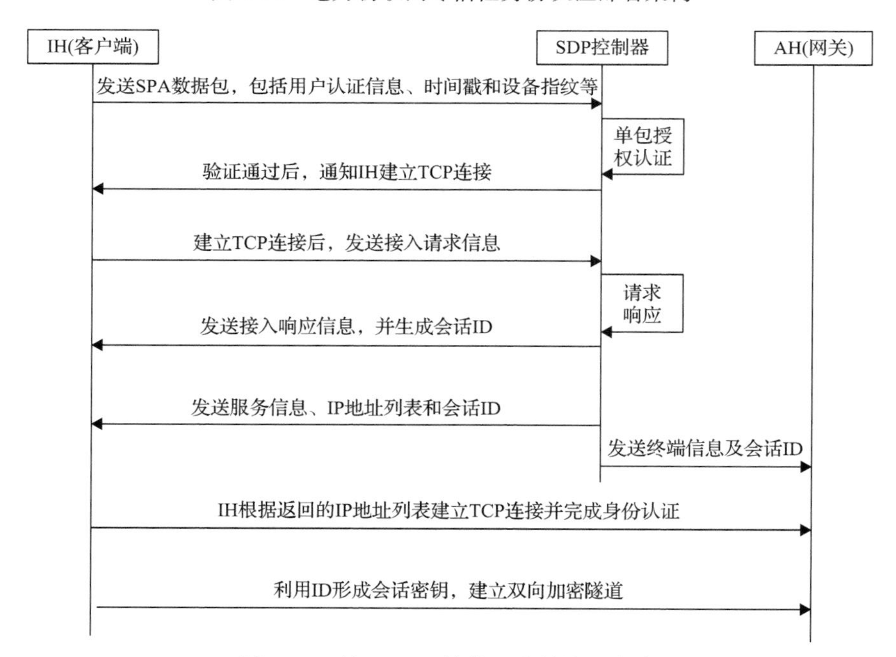

图 2-15　基于 SDP 的统一身份认证方案

采用基于 SDP 的统一身份认证能够有效提升对物联终端的识别与认证能力，对常见网络，如重放攻击、中间人攻击等具有良好的防御效果。此外，SDP 控制器默认丢弃未经认证授权的数据包，因此也可缓解分布式拒绝服务(DDoS)攻击。

2. 持续信任评估技术

传统电力信息安全防护主要基于国密数字证书及安全芯片实现终端与前置机或安全接入平台的双向身份认证，一旦认证通过便不会对终端行为进行进一步的监测与管控。采用基于流量特征的持续信任评估技术，在终端访问过程中，通过对流量进行分析获取业务的频域、时域与值域等特征，并与基本业务特征库进行分析比对终端是否有异常行为，一旦出现流量异常，安全管控中心需对终端的硬件、软件、用户身份进行确认，判别其是否被恶意篡改。对于恶意或异常终端，信任评估功能与本模型的访问控制功能可进行联动处置，信任评估将检测出的终端异常行为与认证结果告知访问控制，并对相应终端进行管控处理。

在电力物联网场景下，信任评估模型无须针对终端的每一步行为和动作进行持续管控和监测，只需结合终端流量的变化来判断终端的状态。终端的所有行为都能够通过流量的变化体现，而电力物联网的终端因业务固定，其流量具有明显的规律性。因此，只要利用流量采集与协议解析技术实时监测业务终端的流量及业务状态的变化，当监测到流量异常或业务数据偏差较大时，安全管控中心通知终端上报自身的硬件、软件和用户信息并进行比对，实现对异常终端的及时检测和评判，进而为网络管控提供依据并制定策略，防止非法终端或用户的恶意攻击。基于流量的信任评估模型如图 2-16 所示。

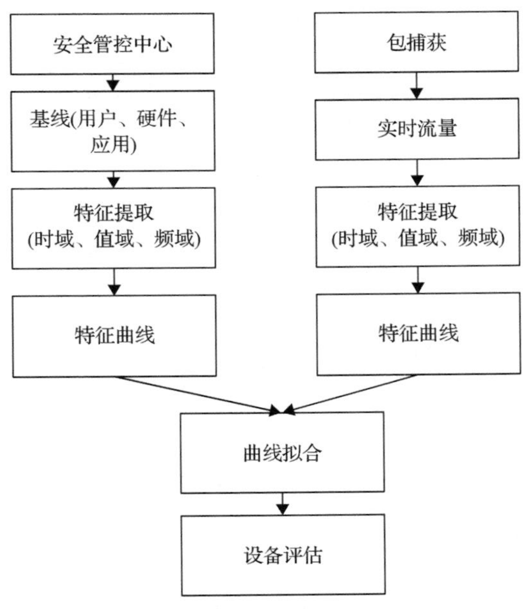

图 2-16　终端信任评估示意图

在电力物联网中，边缘物联代理主要服务于采集设备的通信及数据的汇聚和上传，因此管理平台对边缘物联代理的信任度可基于五元组(源地址、目的地址、源端口、目的端口、协议类型)的信息进行流量评估，而对于采集设备或电力终端，管理平台并不会直接与其交互，这就需要对应用层协议(101、104、MQTT、COAP、SSAL 等)进行解析，获取其中各个测点或采集点的流量信息，进而为信任评估模型提供数据来源。

为了实现基于流量的设备信任度评估，通过设备流量特征模型模块获取该设备的流量特征序列并将其作为信任评估的基准，实时地对设备的信任度进行拟合评估。在固定时间内，计算业务流量实时曲线和业务特征曲线两者间各个时刻的偏离情况，从而获得两条曲线的拟合值。在正常的情况下，该值应该处在一定的范围内。当业务流量出现异常情况时，拟合值将发生很大变化，最终根据业务的安全等级制定相应的安全管控策略。

采用零信任持续信任评估技术可提升系统对物联终端的信任评估能力，对物联终端的信任度具有统一的评判标准，减少了以上提及的信任滥用风险，为动态访问控制组件提供了更可靠的策略生成依据。

3. 动态访问控制技术

传统的访问控制通常根据终端的类型或某些属性实施特定权限的分配[27]，其防护目的是制止终端的非法权限请求，其策略通常是在实施访问控制之前预先设定，以静态、固化的策略为主[28]。然而，基于零信任的网络安全架构强调动态授权的要求，对每一次业务所有资源的访问行为均需进行评估和认证。采用基于信任度评估的动态访问控制技术可以实现对终端业务访问行为的实时评估、实时授权、实时处置，零信任动态访问控制框架如图 2-17 所示。

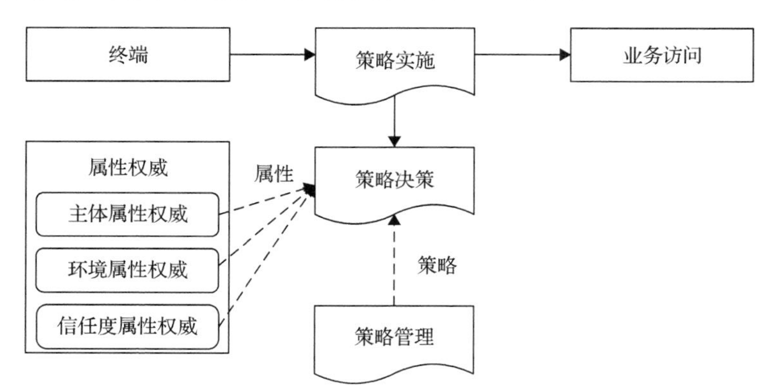

图 2-17　电力物联网零信任动态访问控制框架

在上述动态访问控制架构的核心部分中，策略决策与实施有两种工作模式：

一种是在电力物联网终端侧分散执行，另一种是在主站系统侧集中执行。在终端侧分散执行存在一些弊端，如策略的安全性较低、容易被篡改、占用终端资源。此外，如何保持终端中策略的一致性也是个难题。综合考虑上述因素，最终采用在主站系统侧进行策略决策和实施的集中执行方案。

综上所述，通过对电力物联网内部存在的风险进行分析，以零信任安全机制及信息安全理论与技术为基础，结合电力物联网体系结构，在电力物联网的安全防护中引入零信任的概念，构建电力物联网零信任安全模型，实现了对电力物联网终端及用户行为状态的实时可监测、行为结果可评估、异常行为可控制的安全防护目标。

2.3.2　面向电力物联网的协同防御技术

电力物联网无限延伸和广泛的应用场景、数量众多的业务类型和异构的业务模式，形成了规模庞大的业务网络，网络结构更加复杂。海量终端的泛在连接和智能交互需求使网络边界更加模糊，网络安全风险点和暴露面显著增多且变化多样。电力物联网的应用进展对现有的安全技术架构和安全防护体系产生冲击，传统的安全防护技术如认证、防火墙、入侵检测系统等虽不断成熟并日趋完善，但由于这些技术面向不同的安全目标而设计，无法在统一的安全策略控制下协同工作，其实现的仅是安全功能的简单叠加。因此，针对电力物联网网络安全风险点和暴露面增多的背景，突破传统的单点防护、边界防护模式，引入云网端协同防御的理念，基于多点数据采集开展全局安全防护策略制定，从设备级、区域级、全局级多个层面进行协同防护。

1. 协同防御安全防护架构设计

为了实现电力物联网“端-边-管-云-智”的协同防御，结合系统中的业务逻辑分层架构，通过对电力物联网“端-边-管-云-智”的架构进行精简，构建面向“云-网-端”的安全防御体系架构，设计“多点监测-边缘计算-云端处理”的防御体系。结合协同防御的理念，构建面向电力物联网的“设备联动-局部自治-全局协同”安全防御架构，具备多点监测、边缘计算、云端决策、设备联动、局部自治及全局协同等功能，实现多层次的电力物联网安全协同防御。协同防御体系的拓扑图如图 2-18 所示。

(1) 多点监测。针对绕过安全防御机制的攻击行为进行监测，并在尽量短的时间内隔离已被感染的数据与系统，降低攻击带来的损失，通过持续监控系统态势，检测攻击行为特征形成的异常，快速判定入侵攻击情况。检测到入侵攻击后，针对事故风险进行态势评估，明确攻击行为特征，对被感染的数据与资产进行划分，形成可视化的图形界面，迅速隔离被感染的系统和账户，形成有效的阻断机制，

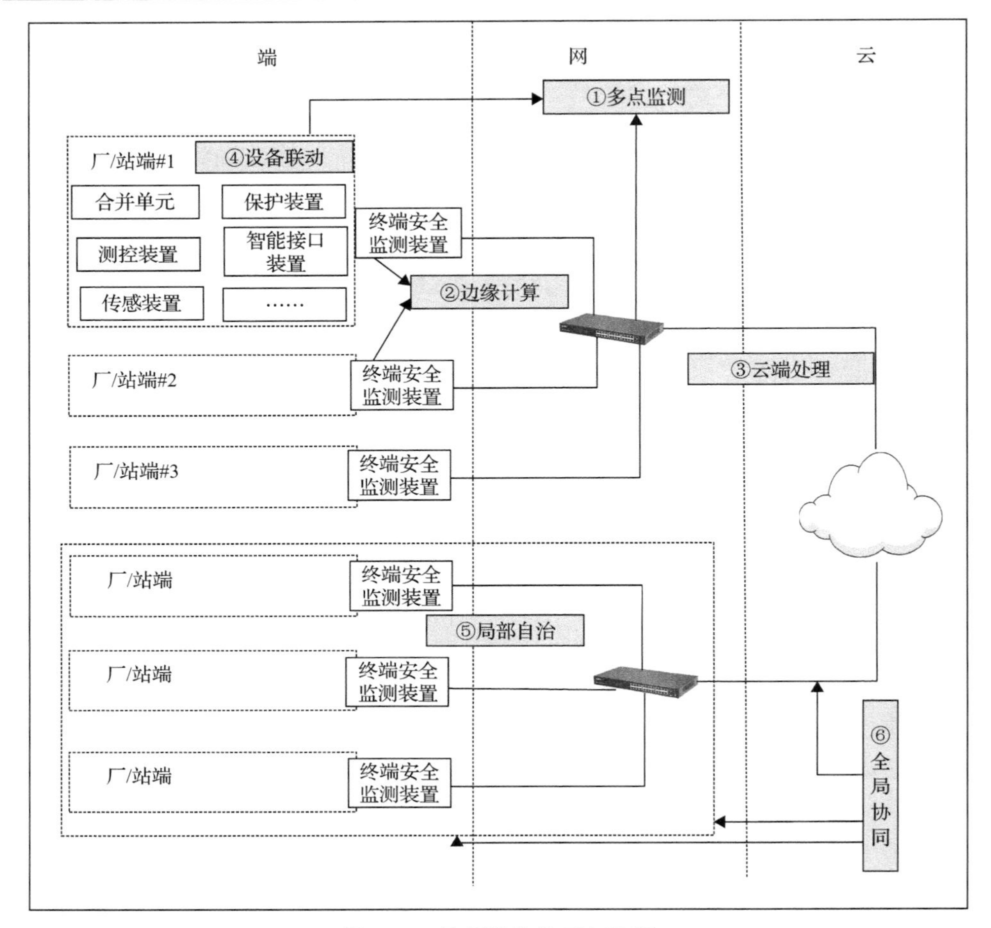

图 2-18　协同防御体系拓扑图

并封锁该攻击路径，防止其他正常系统被进一步入侵。

(2)边缘计算。边缘计算通过容器技术的虚拟化环境，为不同用户和边缘设备提供计算服务的卸载能力，借助容器技术无须考虑程序的环境配置问题和资源隔离的安全问题的特点，增加了物联网应用的灵活性。

(3)云端处理。在安全态势预测过程中，存在对网络安全运行产生影响的外界因素。这些因素容易使网络环境不断复杂化，所以需要从各个方面检测网络安全的发展走势对现有的态势预测模型进行研究并对攻击趋势进行预测，因此利用攻击传播分析和攻击态势评估为网络安全态势预测奠定了基础，通过分析攻击所有可行路径以实现攻击趋势预测。

(4)设备联动。针对现有电网信息安全防护将防火墙与 IDS 等不同设备进行简单叠加无法在统一的安全策略控制下协同工作的问题，以通用防火墙、电力专用安全防护设备在线联动为要点，设置联动系统模型，实现信息外网与信息内网、管理信息大区与生产控制大区、外部互联网与信息外网间设备的在线联动。

(5) 局部自治。为了保证局部安全性可以不依赖其他系统，自主发挥防御入侵者的功能，区域协同防御中心对厂/站端上报的各类事件和信息进行分析，判断其是否有异常行为发生，从而发现厂/站端因视角受限而未发现的异常行为。如果发现异常，根据区域级协同防御策略，将协同防御方案分别下发给所辖的各个厂站端执行，从而实现自治域内厂站间的协同防御，同时向全局协同防御中心上报。

(6) 全局协同。针对仅靠单个网络节点和单一技术难以检测和防御大规模复杂网络攻击的问题，通过协同机制将网络中多个相对独立的安全设备进行有机组合，取长补短，互相配合，共同抵御各种攻击。全局协同防御中心拥有全网拓扑、全局视角更加开阔，同时可对自治域上报的事件和信息进行全面分析，识别异常行为。对于异常行为，全局协同防御中心根据全局协同防御策略将相应的协同防御方案分别下发给相应的区域协同防御中心执行，实现全局的协同防御。

2. 协同防御策略生成方法

为了实现多层次的电力物联网安全协同防御，需要制定协同防御策略。协同防御策略生成主要包括生成攻击图、策略生成、策略联动消除冲突、策略下发执行等过程。联动处置策略决策引擎模型如图 2-19 所示。

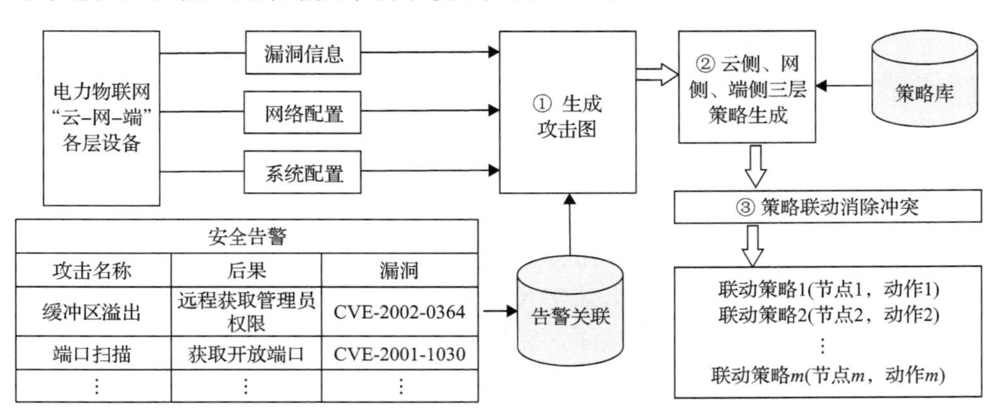

图 2-19　联动处置策略决策引擎模型

(1) 生成攻击图。针对电力物联网面临的大规模、复杂、多点网络攻击，通过在“云–网–端”部署合理的终端入侵检测服务，即可实现分布式联动入侵检测。在此背景下，针对网络产生的复杂网络攻击告警事件处置问题，引入攻击图技术对告警进行联动处置。

(2) 策略生成。在攻击图和策略库的基础上，生成“云–网–端”三侧的防御策略。策略库用于存储安全策略知识，并按触发条件的类型分类别存放，为策略决策引擎提供输入。策略决策引擎是整个联动策略智能决策模型的心脏，根据触发条件调用策略模板库中的策略知识并进行实例化，进一步将安全联动策略及其组合逐个作用于攻击图并计算相应的系统安全脆弱性取值，以支撑安全联动策略的生成。在完成基于告警关联的属性攻击图构建和基于冗余告警判定的状态空间削减后，提出计算最优联动处置的算法。在此基础上，形成“云-网-端”三侧的初始策略集合。

(3) 策略联动消除冲突。“云-网-端”三侧各自形成的最优防御策略有可能冲突，需要进行联动处理，消除冲突。相关冲突通常是策略和策略的外部约束之间发生了冲突，即策略的内容与外部约束中明确规定不允许出现的情况发生了冲突。因此，可以在策略关联对象上附加属性标签，并按照时序关系生成有向无环图，采用动态方法来检测应用相关冲突。

完成上述策略制定后下发执行，将制定好的策略下发至设备层、自治域层等进行执行，返回执行效果，并通过后面的安全数据采集过程进行整体安全防护。

2.4 小 结

电力物联网体系架构和支撑技术是物联网在电力领域应用需要开展研究的关键和基础性技术，通过对电力物联网的系统架构、功能定位和技术需求的研究，为电力物联网顶层设计、研究重点和安全防护措施实施理清思路，为开展电力物联网的感知、网络、平台、应用及验证环节研究奠定理论基础。

本章结合当前电力物联网业务的需求，提出了“智-云-管-边-端”新型分层结构设计，并定义各层功能与技术框架。总体上分析了电力物联网的关键技术及其存在的不足和研究重点，指导电力物联网当前的研究范围。新型架构强化感知层边缘计算和云边协同功能，实现了电网状态的实时感知、在线监测、边缘计算，促进信息就地高效处理并支撑云边交互；强化云端智能技术应用，将云端的训练模型和控制策略协同到边端侧应用，提升了信息智能化分析能力和业务智能化应用水平，基于云边协同能力的加强，推动了人工智能在“云-网-端”的应用深度。

针对电力物联网不断延伸和广泛的应用场景，如接入大量的感知终端，存在终端点多面广且物理环境不可控，现有的安全防护架构难以适应电力物联网安全形势等问题，研究零信任安全机制，基于硬件可信、软件可信、用户可信及流量可信四个方面对终端及其访问行为进行全面、动态、智能的信任认证；研究协同防御策略方法和关键技术，实现全局协同、局部自治、设备联动的协同防御。结合零信任对电力物联网终端、用户、应用和流量的强认证，形成电力物联网安全防护架构设计。

参 考 文 献

[1] 孙其博, 刘杰, 黎羴, 等. 物联网: 概念、架构与关键技术研究综述[J]. 北京邮电大学学报, 2010, 33(3): 1-9.

[2] 沈苏彬, 范曲立, 宗平, 等. 物联网的体系结构与相关技术研究[J]. 南京邮电大学学报(自然科学版), 2009, 29(6): 1-11.

[3] Kenaza R, Khemane A, Bendjenna H, et al. Internet of things(IoT): Architecture, applications, and security challenges[C]// 2022 4th International Conference on Pattern Analysis and Intelligent Systems(PAIS), Oum EI Bouaghi, 2022.

[4] 秦安. "震网" 升级版袭击伊朗,网络毁瘫离我们有多远[J]. 网络空间安全, 2018, 9(11): 41-43.

[5] 童晓阳, 王晓茹. 乌克兰停电事件引起的网络攻击与电网信息安全防范思考[J]. 电力系统自动化, 2016, 40(7): 144-148.

[6] Ye L, Wang Z X, Liu Z X, et al. The challenges and emerging technologies for low-power artificial intelligence IoT systems[J]. IEEE Transactions on Circuits and Systems Ⅰ: Regular Papers, 2021, 68(12): 4821-4834.

[7] Zhang Y F, Chen Z Q, Ma K X, et al. A decentralized IoT architecture of distributed energy resources in virtual power plant[J]. IEEE Internet of Things Journal, 2023, 10(10): 9193-9205.

[8] Picone M, Mamei M, Zambonelli F. A flexible and modular architecture for edge digital twin: Implementation and evaluation[J]. ACM Transactions on Internet of Things, 2023, 4(1): 1-32.

[9] Yu J, Lee N K, Pyo C S, et al. WISE: Web of object architecture on IoT environment for smart home and building energy management[J]. Journal of Supercomputing, 2018, 74(4): 4403-4418.

[10] Qian Y, Ma L, Liang X W. The performance of chirp signal used in LEO satellite internet of things[J]. IEEE Communications Letters, 2019, 23(8): 1319-1322.

[11] 郁小松, 朱青橙, 顾佳明, 等. 云边协同光量子物联网架构及资源分配[J]. 北京邮电大学学报, 2022, 45(3): 50-56.

[12] 张晓华, 刘道伟, 李柏青, 等. 智能电力物联网功能架构体系设计及创新模式探讨[J]. 电网技术, 2022,46(5): 1633-1640.

[13] Jun L V, Luan W P, Liu R L, et al. Architecture of distribution internet of things based on widespread sensing & software defined technology[J]. Power System Technology, 2018, 42(10): 3108-3115.

[14] Khoa N M, Dai L V, Toan N A, et al. A new design of IoT-based network architecture for monitoring and controlling power consumption in distribution grids[J]. International Journal of Renewable Energy Research, 2021, 11(3): 1460-1468.

[15] 葛冰玉, 冯志鹏, 韩璐, 等. 电力行业智慧物联体系研究与设计生态互联[C]//2019 电力行业信息化年会, 无锡, 2019.

[16] Bedi G, Venayagamoorthy G K, Singh R, et al. Review of internet of things(IoT) in electric power and energy systems[J]. IEEE Internet of Things Journal, 2018, 5(2): 847-870.

[17] Kaur N, Sood S K. An energy-efficient architecture for the internet of things(IoT)[J]. IEEE Systems Journal, 2017, 11(2): 796-805.

[18] Khan Z A, Abbasi U. An energy efficient architecture for IoT based automated smart micro-grid[J]. Tehnicki Vjesnik, 2018, 25(5): 1472-1477.

[19] Aldossary M. Multi-layer fog-cloud architecture for optimizing the placement of IoT applications in smart cities[J]. Computers, Materials & Continua, 2023, 75(1): 633-649.

[20] Wu K H, Zhang J Y, Jiang X C, et al. An efficient and provably secure certificateless protocol for the power internet of things[J]. Alexandria Engineering Journal, 2023, 70: 411-422.
[21] 马靖, 许勇刚, 刘增明, 等. 基于零信任框架的泛在电力物联网安全防护研究[J]. 网络安全技术与应用, 2020, (1): 117-119.
[22] Wu K H, Cheng R, Xu H Y, et al. Design and implementation of the zero trust model in the power internet of things[J/OL]. International Transactions on Electrical Energy Systems, 2023. https://www.hindawi.com/journals/itees/2023/6545323.
[23] 章岐贵, 黄海, 汪有杰. 基于零信任的软件定义边界安全模型研究[J]. 信息技术与信息化, 2020, (11): 92-94.
[24] 吴克河, 程瑞, 姜啸晨, 等. 基于 SDP 的电力物联网安全防护方案[J]. 信息网络安全, 2022, 22(2): 32-38.
[25] 许艾, 刘刚, 徐延明. 基于 SM9 标识密码智能变电站安全防护技术[J]. 自动化博览, 2018, 35(S2): 65-71.
[26] 吴克河, 程瑞, 郑碧煌, 等. 电力物联网安全通信协议研究[J]. 信息网络安全, 2021, 21(9): 8-15.
[27] 周向军. 基于 BLP/BIBA 混合的云计算数据中心安全访问控制模型[J]. 信息安全与技术, 2016, 7(1): 28-32, 45.
[28] 黄何, 刘劼, 袁辉. 基于多级属性加密的零信任访问授权控制方法研究与设计[J]. 电力大数据, 2020, 23(6): 51-56.

第 3 章　电力物联网中的新型智能感知

作为电力物联网物理量向数字量转变的关键环节，传感采集与边缘计算技术是实现各类电信号、非电信号向有效电信号转换、集中与上传的首要步骤。电力物联网中的感知层由各类传感器和感知终端组成，是位于电力物联网物理层与数字信息层之间的信息感知媒介与中枢。在电力物联网中，各类智能传感器、智能采集设备可实现对各应用环节的信息感知，其最基本的功能是信息识别、数据收集与自动控制。感知节点对所监测实物进行数据信息的感知、测量、捕获与信息传递，并将感知数据通过网络传输至汇接节点进行汇聚与传送。其中，部分智能感知终端还具有在边缘侧、端侧进行数据处理、分析与决策的能力，从而以更快的网络服务响应满足实时业务的需求。

当前，电力物联网的逐步发展对信息感知的深度、广度、密度、频度及精度提出了更高的要求，感知与连接技术的业务需求在以往广泛互联的基础上，也对底层感知基础设施提出了更高的要求。电力物联网架构如图 3-1 所示，为了实现

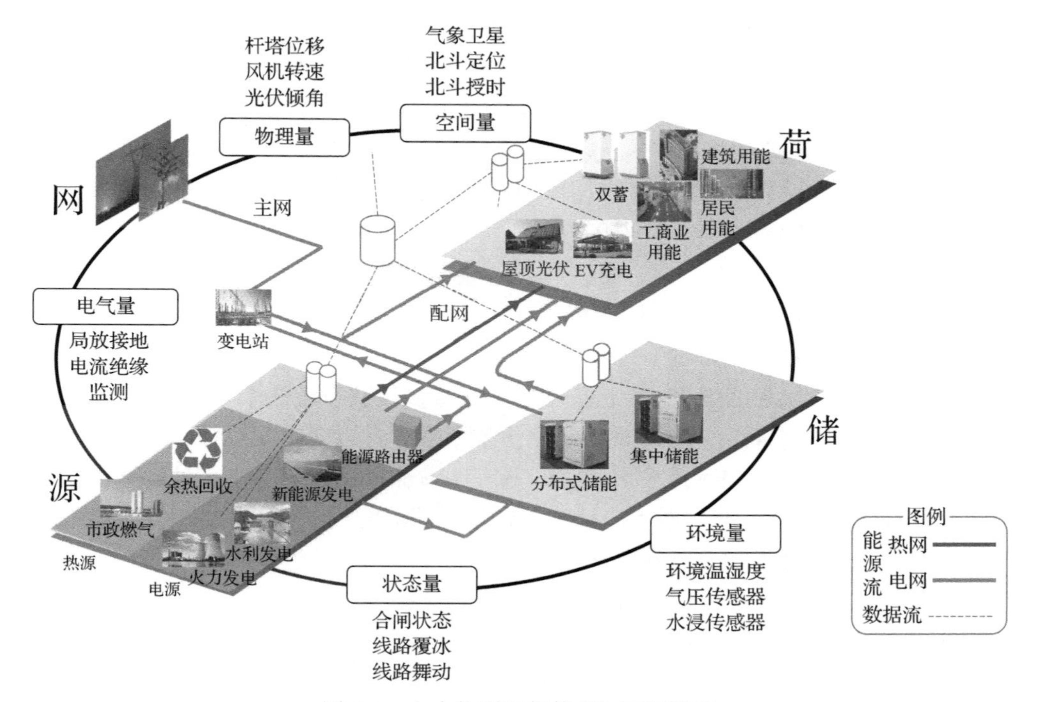

图 3-1　电力物联网架构(见文后彩图)

电力物联网的信息物理协同平衡，需要对系统内各环节的电气量、状态量、物理量、环境量、空间量等进行全面监控与数据采集，通过数以亿计的传感器对信息进行全面感知。

当前，虽然已在电力物联网发、输、变、配、用各环节部署了较多的监测感知终端，但仍存在数据精度和装置可靠性需进一步提升、传感元件在强电磁场环境下的运行可靠性和使用寿命尚未得到有效提升等问题，制约着感知技术的进一步应用和感知终端的全面部署。具体问题包括：①物理电网采集点不足，难以支撑海量数据获取的需求；②终端的抗电磁、耐高压性能不强，电网环境下感知终端的可靠性有待提升；③低功耗设计与取能方式成为瓶颈，与一次设备的寿命差距较大；④未实现标准化安全接入，传输通道与采集频次适配度低；⑤未形成智能分析计算闭环，未高效利用感知数据；⑥当前感知布局缺乏统筹管理，现有传感设备未得到充分利用。与此同时，随着越来越多的传感器接入电力物联网，海量数据对通信能力和云计算能力提出了更高的要求。为了突破海量数据传输延迟、云计算能力受限等瓶颈，边缘计算技术成为一种有效的解决方案，通过边缘物联代理，可以实现感知数据的端侧汇集、就地分析和数据上传，提升电力物联网的运行效率。

感知核心技术包括先进传感技术、前沿量测技术、边缘计算技术、微源取能技术等。其中，先进传感技术包括磁阻电流传感技术、液态金属传感技术、光声光谱传感技术、分布式光纤传感技术与法拉第磁光传感技术。前沿量测技术以量子计量溯源技术为代表，以基于物理常数的量子物理基准取代实物基准，量值不受空间和时间改变的影响，测量准确度等技术指标得以大幅提高。边缘计算技术是一种新型计算模式，通过在靠近物或数据源头的网络边缘侧为应用提供融合计算、存储和网络等资源。微源取能技术包括电磁、振动、光照、热电等取能技术，用于解决传感器持续可靠供电问题。

随着半导体集成技术、信息处理技术、通信技术和新材料技术的突飞猛进，传感技术也向智能化发展。与传统传感技术相比，智能感知技术呈现出多样的发展趋势，主要包括以下方面。

(1) 传感在线化与网络化。传感技术由分布式多传感系统逐渐发展至传感网络、广域物联网系统，逐渐由局域量测升级为全网互联，并以实时在线的方式获得更高的响应与决策速度。随着低功耗广域网、5G 工业物联网、卫星空天地一体化网络技术的迅猛发展，良好的数据传输基础也将为传感器的在线化与网络化提供条件。

(2) 传感器的微型化。随着微纳制造技术的发展，越来越多的微机电系统与集成电路融合，智能传感器也在向以 MEMS 为基础的微型化发展，微纳传感器协同制造技术的发展极大地提高传感器设计的效率，有效降低了研究与生产成本。

(3) 传感器的集成化与低功耗。随着材料科学的进步，液态金属、光纤、高分子聚合物等新型材料获得了长足发展，越来越多的新型功能材料应用在传感器中。

不仅如此，传感器功能也得到拓宽，自取能技术也应用在传感器供电中，传感器的续航能力及低功耗性能得到广泛提升，为传感技术的发展提供了强大支撑。

(4) 数据处理的边缘化。作为新一代人工智能的核心基础技术，智能感知技术将轻量级人工智能算法下沉至传感终端，就地加速与实时计算业务应用可以满足终端的实时需求，降低系统资源成本，提高终端智能水平，从而赋予感知终端“边缘计算”“在网计划”“嵌入式计算”的能力[1,2]。

基于以上技术背景，本章针对电力物联网中设备状态感知精准性不足、连接广泛性有待提升、取能效率不高、就地处理能力不足等问题，介绍了局部放电传感、自取能振动传感、多参量光学传感及电力物联网边缘智能等最新研究成果。

3.1　新型电力传感技术

本节针对局部放电监测、自取能振动监测及变压器内部环境多参量光学感知难题，介绍三类新型电力传感技术。

3.1.1　局部放电传感技术

电力设备发生故障前，经常产生局部放电。电力设备的局部放电通常会加速绝缘材料的劣化，进而引发电气故障。因此，局部放电既是故障发生的明显前兆，也是引发故障的重要诱因。对局部放电开展在线监测、分析是预防电力设备发生严重故障，保障电网可靠运行的关键环节。

局部放电的检测方法主要包括脉冲电流法、紫外成像法、超声波检测法、特高频检测法等。脉冲电流法通过监测局部放电过程中转移电荷在测量回路中产生的脉冲电流，以此判断局部放电的发生及剧烈程度。脉冲电流法的检测灵敏高，但极易受电磁信号的干扰。紫外成像法通过对局部放电过程中产生的紫外光进行监测，实现了非接触式、远距离的直观检测，但其容易受自身增益的影响，不适用于定量分析。超声波检测法通过接收局部放电产生的超声波脉冲，以此来检测局部放电的大小与位置。目前，局部放电信号的超声波检测技术已在电力设备故障检测中得到广泛应用，但检测效果仍有待进一步提高。特高频检测法对电力设备中局部放电时产生的特高频电磁波进行检测，实现局部放电监测，该方法的最大优点是可以有效抑制背景噪声，缺点是难以定量表征绝缘状况。

尽管局部放电检测技术已在高压电缆、变压器、气体绝缘全封闭组合电器 (GIS)、气体绝缘输电线路 (GIL) 等电力设备中得到广泛应用，但目前应用的局部放电检测方法存在干扰大、准确度低、漏报率和误报率高等问题，检测效果仍有待提升。

随着材料科学的进步，应用于局部放电传感器的铁氧体材料获得了长足发展。

例如，国外对用于高频脉冲电流检测的 NiZn 铁氧体磁心材料的研究主要集中于提高磁导率、改善复数磁导率特性等方面。由于国外相关研发机构封装工艺公开资料较少，存在一定技术壁垒，因而国外传感器价格昂贵，处于垄断地位。以意大利 Techimp 公司的传感器为例，其高端产品性能优异，仅采用单匝线圈即可获得足够的输出信号幅值，同时最大限度地保持优异的频率响应特性，其部分产品采用了固定点配合树脂固定的封装方式，技术水平较高，成本高昂[3,4]。

为了打破相关技术壁垒，降低局部放电传感器大规模应用的成本，提升传感器灵敏度与可靠性，本节介绍新型高频局部放电传感器研发的关键技术要点及其突破，为相关从业人员提供研发思路和技术参考。

1. 高频局部放电传感技术

高频局部放电传感器以磁性材料为核心敏感元件，因此提升磁性材料的磁导率是高频局部放电传感器最关键和核心的技术难点。国产高频局部放电传感器的灵敏度较低，其根本原因是作为传感器敏感材料的高频软磁材料磁心在 0.3～100MHz 频带下的磁导率不高。为了弥补国产高频传感器磁心性能低的不足，本书依据磁铁氧体材料的磁化机制及磁动态机理，针对 NiZn 和 NiCuZn 两大主配方体系及添加剂，简要介绍了烧结温度、时间、添加剂等因素对软磁铁氧体材料性能的影响，并以此为理论依据简要介绍了基于 NiZn 和 NiCnZn 体系的高性能软磁磁心，从而为研制高性能的高频局部放电传感器奠定基础。

如图 3-2 所示，高频局部放电传感器研制主要包含软磁铁氧体材料的制备，其主要目的是烧制出高磁导率、高饱和磁感应强度的软磁铁氧体材料。将软磁铁氧体放置在模具中烧结成型，根据待测目标的几何尺寸烧制成不同形状、尺寸的软磁铁氧体磁心。进一步，在软磁铁氧体磁心上绕制线圈，焊接相应的电路板并

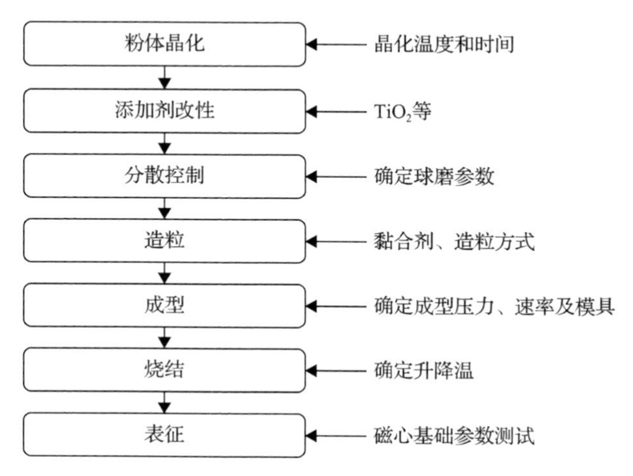

图 3-2　高频局部放电传感器磁心研制流程

调整传递函数参数。最后，将绕有绕组的软磁铁氧体磁心放置在外壳中封装成型，根据现场防尘、防水的要求完成高频局部放电传感器的加工。

其中，软磁铁氧体材料的制备和磁心成型是关键，主要工序包括主配料配比研制、一次球磨、预烧结、助熔剂掺杂、二次球磨、造粒、压环、烧结。主配料配比研制通过采用合适的材料配比，使铁磁材料获得高饱和磁感应强度(B_s)和高起始磁导率(μ_i)，由于磁导率的优化是高频局部放电传感器研发中最关键的技术指标与核心技术难点，因此需要在如下方面取得重点突破：基于布洛赫(Bloch)自旋波理论、小口理论和亚铁磁性的超交换作用，考虑 NiZn 系铁氧体与 Cu 和 Co 铁氧体的多元复合配方体系，明确复合材料体系与复数磁导率间的作用关系。此外，在不影响复数磁导率等电磁性能的前提下，引入适量的、价格低廉的 MgO 替换 NiO，可为该磁心产品的低成本量产做准备。

按照表 3-1 的 ZnO、Fe_2O_3、NiO 的摩尔分数进行配料，将配置好的原料混入行星式球磨机，在转速为 230r/min 的条件下以钢球为球磨介质球磨 4.5h，一磨时球磨机中球、料、水的质量比为 3∶1.2∶2。将一磨料烘干后过筛并置于钟罩炉中，并于 900℃下预烧，预烧时间为 2.5h。在预烧料中加入质量分数为 0.05%的 Nb_2O_5 和质量分数为 0.06%的 Bi_2O_3 进行第二次球磨 5h，烘干后以聚乙烯醇(PVA)为黏合剂进行造粒，并压制成 18mm×8mm×6mm(即圆环外径为 18mm、内径为 8mm、厚度为 6mm)的环状生坯。在箱式炉中按照一定的温度曲线烧结，在 1250℃下保温 2h，对烧结后的样品进行磁性能测试，研究主配方中 ZnO 含量对 NiZn 铁氧体材料性能的影响。

表 3-1　不同 ZnO 含量的 NiZn 铁氧体的实验配方

序号	ZnO 摩尔分数/%	Fe_2O_3 摩尔分数/%	NiO 摩尔分数/%
1	28.0	50.3	21.7
2	28.5	50.3	21.2
3	29.0	50.3	20.7
4	29.5	50.3	20.2

通过对表 3-1 中的各材料的 X 射线衍射(XRD)图谱分析发现，随着 ZnO 含量的增加，样品的平均晶粒尺寸增加，但晶粒尺寸的标准偏差也增大，且均匀性略有降低。通过对不同 ZnO 含量的 NiZn 铁氧体的居里温度(T_c)进行测试发现，随着 ZnO 含量的增加，居里温度(T_c)不断降低、饱和磁感应强度(B_s)逐渐下降、起始磁导率(μ_i)逐渐升高、剩余磁感应强度(B_r)缓慢下降。

根据以上对 NiZn 铁氧体的主配方磁性能的特性研究结果，可以按照应用场景选定配比或调整配比参数，制备出高频电流传感器后进行实测并根据测试结果对参数进行调整。

对高频局部放电传感器的传输阻抗与参数进行数学建模，可以得到如下结果：①匝数与平均传输阻抗呈单调递减的关系，即匝数越小，平均传输阻抗越大；②积分电阻与平均传输阻抗大约呈二次函数关系，平均传输阻抗随积分电阻的增大而升高，并且升高速度逐渐衰减，当积分电阻大于 200Ω 时，积分电阻的变化几乎不会影响平均传输阻抗；③导线的线径号与其横截面积成反比，与线圈的电阻成正比，因此导线线径的增大会造成线圈电阻升高，平均传输阻抗降低；④磁心参数可在当前可行范围内选取磁导率 μ=1400H/m，矫顽力为 H_c=13A/m，饱和磁感应强度 B_s=358mT，剩余磁感应强度 B_r=120mT，选取线圈匝数为 1 匝，线径为 20 号导线，积分电阻为 200Ω，制作的高频电流传感器平均传输阻抗的预测值为 17.53mV/mA，误差为 2.2mV/mA。

根据以上数学模型的预测结果制备 Ni-Zn、Ni-Zn-Cu 系磁心样品，起始磁导率 μ_i≥1400，饱和磁感应强度 B_s≥345mT。由此可开发出 Ni-Zn-Cu 系软磁铁氧体成品 HFCT-A39 磁心。

初步封装后，参照《电力设备带电检测仪器技术规范 第 5 部分：高频法局部放电带电检测仪器技术规范》（Q/GDW 11304.5—2015）搭建测试回路，如图 3-3 所示。信号发生器输出频率可调的电压，在测试回路中产生正弦信号，信号峰峰值介于 0～30mA。在 3～30MHz 调整频率，用示波器测量不同频率 f 下传感器的输出电压和电阻 R_0 两端的电压。

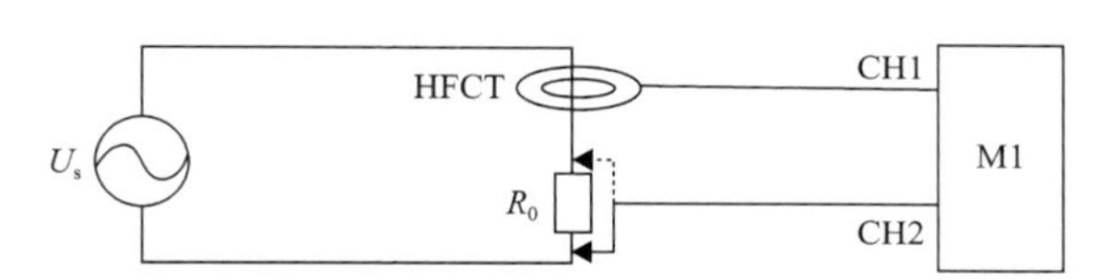

图 3-3 高频传感器性能测试回路

CH1 和 CH2-通道 1 和通道 2；HFCT-高频电流传感器；M1-示波器输出

高频传感器的传输阻抗可按照下式计算：

$$Z(f)=R_0 \cdot U_2(f)/U_1(f) \tag{3-1}$$

式中，$Z(f)$ 为传感器的传输阻抗；$U_2(f)$ 为传感器接入通道的输出电压；$U_1(f)$ 为电阻 R_0 接入通道的输出电压。采用以上方法对 HFCT-A39 传感器样品与意大利 Techimp 39 检测结果进行对比，如图 3-4 所示，传感器峰值传输阻抗大于 18mV/mA，与国外先进技术水平持平。

2. 超声波局部放电传感技术

超声波局部放电传感器灵敏度的提升分为两个方面：一是通过对传感器的封装材料和结构参数进行优化，以实现在给定压电材料下传感器的声电转化灵敏度最高；二是根据不同场景对传感器灵敏度的要求，选择不同的压电材料体系作为

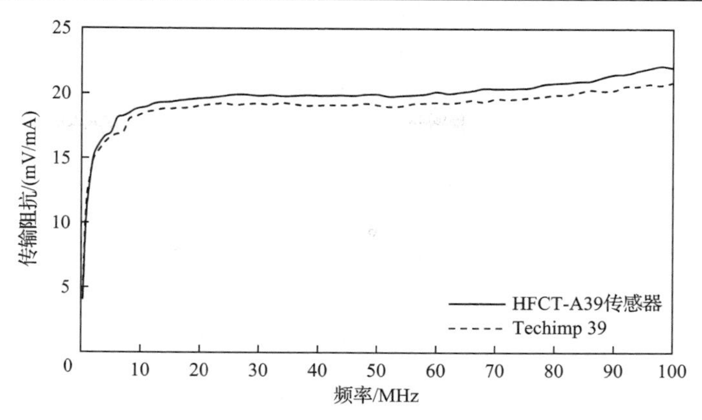

图 3-4　HFCT-A39 传感器样品与 Techimp 39 检测结果对比

压电陶瓷材料基体，通过研究不同掺杂剂的影响优化压电陶瓷材料的性能。本节将对此分别介绍，并以高压电常数 d_{33} 为例说明不同基础参数对压电陶瓷性能的影响。

提高超声波传感器灵敏度的核心是提高压电陶瓷材料的压电性能和机电耦合性能。压电材料主要涉及三个层次的压电响应：外场激励下的晶格形变、准同型相界(MPB)效应和电畴(宏畴、微畴及不可视畴)行为。压电材料具有跨尺度、多维度、多层次的功能基元结构，如缺陷偶极子、极性纳米微区、多层次畴结构、多相共存结构、组分等。掌握这些功能基元在外场(如电场、力场等)作用下的调控原理，就可以通过调控压电材料的微观结构有目的地设计具有特定功能特性的压电材料体系。

图 3-5 为超声波局部放电传感器的研制流程，可分为压电材料制备和器件加工两步。

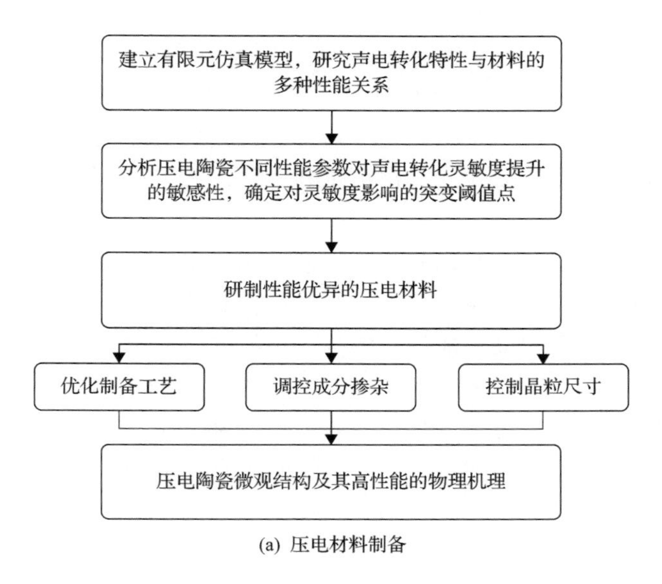

(a) 压电材料制备

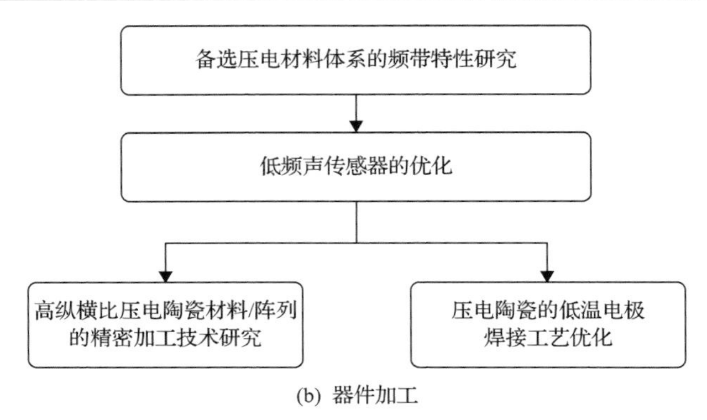

(b) 器件加工

图 3-5 超声波局部放电传感器研制流程

通过有限元仿真计算，可以建立超声传感器声电转化特性与压电陶瓷介电常数、压电常数、机械品质因子、轴向/径向机电耦合系数等材料参数，以及壳体等封装材料结构尺寸之间的关系模型。

选择两种高压电常数 d_{33} 的压电材料体系 PLZT 和 PMN-PT 作为基体，通过多元组分掺杂及相结构/畴结构设计等手段，分别在两个体系中得到了 930pC/N 和 1067pC/N 的高性能压电陶瓷。通过对比两个体系压电材料的各项性能，选择 PMN-PT 体系作为研究基体。经过研究发现，PMN-PT 压电陶瓷材料在弱电场极化的条件下，电介质响应可归因于活跃的极性区域数量和极性区域的弛豫时间，也就是纳米畴旋转和畴壁运动。根据对样品相结构的分析，样品组成位于菱方相和四方相的准同型相界附近，两相的表面能相近，纳米畴旋转更容易；畴壁运动通常与钉扎效应有关，由空间电荷和弹性势能引起的钉扎力越小，畴壁移动越容易，样品组成位于准同型相界附近可能包含单斜相，单斜相的对称性较低，可作为自适应相消除内应力，减小畴壁能，所以畴壁移动更容易。

采用纳米畴及畴壁调控技术可以进一步提高材料的压电性能：在 0.29Sm（钐）掺杂的条件下获得了性能最优的压电陶瓷样品，其各项性能为：高压电常数 d_{33}=1067pC/N，平面耦合系数 k_p=0.67，相对介电常数 ε_r=17500，介质损耗正切角 $\tan\delta$=0.042。

选定基体后，后续加工采用的球磨工艺、预烧工艺和烧结气氛与制度等工艺流程均会对压电陶瓷材料微观结构的均匀性产生影响。本节介绍的创新工艺可以控制所制备的压电陶瓷成品性能的一致性，为材料的工业化生产奠定了基础。

将 PMN-PT 作为基体，使用常规烧结（CS）方法和放电等离子烧结（SPS）方法制备了压电陶瓷样品，制备流程如图 3-6 所示，并分别测试了其介电温谱、电滞回线、蝴蝶曲线和压电常数，研究它们之间压电性能的区别和造成这些区别的原因。

采用 CS 和 SPS 两种烧结方法制备的 PNM-PT 陶瓷样品中均存在 R 相和 T 相，

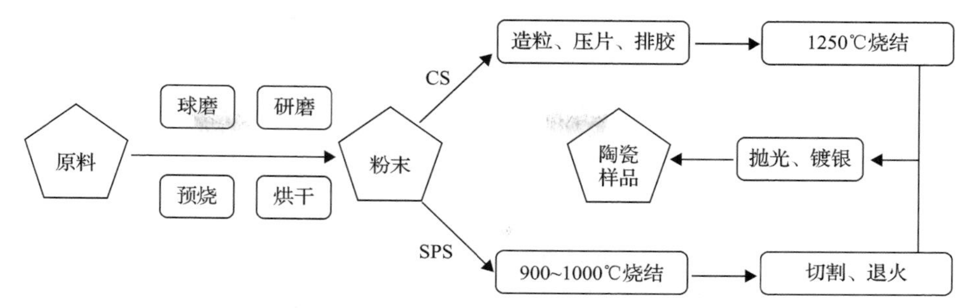

图 3-6　SPS 与 CS 制备流程对比图

这说明 PMN-PT 陶瓷中存在 R-T 准同型相界。R 相和 T 相的共存可以使压电陶瓷具有更多的极化方向和更灵活的畴壁，这使得它更容易被外加电场极化，因而具有较优异的压电性能。

为了分析通过 CS 方法制备所得陶瓷与 SPS 方法制备所得陶瓷相结构组成的差异，采用 X 射线衍射图谱分析法、扫描电子显微镜（SEM）成像法等对比分析可知，SPS 方法制备的 PMN-PT 陶瓷具有较高的晶粒尺寸 S、高压电常数 d_{33} 和较低的损耗。SPS 方法制备的 PMN-PT 陶瓷相结构为 R-T 相共存，并且 T 相含量较 CS 方法制备的 PMN-PT 陶瓷高。同时，SPS 方法制备的陶瓷样品的晶粒分布比较致密、均匀，这也是提高 SPS 陶瓷压电、介电、铁电性能的关键所在。

通过研究发现，SPS 烧结温度对陶瓷晶粒分布、大小和相结构组成也有影响。SPS 的烧结温度直接影响了 PMN-PT 压电陶瓷的 R-T 相结构的含量。在合理的烧结温度范围，烧结温度越高，R 相含量越少，T 相含量越多。具有强压电性的 PMN-PT 陶瓷应具有最佳的 R-T 相含量比例，过量的 R 相或 T 相可能会抑制 MPB 效应的作用效果。

通过以上步骤研制的传感器，通过以下测试回路与国内外领先产品的性能参数方面的对比，分析应用于变压器局部放电检测的不同厂家接触式超声波传感器的优缺点，为后续的传感器技术指标改进提供参考依据。

测试回路参考《局部放电超声波检测仪技术规范》（Q/GDW 11061—2017），如图 3-7 所示，实验试块采用钢制材料，试块厚度为 300mm。声发射换能器放置于试块中心，并连接到声发射系统。标准测量系统和自研传感器放置于试块另一侧。传感器与试块之间添加耦合剂，声发射系统输出一组脉宽不小于 1μs、幅值不小于 5V 的信号，测得自研传感器和标准传感器的频率响应。自研传感器灵敏度可以按照以下公式计算：

$$D(f)=S_0(f)\cdot H(f)/S(f) \tag{3-2}$$

式中，$D(f)$ 为自研传感器灵敏度；$S_0(f)$ 为标准传感器灵敏度；$H(f)$ 为自研传感器的频率响应；$S(f)$ 为标准传感器的频率响应。

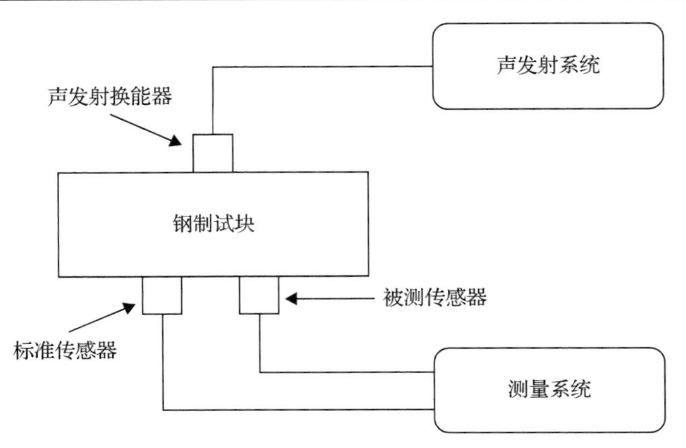

图 3-7　超声波传感器灵敏度标定回路

通过仿真软件计算得到的频率响应测试结果如图 3-8 所示。从结果可以看出，

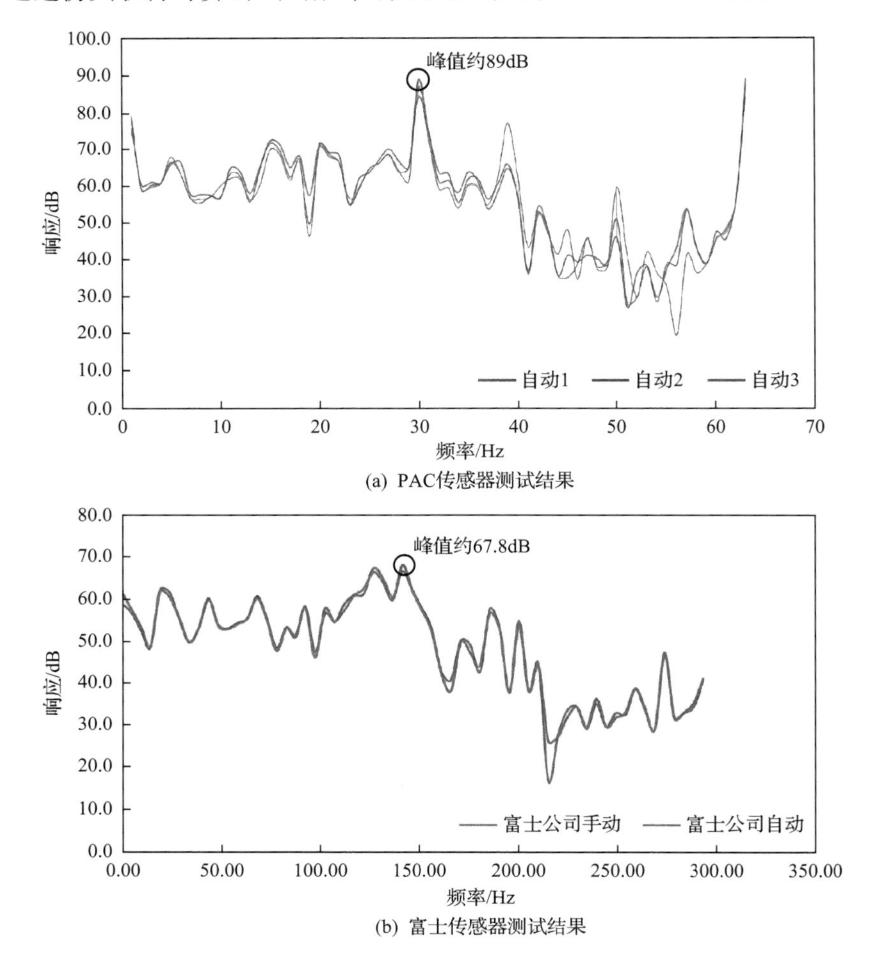

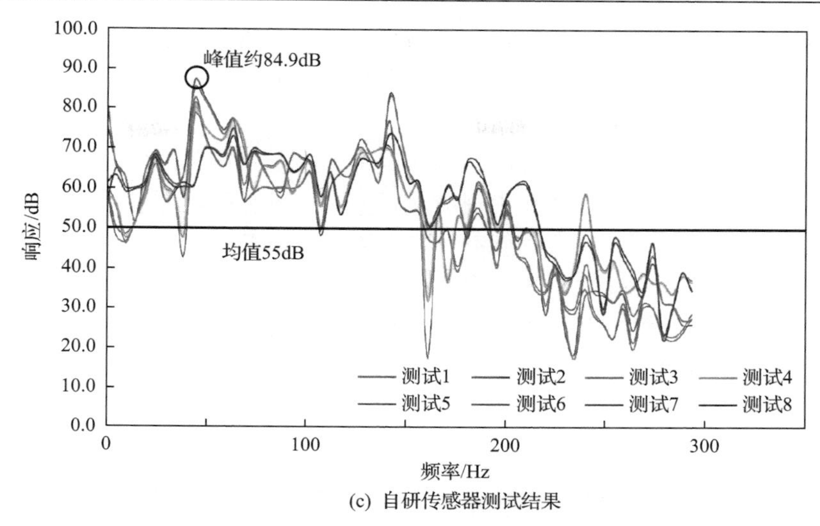

(c) 自研传感器测试结果

图 3-8　国内外超声传感器测试结果(见文后彩图)

自研传感器测试结果显示峰值灵敏度可达 84.9dB。峰值灵敏度高于富士公司 67.8dB 的水平，接近美国物理声学公司(PAC)传感器的水平，但在一致性上与美国物理声学公司的传感器略有差距。

3.1.2　自取能振动传感技术

当前，变压器振动监测传感器存在功耗高、有线部署困难的问题，需开展具备自取能特性的 MEMS 振动传感器的研究。通过对高性能的自取能单元与低功耗 MEMS 监测单元的系统级设计，可以实现在变压器振动能量拾取的同时进行变压器振动状态的在线监测，进一步延长传感器的工作时间，可为变压器故障诊断等应用提供长期、准确的数据源[5,6]。

为了提升自取能 MEMS 振动传感器的性能，提高无线传感器供能器件的发电能力，需对压电能量转换机理开展研究。通过构建悬臂梁压电发电机的理论模型并基于 d_{31} 模式的发电机结构，为自取能 MEMS 振动传感器的设计和发电性能研究奠定了理论基础。

大型电力变压器存在大量的振动能量，可以为微型传感器提供所需的电源。采用压电振动能量收集技术不仅可以收集变压器的振动能量，还可以解决微型传感器的自供电问题。压电振动发电机是利用压电材料“机械能—电能”的转换特性来实现能量收集的一种装置。

1. 机电转换原理

在极化电场的作用下，铁电体内部沿电场方向出现了极性相反但数量相同的束缚电荷，具有极化强度，如图 3-9(a)所示。然而，铁电体对外不显示电性，没有电荷输出。因此，外界自由电荷很快与束缚电荷中和，如图 3-9(b)所示。若在铁电体上施加一个与极化方向相同的外力 F，如图 3-9(c)所示，则铁电体将发生压缩或拉伸变形，其正负电荷之间的距离减小，极化强度随之降低，所以吸附于电极上的电荷因有一部分释放而出现放电现象。当外力撤除时，铁电体在材料弹性恢复力的作用下恢复到原来的状态，其内部正负电荷之间的距离增大，极化强度随之增加，铁电体重新吸附部分电荷而出现充电现象。若铁电体表面连接外部负载，则上述电荷的释放和吸收过程将驱动电荷往复运动于电路中，从而形成电流。只有在连续载荷的作用下，才能引起铁电体内部极化电场的连续变化，产生机电耦合电流。

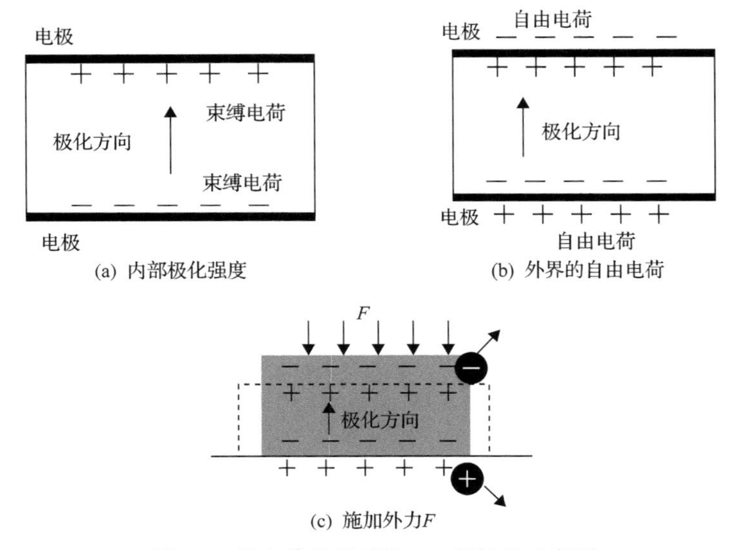

图 3-9　铁电体的机械能—电能转换示意图

2. 悬臂梁压电振动发电机

悬臂梁压电振动发电机由压电陶瓷、电极、弹性基板和固定支座构成。压电陶瓷覆盖于基板上并与之紧密结合，电极覆盖于压电陶瓷表面。悬臂梁一端固定于支座，另一端随振动源而自由振动。由于悬臂梁的长度和宽度远大于其厚度，属于薄壁梁结构，满足复合的欧拉-伯努利(Euler-Bernoulli)梁理论假设，因此可以忽略其剪切变形和转动惯量的影响，在小振幅条件下，该变形可当作线性处理。悬臂梁压电发电机工作于 d_{31} 模式，压电陶瓷随振源运动变形产生电荷，并且以压电方程作为机电转化分析的基础。在受轴向拉应力时，压电陶瓷内部电场与极化方向相同；而当其受轴向压应力时，内部电场与极化方向相反。压电陶瓷的极化

方向与 x 轴垂直，当两片压电陶瓷的极化方向相反时为串联连接，当极化方向相同时为并联连接。考虑到电极为均匀导体，并且完全覆盖于压电层的表面，那么此时上下表面间各点的电势差相同，因此整个压电层产生的瞬态电场是均匀的。当固定支座受到持续激励时，悬臂梁压电发电机连接的后续电路——负载电阻将产生连续的电荷输出，从而将机械振动能转化为电能。

3. 传感器设计实现

1) 建立力学模型

以“弹簧-质量块-阻尼”模型为例，对线圈和磁铁的相对运动进行分析。支撑框架和外界环境振动保持一致，拾振系统受支撑框架的运动而发生强迫振动。具体模型建立如图 3-10 所示。

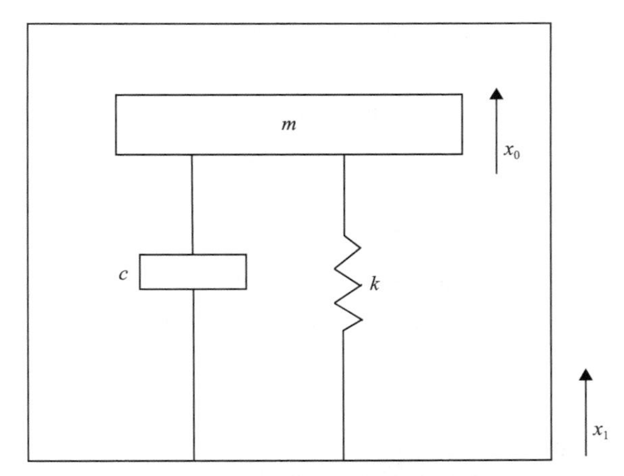

图 3-10　振动能量采集器力学模型

m-质量块的质量；x_0-质量块的绝对振动位移；c-系统阻尼，包括电磁阻尼 c_e 和机械阻尼 c_m；x_1-外围环境和系统外框的绝对振动位移；k-弹簧梁的弹性系数，与弹簧梁的结构和材料有关

2) 选择永磁体

钕铁硼磁铁、钐钴磁铁和铝镍钴磁铁等不同永磁体的性能对比如表 3-2 所示。

表 3-2　不同永磁体的性能对比

永磁体	磁力大小	优点	缺点
钕铁硼磁铁	最强	磁性能最好、易加工	耐热能力差、不耐腐蚀
钐钴磁铁	较强	耐热能力强、耐腐蚀	价格较高
铝镍钴磁铁	适中	耐腐蚀、温度特性优	易退磁
铁氧体磁铁	较弱	价格便宜、耐腐蚀	磁力弱

从表 3-2 可以看出，若振动环境良好，不是高温环境或腐蚀环境，应该选择磁性能最好的钕铁硼磁铁。钕铁硼磁铁的磁性十分强，可以吸起相当于自身重量 640 倍的重物。若振动环境为高温环境或腐蚀环境，则应该选择磁性能次之的钐钴磁铁。

3）振动监测传感器设计

在振动能量采集器设计的基础上，进行振动监测传感器集成。振动能量采集器作为供电来源之一，基于芯片式能量管理单元，通过电能汇聚技术实现振动取能技术的恰当应用。系统架构框图如图 3-11 所示。

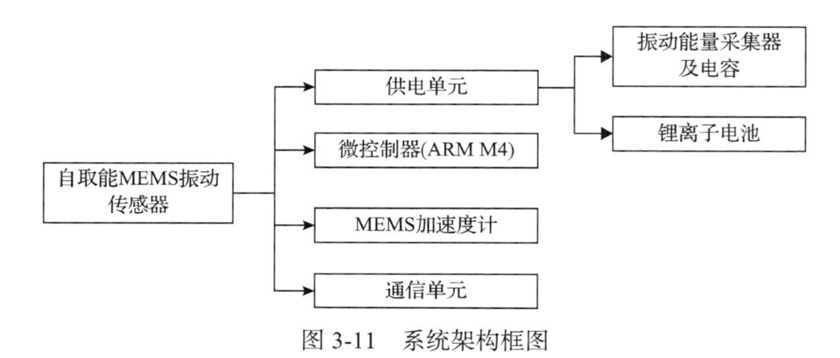

图 3-11　系统架构框图

电磁式振动能量采集器的渲染 3D 图及实物图如图 3-12 所示。将振动能量采集器与供电电路、传感器封装壳体进行集成，并在传感器外部设计两颗磁吸片，以便于在现场安装。

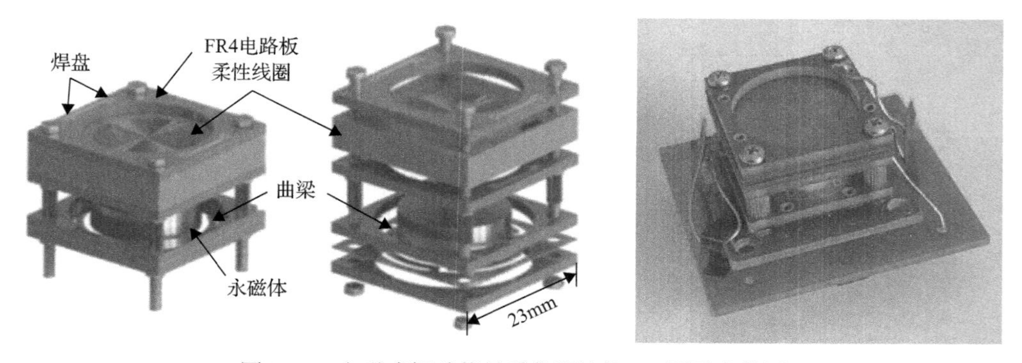

图 3-12　电磁式振动能量采集器渲染 3D 图及实物图

将振动监测板件置于振动台上，以变压器振动监测为场景，选择激振频率为 100Hz，峰值加速度为 4g，对振动特征监测数据进行采集并考察其输出灵敏度。将板件固定于精密振动台上，通过信号发生器生成正弦信号，并由运放驱动精密振动台输出正弦振动。通过数据采集卡读取 MEMS 加速度计模拟信号输出，并由便携式示波器在上位机观察振动波形。采集的数据曲线如图 3-13 所示。

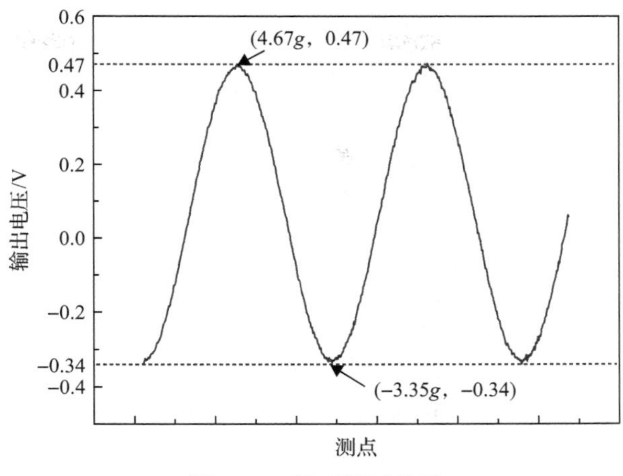

图 3-13 振动测试曲线

从图 3-13 可以看出，振动峰峰值约为 8g，在只关注周期信号时，可以忽略曲线在过零点的漂移，并在后续进行直流分量滤波时可以清除。同时，在模拟信号输出中，输出为 0.8022V，其灵敏度通过低噪声运放后可以达到 100mV/g 的水平，创新性地实现了振动取电与振动监测的一体化集成。

3.1.3 多参量光学传感技术

变压器多参量状态感知是指用多参量传感器测量多个物理参量，由于变压器内部本身是一个复杂的多物理场环境，故障期间多物理场时空分布规律将发生变化，但各参量的变化速率和幅值有所差异，因此利用有限个数的传感器监测变压器的状态，可以提高故障检测与诊断的准确性和灵敏度。另外，多参量感知可以为多参量解耦提供基础，各参量传感器在复杂多物理场环境中工作会受其他参量的影响，具有交叉敏感性。而采用多参量传感器，各传感器之间的数据可以实现互通，实时补偿，同时节省抗干扰用的补偿探头，并进行联合解调，实现信息解耦。此外，光信号本身具备的抗电磁干扰能力也为光学传感用于变压器内部的复杂环境提供了可能[7]。

1. 光纤压力传感器

现有常见的光纤压力传感器大多采用金属膜片作为压力敏感元件，或者利用硅膜片与光纤形成的空气腔结构，这类传感器用在变压器环境中进行监测可能会发生放电，对变压器的绝缘造成严重威胁[8,9]。基于光纤光栅波长解调的压力传感器可以解决这一问题。波长解调型光纤光栅压力传感器原理如图 3-14 所示。

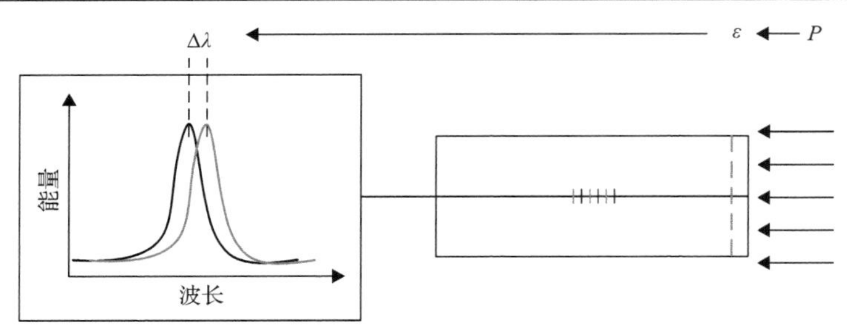

图 3-14　波长解调型光纤光栅压力传感器原理图

$\Delta\lambda$ 为中心波长差；ε 为形变；P 为压力

压力传感器的灵敏度主要取决于封装聚合物材料的弹性模量 E 和泊松比 μ。为了使传感器能够长期安全地在变压器内部进行压力监测，可从常见的耐油橡胶入手，从弹性模量、耐受温度范围和介电常数等方面对聚氨酯、丁腈橡胶和氟硅橡胶进行比较，氟硅橡胶的弹性模量较低，用来封装光纤可使压力传感器具有较高的压力灵敏度，是一种较为理想的封装材料。

直接采用聚合物封装的压力传感器在流体中受到的压力通常来自各个方向，为了能够测量来自单一方向的压力，避免无关压力对聚合物形变产生的干扰，可在其内部氟硅橡胶增敏元件外加装一弹性模量为吉帕级的环氧树脂屏蔽壳。该结构利用增敏罐型传感器可屏蔽外界无关压力的作用，保证了内部增敏聚合物只受开口方向感知的压力作用而产生形变，又通过在屏蔽壳与聚合物之间设置可供油流完全流通的间隙，使其内部聚合物在受热膨胀或挤压时发生自由形变，不受屏蔽壳摩擦或阻碍，从而最大程度地提高对开口方向压力测量的准确性。

通过仿真验证上述结构可以消除因热膨胀导致的摩擦对聚合物正常收缩产生的阻碍，图 3-15 为有无间隙的光纤压力传感器灵敏度对比。

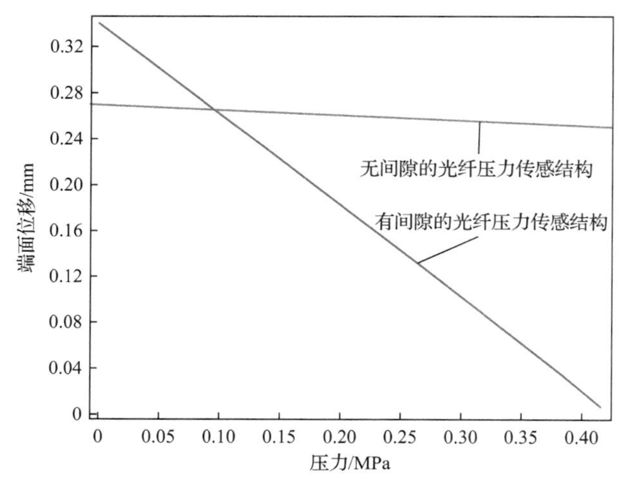

图 3-15　有无间隙的光纤压力传感器灵敏度对比

从图 3-15 中可以看出，当传感器存在间隙结构时，端面位移变化率大约为–0.8mm/MPa，无间隙结构压力传感器端面的位移变化率约为–0.05mm/MPa。可见在聚合物受热膨胀后，所使用结构的压力传感测量结构灵敏度比无间隙结构的压力传感器要高出一个数量级。本节基于自主设计的光学传感结构研制的光纤压力传感器的测量灵敏度不低于 0.5MPa/nm，是传统光纤压力传感器的 18 倍，处于国内领先水平。

2. 光学漏磁传感器

在内部故障、正常运行的工况下，变压器内部磁场的时空分布存在很大差异，但对不同工况下变压器主磁通、漏磁通的时空分布规律及磁场的测量和磁通信息的保护原理应用，目前仍缺乏全面系统的研究[10]。

为了测量不同工况下变压器漏磁通的时空分布规律和磁场，需要结合变压器在正常运行、绕组变形、匝间短路等工况下的漏磁时空分布情况，设计适合在实际工况下测量变压器漏磁的传感器。

变压器正常运行时，绕组端部等特定位置的漏磁通可达 0.1T 以上，而变压器绕组变形时局部漏磁通的变化较小，仅达 0.01T，这对漏磁传感器的动态范围、分辨率等提出了很高的要求。

磁光晶体的法拉第磁光效应原理示意图如图 3-16 所示，当线偏振光在磁光介质中传播时，若在平行于光的传播方向上加一平行磁场，则光的振动方向将发生偏转，偏转的法拉第旋转角与磁感应强度和光穿越介质的长度的乘积成正比，通过检测法拉第旋转角可以实现磁场测量。该原理主要用于电流测量，通过测量电流在导线附近产生的磁场大小，间接实现电流测量。但利用该原理直接测量磁场的应用较少，基于该原理研制的传感器的优点是抗电磁干扰、抗变压器油腐蚀、测量范围可以达到数特斯拉。

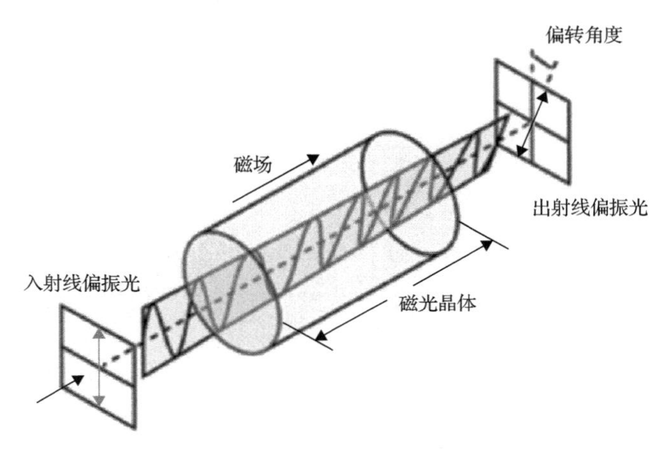

图 3-16　法拉第磁光效应原理示意图

通过上述分析可见，基于磁光晶体的法拉第磁光效应的光学漏磁传感器在变压器内部漏磁的在线测量中具有较大潜力。但受限于光路结构和磁光材料，基于法拉第磁光效应的光学漏磁传感器不能兼顾大动态测量范围和高分辨率，并且不能实现漏磁的分布式测量。

为了克服以上缺点，基于法拉第磁光效应，采用光路结构，设计适用于变压器内部漏磁感知的光纤传感器。

光路结构如图 3-17 所示，需要的光路器件为激光器、光纤耦合器、光纤环形器、探头、光电探测器、单模光纤，其中探头由插芯、准直器、起偏器、磁光晶体、反射镜组成。光路结构 2 具有以下优点：一是偏振片，对输入的自然光起偏器作用，将其变为线偏振光，对反射镜反射的线偏振光起检偏器作用，将磁场信息变为光强信息；二是起偏偏振片和检偏偏振片之间的器件少，受到的干扰少；三是采用反射镜结构，进一步减小了探头体积，提高了探头集成度。不过，该光路结构相对于光路结构 1 具有更多的探头器件，而探头需要放在变压器内部，器件越多，传感器探头的可靠性越低；同时，由于未采用偏振分束器，所以光源功率波动对测量结果的影响无法消除，需要考虑功率补偿方法。

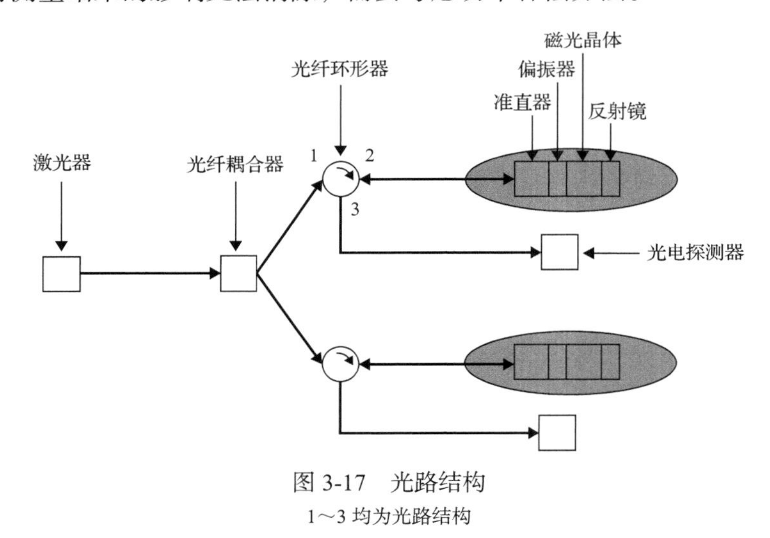

图 3-17　光路结构

1～3 均为光路结构

光学漏磁传感器的传感器探头由准直器、偏振片、磁光晶体、反射镜及外部封装的硬质聚合物组成，具有非金属、体积小、绝缘好等优点，可在变压器内部进行长期可靠的漏磁监测。对传感器探头的研究还需再优化其结构，兼具大动态测量范围和高分辨率。

另外，变压器内部温度、电场、振动等恶劣环境及光源功率波动等光学器件因素都可能严重干扰漏磁测量的结果：在漏磁传感器校核平台对初步研制的漏磁传感器进行性能测试时发现，当光源输出功率波动时，磁场测量结果的最大相对误差可达 5.3%；当温度在 25～85℃波动时，磁场测量结果的最大相对误差可达 19.5%。

为了提高漏磁测量结果的可靠性、稳定性和准确性，利用参考光路法消除了光源功率波动对漏磁测量结果的影响，补偿后，磁场测量结果的最大相对误差由不补偿时的 5.3%降到了 0.9%；利用双探头法，消除了温度对漏磁测量结果的影响，当温度在 25～85℃波动时，温度补偿后，磁场测量结果的最大相对误差由不补偿时的 19.5%降到了 1.54%。

利用永磁铁可产生较大范围的均匀磁场，控制传感器与磁铁距离，改变均匀磁场大小，在此基础上，将特斯拉计与漏磁传感器的测量结果进行对比，结果如图 3-18 所示。结果表明，在 30mT～0.11T 较大范围的磁场下，研制的漏磁传感器的平均测量误差不超过 5%。

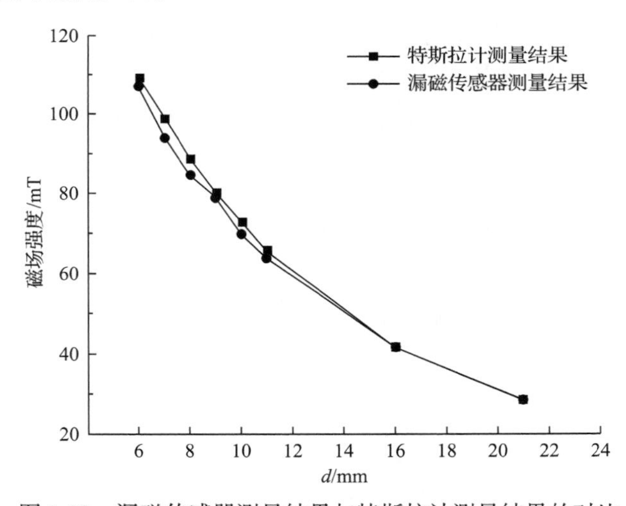

图 3-18　漏磁传感器测量结果与特斯拉计测量结果的对比

目前市面上已有的磁场传感器的分辨率达到微特斯拉(μT)，但测量范围小且探头含金属材料，并不能直接用于变压器内部。本节介绍的漏磁传感器的测量范围为 0.1～1T，分辨率为 5mT，探头整体非金属，处于国际先进水平。

3. *局部放电声传感器*

在目前实际使用的变压器放电传统声检测方法中，常用的测量声信号的传感器主要有传声器、声发射传感器和振动传感器。以上几种传统的声检测传感器大部分采用金属制成，只能进行外置检测，声信号在传播过程中衰减严重，灵敏度较低，检测效果均较差。光纤光栅传感器因具有体积小、质量轻、耐腐蚀、抗电磁干扰、灵敏度高、易于实现被测信号的远距离监控等优点，被越来越多地应用于高温、高压、强电磁干扰等恶劣的工作环境中，实现对敏感信号的测量[11]。一般地，声音作用会使布拉格光栅光纤(fiber Bragg grating, FBG)传感器发生微弯曲，对 FBG 折射率进行相应调制，引起光栅波长或反射率的变化，从而使得 FBG 反射谱和透射谱发生巨大的变化，因此可以利用 FBG 来检测声波，如图 3-19 所示。

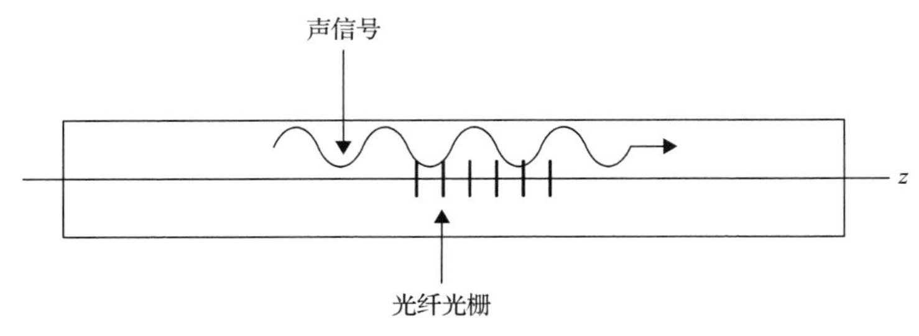

图 3-19　光纤光栅检测声信号原理

由于高频声音信号的频率远大于解调仪的频率，无法进行直接解调，因此根据光功率检测法解调的原理，本书研制出一种可以兼顾可闻声和超声频段的光纤光栅传感系统。在此系统中，声信号使光纤光栅的波长发生漂移，光电探测器探测到的光功率随波长漂移而变化，并转换为电压信号，经示波器采集即可解调出相应的超声信号。

图 3-20 为 FBG 传感器系统的光路图及实物连接图。FBG 经光环形器后，一路接激光源，一路接光电探测器，光电探测器将光功率信号转变为电信号，最后由数字示波器显示或由数据采集卡进行信号采集后由计算机处理。

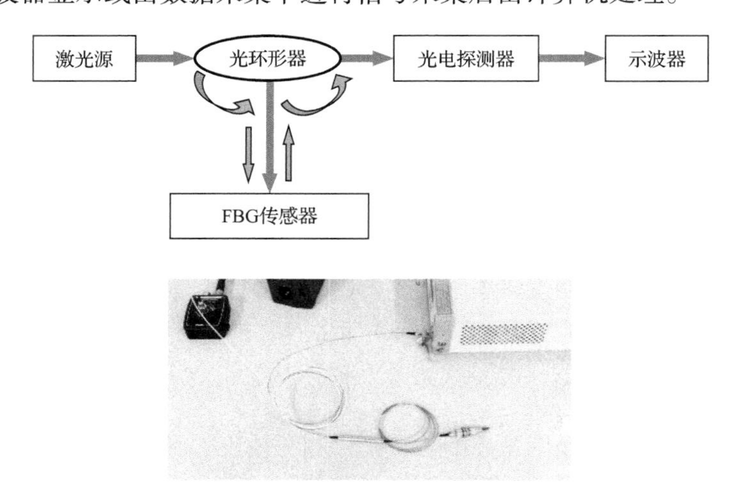

图 3-20　FBG 光栅声传感系统光路图及实物连接图

基于以上原理研制的光纤光栅传感器对变压器局部放电检测结果如图 3-21 所示，频带范围为 10～60kHz，谐振频率约为 50kHz，兼顾可闻声与超声低频段信号，灵敏度优于 60dB，并且老化前后的频谱图几乎未发生变化。

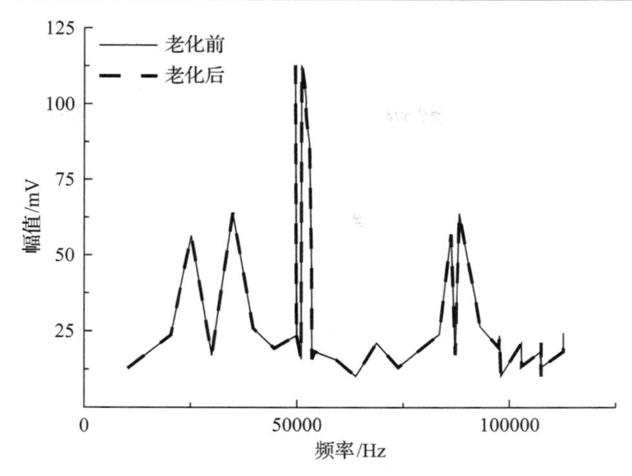

图 3-21　变压器局部放电声信号频域图

综上所述，采用该原理研制的光纤光栅超声传感器可置于高压环境中对变压器局部放电声信号进行监测，并且能够对可闻声和超声低频段同时进行监测。

本部分介绍的局部放电声传感器的频带监测范围 20Hz～60kHz，是可以同时监测可闻声及超声低频段的传感器，目前行业内并无相同频段的声传感器，处于国内先进水平。

4. 光学温度传感器

光学温度传感器对变压器内部温度的实时测量具有非常重要的现实意义。目前，应用于铁心温度监测的方法比较少，通常采用热模拟测量法或间接计算法获取铁心温度。

布拉格光纤光栅由于具有结构形式灵活、本质安全、抗电磁干扰、耐高温、抗腐蚀、灵敏度高、体积小、质量轻等诸多优点，已经被广泛用于应变、压力、压强、温度、流量、流速、气体成分等多种物理量的传感测量。裸光纤光栅非常纤细，并且应力和温度灵敏度系数小，难以直接应用于实际测量，所以需要根据测量对象和使用环境先将布拉格光纤光栅进行封装，才能使其成为满足实际需要的传感器。因此，对布拉格光纤光栅温度传感器封装方法的研究对于其走向实际应用具有重要意义[12]。

针对光纤光栅传感器埋入复合材料的特点，有单头式和双头式两种封装形式。光纤光栅的管式封装工艺是将光纤光栅用环氧树脂胶封装在钢管中。封装材料环氧树脂胶的化学性能稳定且耐高温，用其来密封金属管口可以提高封装 FBG 传感器的抗腐蚀能力，保证了复合材料在固化过程中所在高温环境下的稳定监测。

在上述封装的基础上，可以采用陶瓷外壳保护内部传感元件。陶瓷封装的高温光纤光栅温度传感器具有高绝缘性能，可用于强电场、强磁场的电力场所(发电厂和变电站等)的温度监测。在布拉格光纤光栅的封装过程中，布拉格光纤光栅用光学胶固定在陶瓷管内部，并且陶瓷管的热膨胀系数(7.3×10^{-6}/℃)大于石英的热膨胀系数(5.4×10^{-7}/℃)，因此在测温的过程中，布拉格光纤光栅的中心波长随温度的变化是陶瓷管热膨胀作用的综合效应，并不存在交叉敏感问题。

传感器结构主要由传感器基座构成，使用尺寸为 70mm×10mm×5mm 的 99 氧化铝陶瓷外壳为基座，分为两片(图 3-22)，光纤通过陶瓷外壳一端的凹槽并用胶固定，光纤光栅置于陶瓷内部中轴线圆孔内，放置后用环氧树脂光学胶将圆孔缓慢灌满，尽量保证不留气泡。封装后的传感器如图 3-23 所示，该封装方法既不影响其传感特性，又具有一定的保护作用。

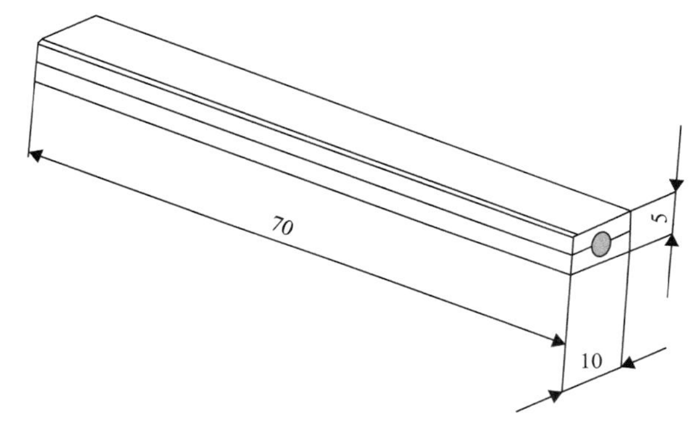

图 3-22　传感器的封装外壳(单位：mm)

图 3-23　封装好的温度传感器

待光学胶完全固化后，对封装好的光纤光栅温度传感器进行标定，将光纤光栅温度传感器完全贴在硫化机上，尾端通过光纤跳线引出并连接到解调仪上，同时在硫化机上贴一支铂电阻温度计(精度为 0.3～0.8℃)并与光纤光栅传感器处于相同环境下。通过解调仪全程监测光纤光栅温度传感器在整个温升过程中的波长变化。在升温和降温时分别记录不同温度下的波长，处理后的数据结果如图 3-24 所示，温度传感器在温度上升过程中，波长值与温度值基本呈线性关系，拟合度可达 0.9979，灵敏度可达 17pm/℃。在升温和降温过程中，响应时间很快，重复性误差较低，重复性好。

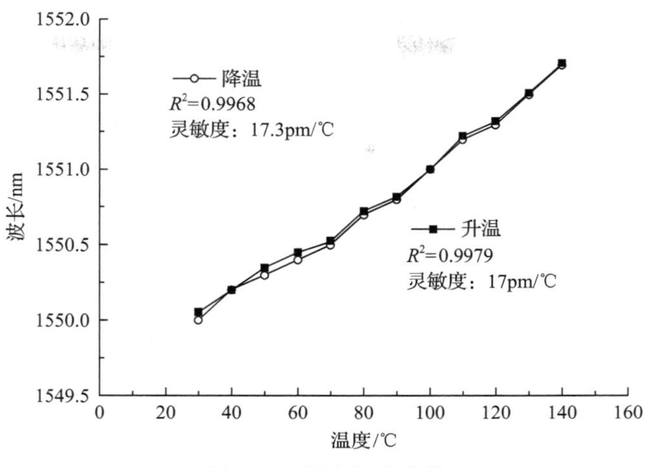

图 3-24　温度标定曲线

下面对光纤光栅温度传感器进行压力测试实验，在光纤光栅温度传感器上加砝码，尾端通过光纤跳线引出并连接到解调仪上，在室温条件下进行应力测试，观察并记录光纤光栅中心波长的变化情况，测试封装好的温度传感器对应力的敏感程度。处理后的数据结果如图 3-25 所示，在对温度传感器施加压力的过程中，波长值发生了很小的变化(0.002nm 内)。压力变化 1MPa，波长仅变化 0.1nm，相当于温度变化 6℃引起的中心波长变化。但实际变压器电弧放电引起的压力变化也仅为几百千帕，而由温度变化引起的波长漂移远大于这一数值，因此该温度传感器在实际工况中几乎不受压力的影响。

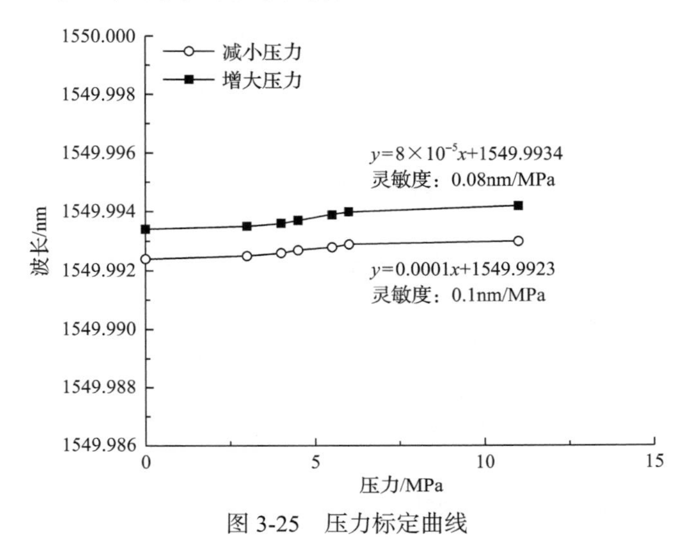

图 3-25　压力标定曲线

综上所述，采用该方法封装的温度传感器能够对温度进行有效测量，并且避免了应力对测量有效性的干扰。

本部分介绍的光学温度传感器的精度≤0.5℃，高于行业内用于变压器内部温度监测的传感器的普遍精度（0.5～1℃），处于国内先进水平。

5. 光学振动监测传感器

光学振动监测技术基于光纤光栅对应变敏感的原理，设计的传感器基本结构包括质量块、硅膜片和测量部分，当变压器绕组发生振动时，质量块使膜片中心发生形变，并由力学结构传递到测量部分压缩光纤光栅，通过追踪光纤光栅中心波长的变化即可获取振动信号的振动幅值和频率信息。同时，为了避免温度对测量结果准确性的影响，设计的传感器采用非金属材料并由两个垂直放置的光纤光栅进行温度补偿。封装后的光学振动传感器如图 3-26 所示。

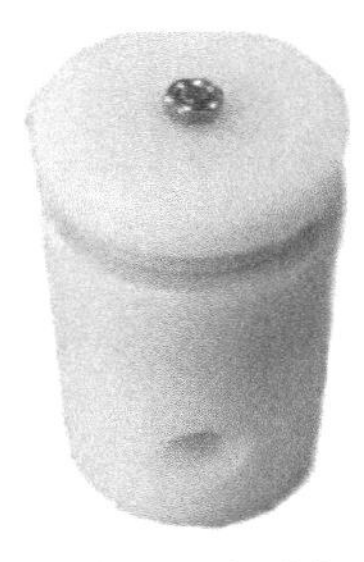

图 3-26　封装后的光学振动传感器

按照图 3-27 搭建光学振动传感器测试平台。将参考振动传感器和研制的光纤光栅传感器固定在激振器上，信号发生器发出激振信号，经过功率放大器至激振器，激振器产生与信号相同的振动信号；通过学习管理系统（LMS）和参考振动传感器获取振动的幅值和频率，并以此对光纤光栅振动传感器进行标定。

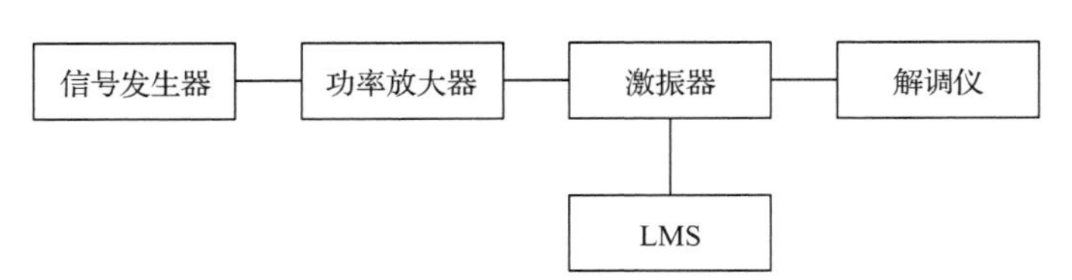

图 3-27　光学振动传感器测试平台示意图

对测试结果进行处理，由此得到的传感器频率响应曲线大致如图 3-28 所示。从图 3-28 可看出，传感器在 1kHz 以内，波长变化量与频率呈线性关系，即其量程为 0～1kHz，符合变压器振动监测的需求。

6. 光学传感器的性能指标

压力传感器的灵敏度为 15pm/kPa，是传统光纤压力传感器的 18 倍，无金属结构，可直接用于变压器内部，更高的测量灵敏度使其能够及时感知由变压器早期故障引起的压力变化。

漏磁传感器的测量范围为 0.1～1T，实际分辨率优于 0.8mT。探头整体非金属，

可直接用于变压器内部的漏磁监测，可以实现对由变压器内部绕组变形和匝间短

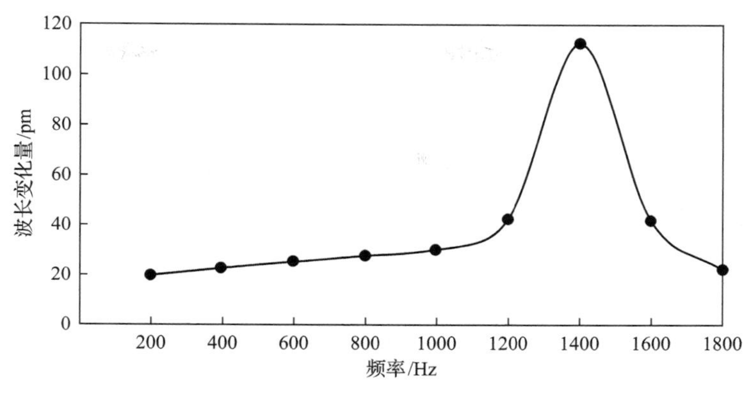

图 3-28　振动传感器频率响应曲线

路故障引起的磁场变化的精确可靠测量。

声传感器的频带范围为 10～60kHz，涵盖可闻声及低频超声，谐振频率 50kHz，可置于变压器内部进行监测，兼顾对变压器因早期缺陷发展到严重故障过程中的可闻声和超声信号的测量。

温度传感器的灵敏度达 15.3pm/℃，测量精度≤0.5℃，高于行业内用于变压器内部温度监测的传感器精度（0.5～1℃），非金属氧化铝陶瓷封装在保证高灵敏度的同时规避了压力的影响，并且适用于电场环境。

振动传感器在 1kHz 以内的波长变化量与频率呈线性关系，并且高于行业内振动传感器的普遍量程（10～500Hz），可对因绕组松动、绕组形变等故障引起的绕组振动实现稳定无源监测。

3.2　电力多参量物联代理技术

电力多参量物联代理是一种与终端设备双向通信的控制型设备，不仅具备数据采集、数据存储、状态监测和动态控制等功能，而且能够实现与其他管控平台的实时信息交互。电力多参量物联终端是边缘物联代理装置在电力场景的具体应用体现。其主要的技术组成包括：在指令集架构方面，采用了开源透明的 RISC-V 指令集框架；在硬件实现方面，采用了自主可控的工业级核心处理器；在底层固件方面，设计了边缘计算专用的 RISC-V 扩展指令集，可支撑物联终端将智能任务处理时延缩短至 50ms 以内；在通信方面，基于软件定义无线电技术实现了对全模式信号的收发，并支持 41 种工业通信协议之间的自由转换；在端侧设备接入方面，基于南向设备模型化技术实现了海量异构传感器的即插即用；在图像数据应用方面，基于模型高效运行技术实现了对输电线路监拍图像的边

缘高效处理。

3.2.1　电力多参量物联代理

电力多参量物联代理采用自主可控的 RISC-V 智能加速计算核心——NB2 处理器。RISC-V 是一种全新的处理器指令集架构[13]，由美国加利福尼亚大学伯克利分校开发人员于 2010 年发明，完全开源透明，可实现处理器自主可控。相较于目前主流的 ARM、X86 等架构，RISC-V 在架构篇幅、指令数目等方面具有巨大优势，内核特性对比如表 3-3 所示。

表 3-3　内核特性对比

特性	ARM、X86 等架构	RISC-V 架构
架构篇幅	数千页	少于 300 页
指令数目	指令繁多，不同的架构分支彼此不兼容	基本指令子集仅 40 余条，以此为共有基础，加其他常用模块子指令集，总指令数也仅有几十条，一套指令集支持所有架构
开源性	不开源、不开放	完全开源透明

NB2 是一款基于 RISC-V 指令集架构的自主可控系统级芯片（system on chip, SoC），集成了视频转码、前后处理、图形计算、多模计算与智能引擎等片上硬件模块，可对应电力多参量物联终端面临的应用种类较多、现场环境复杂、宽窄带数据并存等实际需求。基于 NB2 处理器实现的主控板与多参量物联终端如图 3-29 所示。

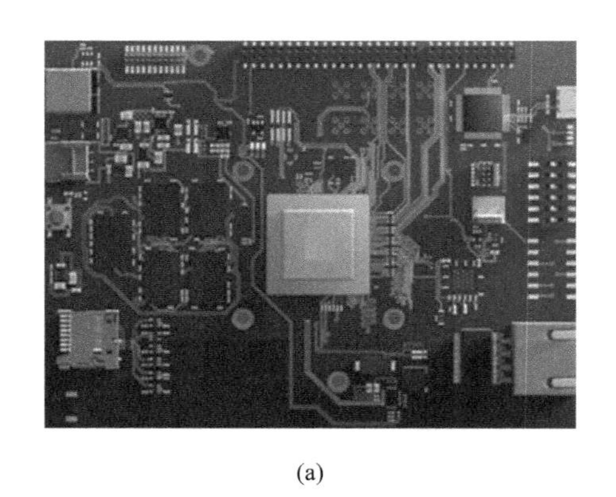

(a)

(b)

图 3-29　基于 NB2 处理器的主控板（a）与多参量物联终端（b）

通过整合应用 NB2 芯片的性能，电力多参量物联终端可以支持边缘计算任务的运行，完成对海量传感数据的收集、融合与就地处理。另外，多参量物联终端还可以接入监拍图像、图像流等，应用内置的轻量化电力视觉模型完成目标检测。

3.2.2　RISC-V 扩展指令集

为了提升多参量物联终端对智能计算任务(如视觉认知任务、时序数据处理任务)的处理效率，面向 RISC-V 自主可控芯片设计了 RISC-V 扩展指令集，专用于加速智能模型中的卷积计算与数据交互。对于卷积计算的加速是依靠多参量物联终端内置的协处理器实现的，其具体架构如图 3-30 所示。其中，控制模块负责整体运算的流程，包括指令的译码、参数的寄存、存储器数据的读取、运算的执行和输出结果的存储；地址产生模块用来计算所需的输入数据和对应的输出数据的存储地址；乘累加模块为卷积运算的主要计算模块；输出饱和模块限定输出数据的范围。

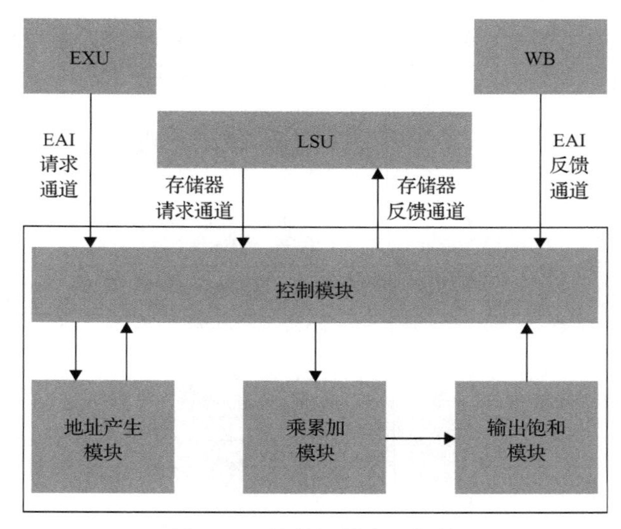

图 3-30　协处理器实现架构

EXU-执行；LSU-访存；WB-写回

对应协处理器的结构定义了 7 条扩展指令，如表 3-4 所示。其中，JJ_INIT_CH、JJ_INIT_IM、JJ_INIT_FS、JJ_INIT_PW、JJ_INIT_IMADDR 和 JJ_INIT_BIAS 等指令用于初始化卷积参数，JJ_LOOP 指令用于执行卷积运算。参数初始化指令都是单周期指令，当收到相应指令时，直接将操作数读出并送到寄存器中，以备后续计算使用。卷积运算执行指令 JJ_LOOP 是一个可变的多周期指令，该指令执行的周期数由卷积运算的相关参数决定。

表 3-4　卷积协处理器指令列表

协处理器指令	描述
JJ_INIT_CH	设定输入输出张量通道数
JJ_INIT_IM	设定输入输出张量尺寸

续表

协处理器指令	描述
JJ_INIT_FS	设定滤波器核尺寸和步长
JJ_INIT_PW	设定填充大小和滤波器权重数据起始地址
JJ_INIT_IMADDR	设定输入输出数据的起始地址
JJ_INIT_BIAS	设定偏移量和偏差数据起始地址
JJ_LOOP	执行卷积运算

卷积运算协处理器对上述指令的执行流程如图 3-31 所示。在计算中，需要先通过参数配置等指令初始化卷积运算协处理器，然后再通过 JJ_LOOP 指令执行卷积运算，指令执行结束后，输出结果写入存储器的对应位置。

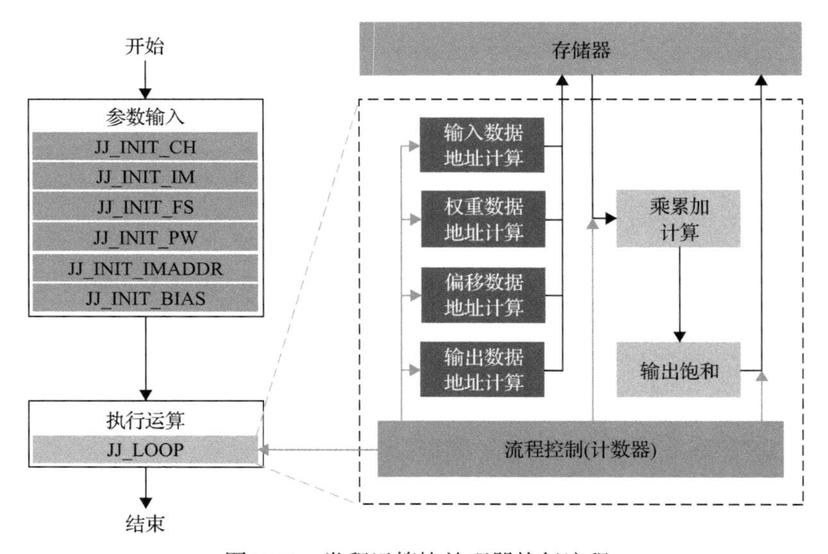

图 3-31　卷积运算协处理器执行流程

受益于 RISC-V 指令集自身精简的特性，同时基于扩展指令集对软硬件开展协同调度，并对计算流程进行优化编排，卷积运算协处理器可以有效压缩智能算法的处理时间，明显提升了多参量物联终端的工作效率，并将各类终端智能计算任务的完成时间控制在 50ms 以内。

3.2.3　软件定义无线电技术

软件定义无线电是一种前沿无线电通信技术，通过结合可编程的通用硬件平台和灵活的软件定义信号处理算法，可以实现对无线电通信系统的灵活控制和自定义[14]。传统的无线电通信通过专用硬件结构实现，一个通信电路只能完成一种通信功能，开发周期长、成本高，并且不灵活，而软件定义无线电可以通过对算法的修改实现全模式的通信兼容与协议兼容[15]。

为了支持海量异构传感器的接入，多参量物联终端采用自研通用软件无线电外设以实现软件定义无线电的功能，其可覆盖 50MHz～6GHz 的通信频带，带宽可达 61.44MHz，能满足全品类工业传感器的通信需求。

1. 软件定义发射机

软件定义发射机的实现主要基于多参量物联终端内置的 C++开发工具链，通过预设各类通信协议栈可以构建 41 种常用的工业通信协议，完成对基带数据的处理，支持的主要工业通信协议如图 3-32 所示。例如，可以通过组合 PHY、MAC、RLC、PDCP、RRC、NAS、MME 等组建 LTE 通信系统，通过组合 PHY、MAC、LLC 等组建 Wi-Fi 通信系统。这种模块化开发方式可以大幅缩短开发周期，以低成本实现多类通信协议的对应。

此后基带数据将依次通过数字上变频、数模转换、滤波器、调制器、功率放大器等模块，并在发送控制模块的协调下发送出去。

• 101	• 1376.1	• 61850	• UDP	• LoRa	• OPC	• RPC
• 104	• 1376.2	• RS-232	• Http	• Wi-Fi	• OPC UA	• Ftp
• 698	• 1376.3	• RS-485	• MQTT	• BLE	• NMEA	• CAN
• 645	• Modbus	• TCP	• NB-IOT	• 6LowPAN	• TLS	• ……

图 3-32　支持的主要工业通信协议

2. 软件定义接收机

通用软件定义无线电外设接收的信号依次通过放大器、解调器、滤波器、模数转换等模块转化为中频数字信号，再经过数字变频就可以得到基带数据。软件定义接收机基于预设的通信协议栈，自动实现了对多种协议基带数据的处理，并将处理结果传输至上层，完成信息的接收。

与软件定义发射机相同，软件定义接收机也可以兼容 41 种常用的工业通信协议。因此，通过软件定义发射机和软件定义接收机的结合应用，就可以实现 41 种通信协议之间的相互转换，支撑各类传感器的组网互通。

3.2.4　南向设备模型化技术

在传统的通信网络中，网络设备(如交换机、路由器)硬件中集成了比较复杂的控制逻辑，网络管理人员需要手动配置和管理每个网络设备。这种静态、分布式的管理方式在面对网络规模扩大和服务变化时显得非常烦琐和低效。因此，基于多参量物联代理终端，提出一种南向设备模型化技术，从而可以实现海量异构端设备的即插即用，其原理如图 3-33 所示。

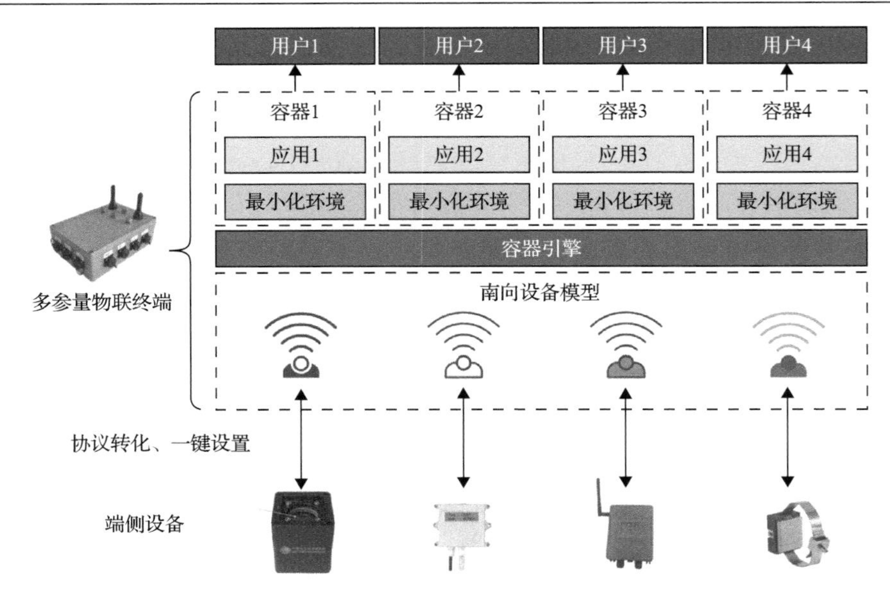

图 3-33　异构终端即插即用的实现方法

南向设备模型包括南向设备描述文件与终端驱动文件，分别从“有什么用”和“怎么用”两个角度描述南向设备，将接入配置从论述题变为填空题，从而实现对南向接入设备的一键配置。

南向设备模型化技术通过从上述两个文件中抽取设置关键字，并填入事先设置好的程序模板中，就可以自动选择并接入与南向设备匹配的数据结构和接口函数，贯通信息的输入路径。南向设备模型化技术还融合并应用了轻量化容器。在南向设备接入后，可以自动为其配置独立的运行容器，为传感器用户提供安全可靠的数据收集和处理环境。这样不仅能有效保证数据安全，还能保证多应用在多参量物联终端的隔离安装与运行，避免因运行环境冲突等因素造成应用异常[16]。

需要说明的是，为了保证电力物联网的安全接入，避免陌生设备的随意联网，在多参量终端实际应用时并未开放全自动接入功能，只有通过人工确认流程的端设备才能完成入网。

3.2.5　目标检测模型高效运行技术

除一般传感数据外，多参量物联终端也承接了由监拍摄像头上传的图像信息。

借助内置的前后处理引擎和智能计算引擎，多参量物联终端可以实现对监拍图像的预处理/识别，并仅将大概率含有目标元素的图像进行上传。这不仅可以有效缓解数据的上行传输压力、释放云端通用计算资源，还有利于对异常目标样本的发掘和归集，支撑异常目标识别准确率的进一步提升。

为了减轻多参量物联终端的运行负担，实现模型在边缘侧的高效运行，本书介绍一种输电线路异常目标高效检测模型[17]，并应用通道剪枝等模型轻量化手段压缩模型尺寸，在不损失识别精度的情况下可以实现每秒约7张图像的运算处理。

1. 输电线路异常目标高效检测模型

为了提升对山火、导线异物等复杂目标的识别精度，检测模型选取改进型MobileNetv3作为骨干网络，从而实现对输电线路异常目标特征的精细化提取。然后，结合多尺度特征融合网络YOLOv3（检测头部分）融合高维特征信息和低维特征信息，提升输电线路异常目标的识别精度。模型整体架构如图3-34所示。

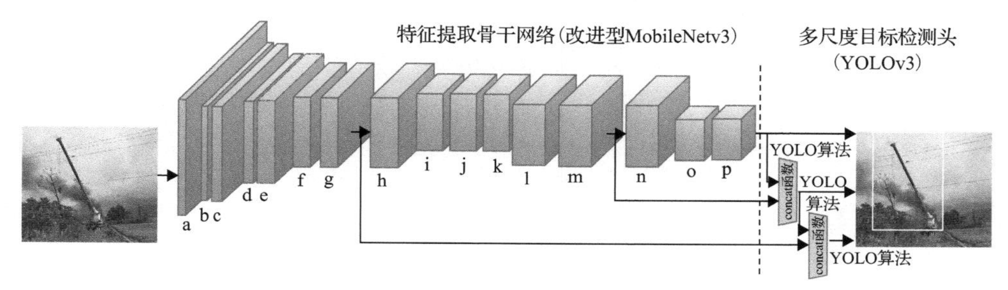

图3-34　输电线路异常目标高效检测模型整体架构图

在骨干网络（MobileNetv3）中引入轻量级通道注意力机制模块ECAnet来替换原有SENet模块[18]。SENet模块的功能是实现通道信息非线性交互融合，提升模型泛化能力。但其复杂度较高，需要降维使用，但降维不可避免地会给通道注意力机制带来负面影响。因此，引入ECAnet模块，在无须降维的情况下，利用快速一维卷积实现每个通道及其k个近邻通道运算，完成通道之间信息的快速交互融合。

为了解决原始Sigmod函数包含指数运算，在输电线路边缘智能终端等嵌入式设备上计算缓慢的问题，采用快速Sigmod函数进行输电线路异常目标检测模型各通道对应权值计算，其表达式为

$$f(x)=0.5\left(\frac{x}{1+|x|}+1\right) \tag{3-3}$$

式中，x为输入变量；$f(x)$为输出结果。快速Sigmod函数与Sigmod函数的计算精度基本相同，但可以带来大约4倍的计算速度的提升。

2. 基于贡献度感知的异常目标检测模型通道剪枝

为了有效压缩模型体量，本书提出一种基于贡献度感知的异常目标检测模型通道剪枝方法。该方法基于通道贡献度判别函数评估模型通道的重要性，进而进行冗余通道剪枝。输电线路异常目标检测模型通道剪枝的流程如图3-35所示。

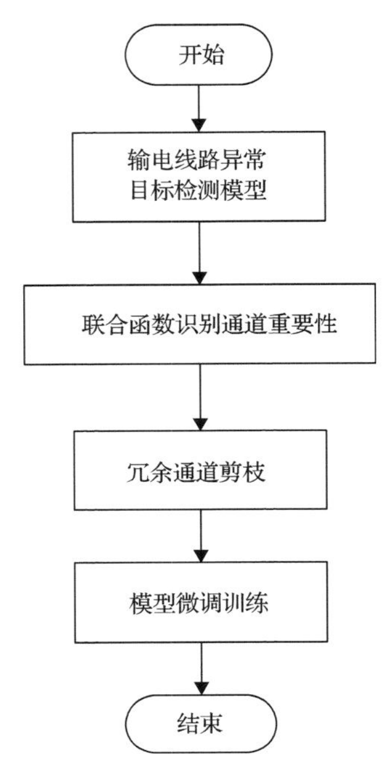

图 3-35　输电线路异常目标检测模型通道剪枝流程图

一般地，通道剪枝的重构误差可以通过预训练基础模型和剪枝后模型的均方误差 $L_{\mathrm{R}}(W)$ 来衡量，但仅采用重构误差进行通道剪枝无法达到最佳效果。首先，受限于输电线路异常目标检测预训练基础模型质量的影响，剪枝后模型通常无法达到理想的剪枝率。其次，为了得到最小的重构误差损失，中间层的一些冗余通道被错误地保留，然而它们对实际检测结果的贡献度很小。

为了实现对通道重要性的准确区分，采用一种改进的 L_2 范数 $L_{\mathrm{f}}(W)$ 来区分通道的重要性。如图 3-36 所示，在 $L_{\mathrm{f}}(W)$ 和 $L_{\mathrm{R}}(W)$ 的基础上添加了额外的通道贡献度感知损失函数 $L_{\mathrm{A}}^{k}(W)$，同时为了减少计算资源开销，将 k 个贡献度感知模块平均插入基础模型中，而不必逐层添加贡献度感知损失函数模块。为了加速计算，仅对第 L_k 层输出特征图 F_k(的输入特征)进行处理，并且采用轻量级平均池化函数 Ω。进一步地，为了加速收敛，在平均池化函数 Ω 前加入 ReLU 和 BN(批归一化)处理。

为了证明剪枝后输电线路异常目标检测模型的表现，在多参量物联终端上完成了模型的实际部署，并利用输电线路异常目标数据集完成了训练及测试。输电线路异常目标数据集由 20000 张图像组成，包含山火(火焰、烟雾)图像 2000 张、导线异物(树枝、塑料薄膜、风筝、遮阳网等)图像 2000 张、塔吊图像 10000 张、吊车图像 6000 张。模型采用 90%的数据集用于训练，10%的数据集用于测试，并与多个先进的轻量化图像识别模型进行了性能对比。对比结果显示，模型在模型压缩率和识别精度方面优于其他剪枝方法模型。

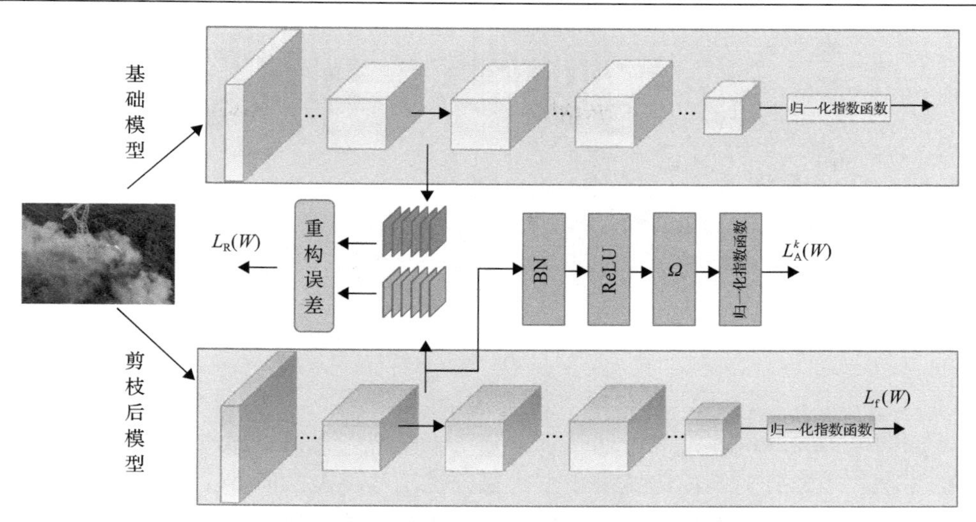

图 3-36　基于贡献度感知的输电线路异常目标检测模型

试点应用的实际检测效果如图 3-37 所示，该图表明，本书所提供的方法实现了对塔吊、吊车、山火、导线异物的边缘侧识别，无须将图像远传至数据中心进行处理，配合声光告警装置和报警推送功能，能够有效避免因异常目标造成的输电线路破坏或短路，具有良好的应用效果和推广前景。

图 3-37　输电线路边缘智能终端检测效果图(见文后彩图)

3.3　小　　结

面向电力物联网建设的迫切需求，基于当前智能感知与边缘物联代理终端部署的需求，本章针对当前传感采集与边缘计算亟待突破的问题，深入探讨了精准感知技术和边缘计算技术，旨在着力突破当前智能传感技术的瓶颈，加快补齐现有技术短板。

针对当前主变电设备状态感知不够全面与充分的问题，本章介绍了局部放电传感技术、自取能振动传感技术和多参量光学传感技术。通过在电力专用传感器精度、灵敏度、测量范围、可靠性、安全性、低功耗等方面的迭代研发，满足多种类、宽量程、高采集频率、低噪声、实时智能分析的感知需求，打破数据壁垒，深入支撑电网的各项业务。

针对电力物联网的边缘计算技术，本章主要介绍了电力多参量物联代理技术边缘网关设计技术与边缘智能技术。在边缘网关设计方面，针对电力多参量感知物联应用场景进行了分析，并对电力多参量边缘网关的硬件设计技术进行了研究，完成了边缘网关硬件部分电路设计。最后，通过对底层硬件进行封装实现了电力边缘网关的软硬解耦设计。

参 考 文 献

[1] 李文, 李昊, 李斌, 等. 基于源网荷储的区域能源互联网信息管理系统研究[J]. 电力信息与通信技术, 2019, 17(2): 55-60.

[2] 王继业, 蒲天骄, 仝杰, 等. 能源互联网智能感知技术框架与应用布局[J]. 电力信息与通信技术, 2020, 18(4): 1-14.

[3] Chen C, Liang R, Zhou Z, et al. Enhanced bipolar fatigue resistance in PMN-PZT ceramics prepared by spark plasma sintering[J]. Ceramics International, 2018, 44(4): 3563-3570.

[4] 赵海燕. 高温压电能量收集材料的构建与性能调控[D]. 北京: 北京工业大学, 2020.

[5] Wang P, Dai X, Fang D, et al. Design, fabrication and performance of a new vibration-based electromagnetic micro power generator[J]. Microelectronics, 2007, 38(12): 1175-1180.

[6] Shen D, Park J H, Ajitsaria J, et al. The design, fabrication and evaluation a MEMS PZT cantilever with an integrated Si proof mass for vibration energy harvesting[J]. Journal of Micromechanics and Microengineering, 2008, 18(5):

550-557.

[7] Chew Z J, Li L J. Design and characterization of a piezoelectric scavenging device with multiple resonant frequencies [J]. Sensors and Actuators A, 2010, 162(1): 82-92.

[8] Feenstra J, Granstrom J, Sodano H. Energy harvesting through a backpack employing a mechanically amplified piezoelectric stack[J]. Mechanical Systems and Signal Processing, 2008, 22(3): 721-734.

[9] Layton M R, Bucaro J A. Optical fiber acoustic sensor utilizing mode-mode interference[J]. Applied Optics, 1979, 18(5): 666.

[10] Liang M, Fang X, Wu G, et al. A fiber bragg grating pressure sensor with temperature compensation based on diaphragm-cantilever structure[J]. Optik, Munich: Elsevier Gmbh, 2017, 145: 503-512.

[11] Tian J, Zuo Y, Hou M, et al. Magnetic field measurement based on a fiber laser oscillation circuit merged with a polarization-maintaining fiber Sagnac interference structure[J]. Optics Express, Washington: Optical Soc Amer, 2021, 29(6): 8763-8769.

[12] Yin Z, Gao R, Geng Y, et al. A reflective temperature-insensitive all-fiber polarization-mode interferometer and pressure sensing application based on PM-PCF[J]. Optik, 2016, 127(20): 9206-9211.

[13] Waterman A, Lee Y, Patterson D A, et al. The RISC V instruction set manual, volume I: User-Level ISA[J]. Eecs Department, 2011, 7(9): 1-90.

[14] 刘献科, 张栋岭, 陈涵生. 软件定义无线电及软件通信体系结构规范[J]. 计算机工程, 2004, (1): 95-96, 131.

[15] 范建华, 王晓波, 李云洲. 基于软件通信体系结构的软件定义无线电系统[J]. 清华大学学报(自然科学版), 2011, 51(8): 1031-1037.

[16] 张楠. 云计算中使用容器技术的信息安全风险与对策[J]. 信息网络安全, 2015, (9): 278-282.

[17] 张鋆, 王继业, 宋睿, 等. 基于边缘智能的输电线路异常目标高效检测方法研究[J]. 电网技术, 2022, 46(5): 1652-1661.

[18] Hu J, Shen L, Albanie S, et al. Squeeze-and-excitation networks[J]. IEEE transactions on Pattern Analysis and Machine Intelligence, 2020, 42(8): 2011-2023.

第4章 电力物联网的自组网通信

电力物联网通信技术是电力物联网建设的核心技术，是数据采集终端与服务器和用户终端的桥梁。随着电力物联网的不断发展，对应急通信设备的环境适应性要求也越来越高，而传统的基于中心节点的通信设备已经很难满足电力复杂场景的通信要求。随着海量传感器的接入，面临传感器对环境噪声抗性不佳、安全接入困难，电力物联网中存在复杂的电磁环境无线信号干扰、远距离无线通信存在覆盖范围不足，超多跳传输中重传容易引发链路拥塞，现有信息与通信技术在多跳传输情况下可靠性不足等问题，需要考虑宽窄带融合支撑电力专网发展。无中心组网技术的成熟弥补了中心节点设备的缺陷，它的出现极大地提高了应急通信系统的可靠性、稳定性和环境适应性。

自组网系统[1-3]是采用全新的“无线网格网络”理念设计的移动宽带多媒体通信系统。系统中所有节点在非视距、快速移动的条件下，利用无中心、无线、自组网的分布式网络构架，实现了多路语音、数据、图像等多媒体信息的实时双向通信。同时，系统支持任意的网络拓扑结构，每个节点设备可以随机快速移动，整体系统部署便捷、使用灵活、操作简单、维护方便。自组网设备可配备 Wi-Fi、4G、5G、LTE 等协同通信模块，与国际互联网和私网进行通信，是一个可以不断扩展的动态网络架构。无中心自组网技术中的节点之间不存在依赖关系，相互之间通过协商来进行组网和数据传输。从技术上来区分，无中心自组网技术可以分为窄带自组网技术和宽带自组网技术两种。窄带自组网技术以语音通信系统为代表，通常以 12.5kHz 和 25kHz 的信道间隔承载数据，能够支持包括语音、传感器数据等在内的低速数据业务(有些也支持图片传输)。在应急通信产品中窄带自组网技术也被应用在大部分语音通信系统。其优势很明确，例如，频率资源复用，节省频谱资源，终端漫游便捷；通过多跳链路完成区域覆盖；网内无须有线连接，部署灵活、快速。存在路由的概念是宽带自组网技术的特点，即节点可以按目的(单播或组播)方式，将信息在网络内传输。虽然宽带自组网在稳定性、覆盖范围方面无法与窄带相比，但其对大数据流量(如实时视频业务)的支撑是其存在的关键，宽带自组网技术通常具备 2MHz 及以上的高带宽。而且，随着数字化的加快，IP 化和视觉化需求的不断增加，宽带自组网技术也是应急通信中不可或缺的一部分。

本章将详细介绍应用于电力物联网的宽带高可靠超多跳自组网技术及窄带多层次大规模自组网技术。

4.1　宽带超多跳自组网技术

传统的宽带自组网技术一般不支持特别多的跳数[4,5]，通常最大支持 9～10 跳，且传输性能(带宽、时延、可靠性)随跳数增加而急剧下降。因此，针对传统宽带自组网技术的不足，提出了宽带高可靠超多跳自组网技术[6-9]。

宽带超多跳自组网波形运行于主机上，用于铁塔节点之间的通信。宽带超多跳自组网波形针对电力复杂的电磁环境，采用基于频谱感知的自适应选频和自适应重传技术[10-13]，有效增强了系统的抗干扰性；系统采用时分复用技术，实现了超多跳自组网，支持节点故障自动恢复组网，可快速开通部署。通过帧结构和系统参数的自适应调整，波形具备全场景适配能力，保证了系统的可靠通信；同时还具备动态资源调度能力，既能保证较低的业务传输时延，又能根据业务优先级与链路状态自适应地调整业务负载，提高信道资源的利用率。

4.1.1　基于时分复用的跨层信息调度技术

超宽带(UWB)技术是指信号的 10dB 相对带宽超过中心频率的 20%或绝对带宽超过 500MHz 的无线通信技术[14-16]。早在 20 世纪 60 年代，专家就提出了 UWB 技术的一些基本思想，1973 年申请了有关 UWB 在通信和雷达应用中的专利，但此后的研究一直被限制在军用领域。直到 2002 年 2 月 14 日，美国联邦通信委员会(FCC)在充分讨论和研究 UWB 系统对 GPS、WLAN 等现有系统的干扰、电磁干扰性、安全性等问题后，批准将 UWB 技术用于民用产品，并授权将 UWB 用于雷达测距、金属检测和通信，为 UWB 的大规模民用敞开了大门。对于一个 UWB 无线系统来说，带宽可能比现存系统的带宽高很多，因此系统能够在很低的信噪比下工作，这也意味着 UWB 系统能以相对低的传输功率实现高速率。理论上，UWB 系统的传输速率可达千兆比特每秒(Gbit/s)。UWB 系统采用窄脉冲信号来实现通信，相对于扩频通信等传统连续载波调制传输方式而言是一种全新的传输与处理方式。与其他传统的无线通信技术相比，UWB 技术具有以下特点：系统结构的实现比较简单；能够以非常高的频率带宽来换取高速的数据传输，并且不单独占用现在已经拥挤不堪的频率资源，而是共享其他无线技术使用的频带，同时系统发射的功率谱密度非常低且较平坦。另外，由于其功率谱密度非常低，几乎被淹没在各种电磁干扰和噪声中，采用编码对脉冲参数进行伪随机化后，对其脉冲的检测将变得更加困难，因此它具有隐蔽性好、接获率低、保密性好等非常突出的优点。UWB 系统具有很强的多径分辨能力、抗窄带干扰和抗多径衰落能力，能够进行精确定位且有大的空间容量。UWB 技术的这些独特优势使其成为室内密集多径环境条件下高速大容量无线系统的最佳选择。

宽带超多跳自组网技术的体系架构主要包括物理层、链路层、网络层、传输层、应用层。宽带超多跳自组网波形采用与4G/5G通信协议物理层相同的正交频分复用调制技术，针对电力复杂的电磁环境，以及高可靠性、低时延的通信需求，采用跨层设计方案在资源分配、服务质量(quality of service, QoS)策略、抗干扰、物理层时隙设计等方面进行了优化设计[17]。

1. 传统 Dijkstra 算法

传统 Dijkstra 算法是典型的最短路径路由算法，可用于计算一个节点到其他所有节点的最短路径，主要特点是以起始点为中心向外层扩展，扩展到终点结束。设 $G=(V, E)$ 是一个带权有向图，将图中的顶点集合 V 分成两组：第一组为已求出最短路径的顶点集合(记为 S，初始时 S 中只有一个源点，以后每求得一条最短路径，就将其加入集合 S，直到全部顶点都加入 S 中，算法结束)；第二组为其余未确定最短路径的顶点集合(记为 U)，按最短路径长度的递增次序依次将第二组的顶点加入 S 中。在加入的过程中，总保持从源点 V 到 S 中各顶点的最短路径长度不大于从源点 V 到 U 中任何顶点的最短路径长度。此外，每个顶点对应一个距离，S 中的顶点距离就是从 V 到此顶点的最短路径长度，U 中的顶点距离是从 V 到此顶点只包括 S 中的顶点为中间顶点的当前最短路径长度。

初始时，S 中仅含有源点 V。设 u 是 G 的某一个顶点，把从源点 V 到 u 且中间只经过 S 中顶点的路称为从源到 u 的特殊路径，并用数组 dist 记录当前每个顶点对应的最短特殊路径长度。算法每次从 $V–S$ 中取出具有最短特殊路径长度的顶点 u，并将 u 添加到 S 中，同时对数组 dist 进行修改。一旦 S 包含了所有 V 中的顶点，dist 就记录了从源到所有其他顶点之间的最短路径长度。图 4-1 表示运算过程。

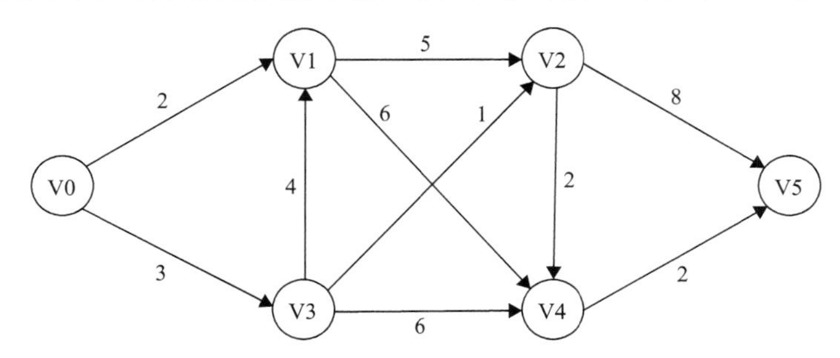

图 4-1 基于权重的有向图 $G(V,E)$ 图示

数字表示边权(路径的权重)

2. QoS Dijkstra 算法

在自组网项目中，节点之间的路由需要考虑业务 QoS，并根据无线信道状态和时隙占用情况动态地对双向链路进行加权，因此不能完全使用传统 Dijkstra 算

法查找最短路径的方法。很自然地，QoS Dijkstra 算法的基本思想是在源节点到目的节点可能存在多条路径，取边权最大的那条路径作为路由。考虑端到端最优路径的选取，链路集合中的瓶颈链路带宽是整条路径上的最小带宽，因此需要取最小带宽作为路径比较判据。

基于跨层协作的业务数据路径选择主要过程描述如下。

1) 时隙资源上报

实际网络因节点的移动和业务传输的变化，导致 MAC 层时隙资源随之动态改变，进而影响整个链路的传输速率[18]。因此，当节点收到其邻接节点在 MAC 层的 SF 广播消息，解析对应链路上的时隙资源发生变化时，需要及时上报网络层对邻接信息表进行更新。

2) 链路状态与路径选择

无线网络和有线网络不同，评估一条链路的方法可由很多因素组成，如信道质量、传输带宽、缓冲区大小等，因此需要综合考虑节点到其邻接节点的链路状态，并通过加权的方法得出当前链路的权值大小，由链路状态更新信息广播至网络。

目前，自组网系统考虑一条链路的状态由信道状态、传输带宽和缓冲区大小加权组成，支持后续关于链路加权因素的扩展，并且各因素的权重可以根据需要预先配置。其中，任意两个节点间的传输链路带宽采用双向链路的方式进行统计，如图 4-2 所示，C→D 的传输带宽为 C 节点当前可用的空闲时隙个数，D→C 的传输带宽为 D 节点当前可用的空闲时隙个数，而这两者并不一定相同。

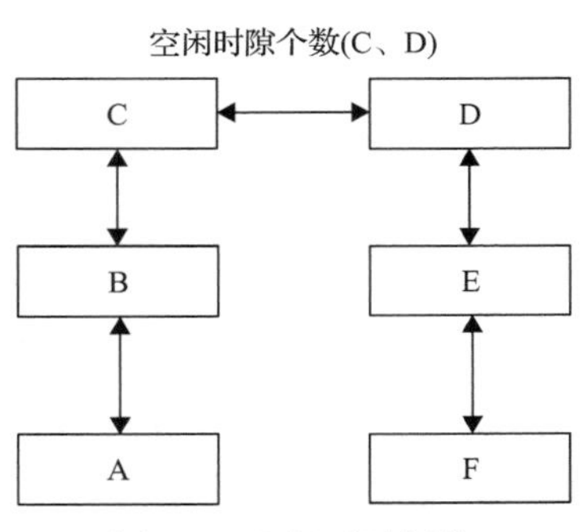

图 4-2　空闲时隙评估

每个节点与其邻接节点间的链路状态在本地进行维护并于链路状态更新消息广播至网络，其中端到端的传输带宽由其组成的每条链路最小值规定，节点根据 QoS Dijkstra 算法计算到网络其他节点的路径选择。

4.1.2　超多跳可靠传输技术

多跳自组网是一种不依赖于现有的网络基础设施、网络拓扑动态变化，可以快速布设的无线移动通信网络，具有高抗毁性和自愈性。自组网技术将移动通信技术的应用领域进行了扩展，自组网凭借其组网迅速、灵活方便的特点，为野外科考、地震救灾、战场上部队的快速移动等缺少基础通信设施的场景提供可靠的通信支持，对应急通信具有十分重要的意义[19]。

自组网中的数据包在源节点与目的节点之间通过多跳进行传输。线性(即链状）多跳自组网是一种所有节点地位平等、节点之间按照链式结构进行组网的特殊自组网，一般的多跳自组网跳数在5跳以内，而超多跳自组网跳数远大于50跳，在电力专网监控、铁路建设等国家重大安全领域发挥着关键作用。例如，在大雪天气下，南方电网结冰导致大范围停电，为了方便运维人员对杆塔进行故障检测，可以通过超多跳自组网组网的方式，每50跳设置一个监控点对电力专网进行监控。一个典型的电力超多跳自组网的应用场景如图4-3所示，监控视频数据在杆塔之间按照多跳方式进行低时延、高可靠传输，以满足运维人员的监控需求。

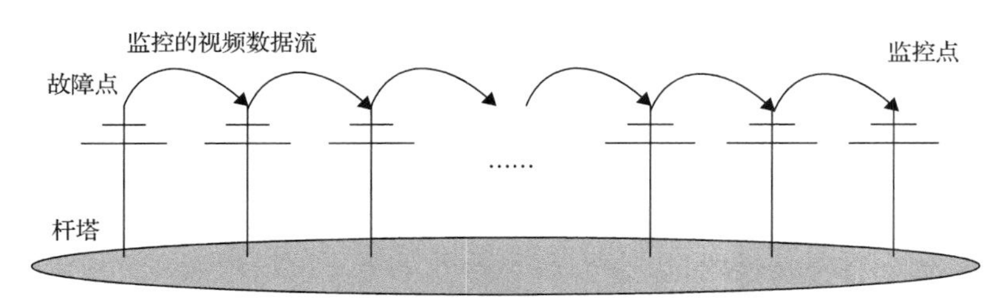

图4-3　电力超多跳自组网应用情景

本书提出了一种超多跳自组网的信道探测与媒体控制方案，如图4-3所示，具体技术方案描述如下。

1. 建立转发簇，确定节点的传输方式

令源节点作为当前转发簇的簇头节点，计算簇头节点与后序节点之间的信噪比，将第一个信噪比小于门限值的节点的前一节点作为下一转发簇的簇头节点，重复该过程直至转发簇包含目的节点。

图4-4和图4-5分别是超多跳混合中继的前向和后向传输方案。这里，把从源节点到目的节点的方向定义为前向，从目的节点到源节点的方向定义为后向。

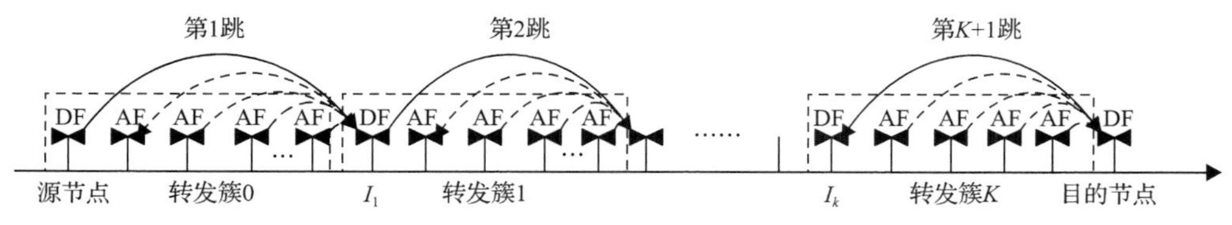

图4-4　超多跳混合中继前向传输方案

AF-放大转发；DF-解码重传

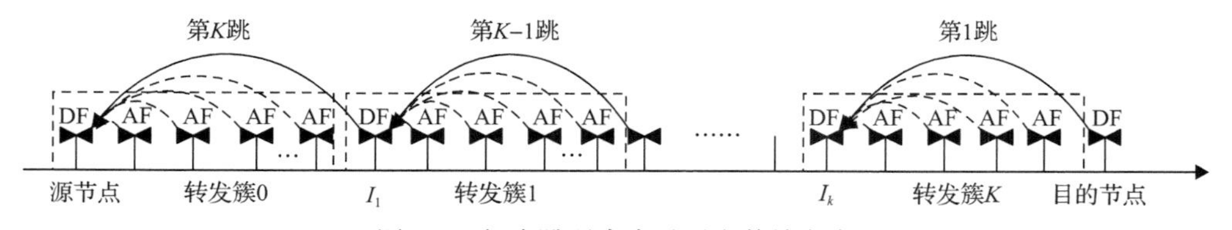

图4-5　超多跳混合中继后向传输方案

每个节点配置两个可收发天线，一个天线朝前，一个天线朝后。在前向传输的过程中,簇头节点对后向天线接收的信号进行 DF 转发并通过前向天线将信号发送出去，簇内的成员节点对后向天线接收的信号进行 AF 转发并通过前向天线发送出去。在后向传输的过程中，簇头节点对后向天线接收的信号进行 DF 转发并通过前向天线发送出去，簇内的成员节点对收到的信号进行 AF 转发并通过后向天线发送出去。

2. 端到端重传与半路重传的选择

图 4-6 和图 4-7 分别为端到端重传和半路重传的时隙图。其中转发簇 1 是包含源节点的转发簇，ACK 是反馈汇聚的 ACK 数据包。如图 4-8 所示是一个反馈汇聚的 ACK 的帧结构，其中数据包接收部分可划分为 N 块，对应于窗口内 N 个数据包的接收情况，0 表示未接收成功，1 表示接收成功。图 4-9 是半路重传下的 NACK 的帧结构。

设时隙大小为 T，源节点到目的节点的总跳数为 N_{h} ，窗口的大小为 N_{w} ，相邻转发簇之间的数据传输视为一跳，占据一个时隙。

在端到端重传方案中，目的节点反馈数据包的接收情况，源节点根据反馈的 ACK 数据包重传数据包。假设 $N_{\mathrm{h}}>1$ ，从源节点开始发送数据包到收到来自目的节点的 ACK 数据包的时间 t_1 为

$$t_1=2N_{\mathrm{w}}T+2N_{\mathrm{h}}T-2T \tag{4-1}$$

单个数据需要的时间 t_2 为

$$t_2=2T+\frac{2N_{\mathrm{h}}T}{N_{\mathrm{w}}}-\frac{2T}{N_{\mathrm{w}}} \tag{4-2}$$

在半路重传方案中，簇头节点译码失败后，等待转发完窗口内最后一个数据包后，发送 NACK 至前一簇的簇头节点，并由前一簇的簇头节点重传数据包。

3. 源节点以滑动窗口发送数据

源节点从缓存队列中取出 N 个数据包（$N \leqslant N_{\mathrm{w}}$），按顺序发送数据包至下一簇的簇头节点，每次发送间隔一个时隙。间隔一个时隙发送的原因是节点工作于半双工模式下，无法同时接收和发送数据。

在半路重传方案中，窗口数据传输完毕后，如果源节点收到下一簇的簇头节点因译码失败发送而来的 NACK，则需重传相应的数据包。在端到端传输方案中，源节点无须等待接收 NACK。

当接收 ACK 数据包时，源节点需要调整缓存队列，将目的节点正确的数据包从队列中清除，将未成功接收的数据包保留在队列中。如果此时缓存队列中仍然有待发送的数据包，那么源节点从队列中取出数据包，开始新的窗口数据包发送。

源节点的通信流程图如图 4-10 所示。

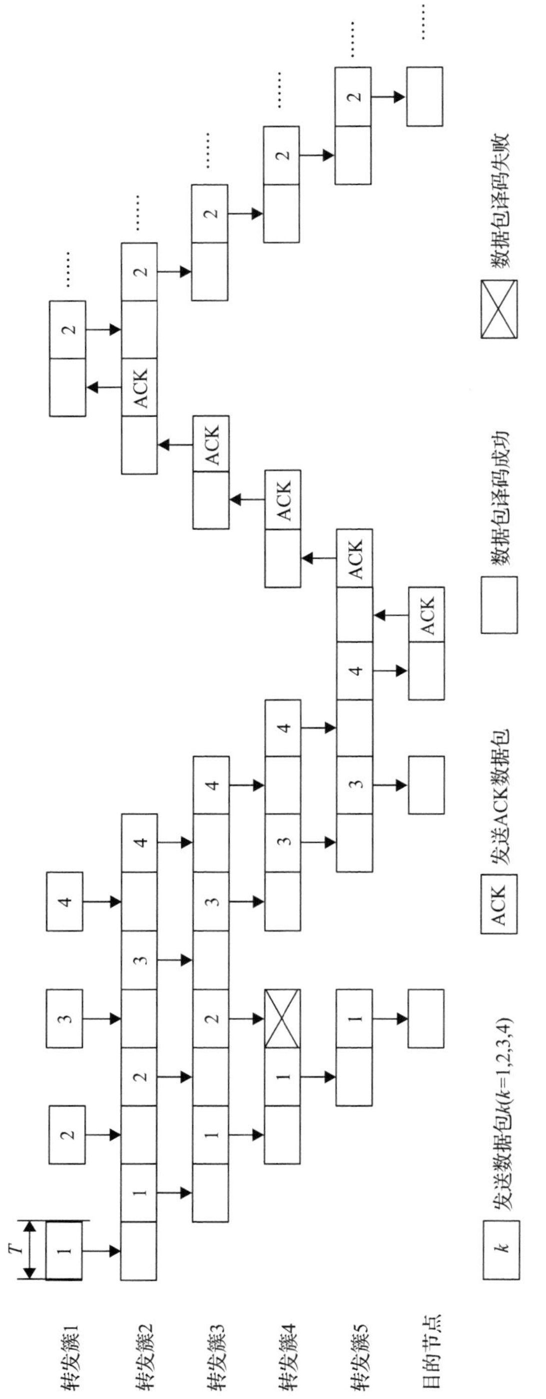

图4-6　端到端的重传方案的时隙图

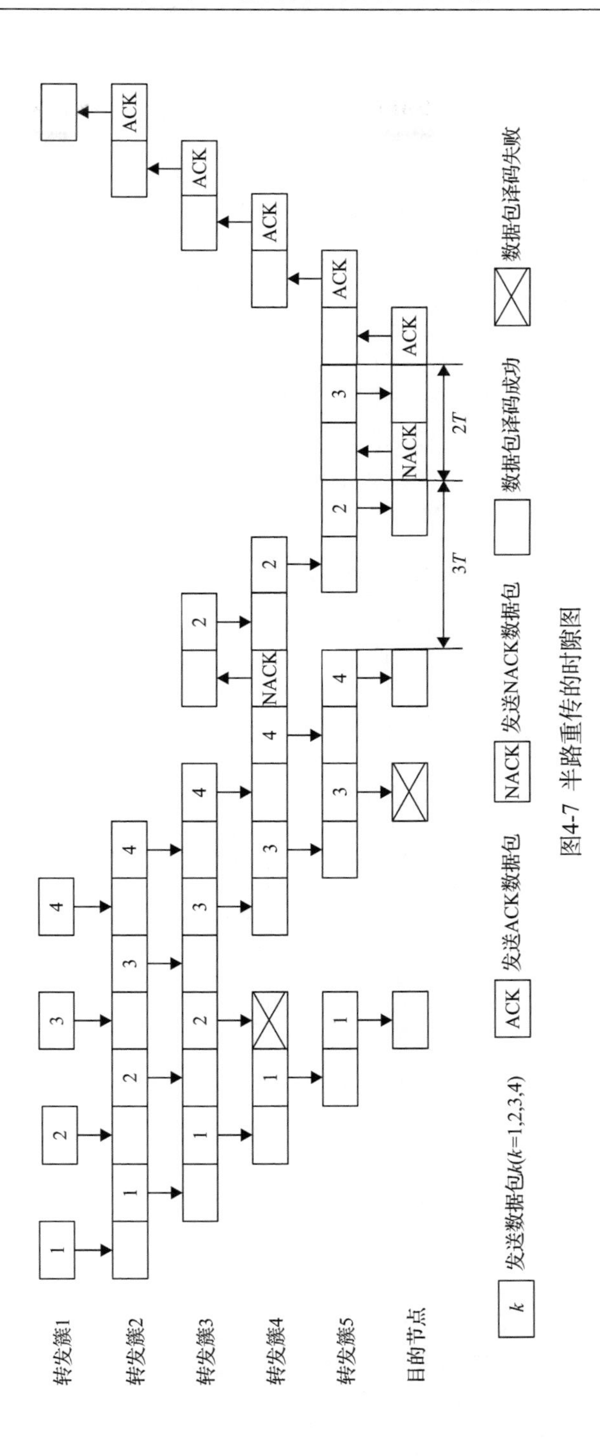

图4-7　半路重传的时隙图

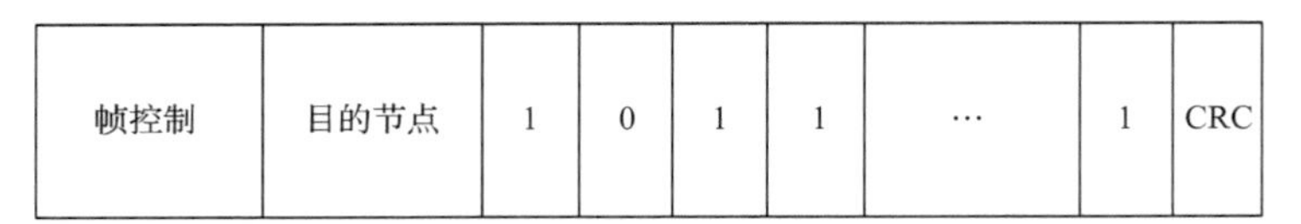

图 4-8　反馈汇聚的 ACK 数据包

CRC 为循环冗余校验

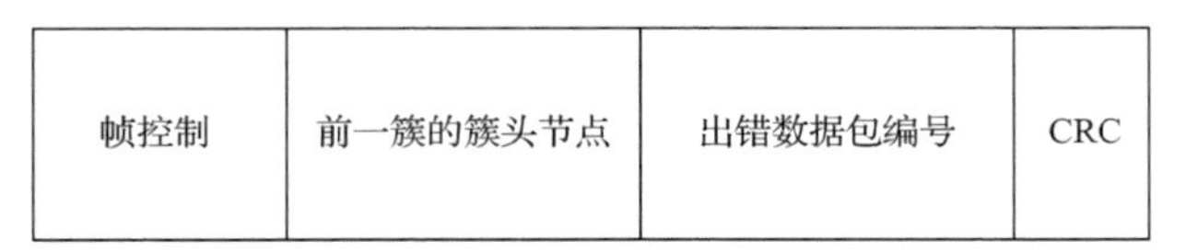

图 4-9　半路重传下的 NACK 数据包

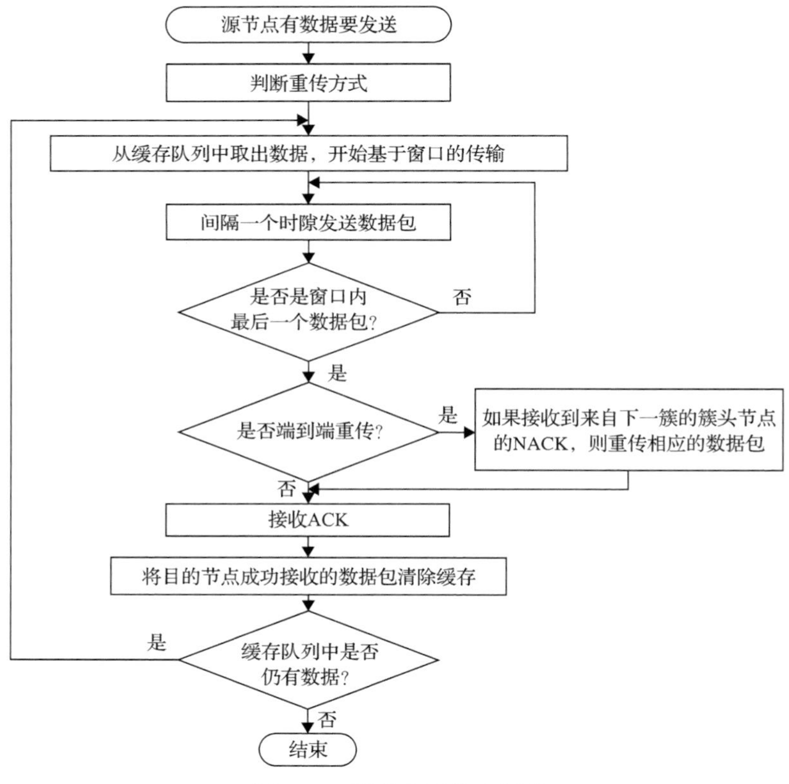

图 4-10　源节点通信流程图

4. 中继节传输数据包传输与重传

当中间簇的簇头节点收到来自前一簇的数据包时，簇头节点首先对数据包进行译码。如果译码失败，将数据包丢弃，等待下一个译码成功的数据包时并将出错信息(哪一个节点的哪一个数据包出错)附加在译码成功的数据包上。如果译码失败的是窗口内的最后一个数据包，则根据出错信息单独生成一个数据包并以更低的速率发送至下一转发簇。当簇头节点译码成功时，需要提取数据包内附加的出错信息，因此待窗口内接收完毕，每个中继簇头节点都知道之前簇的出错信息。

在半路重传方案中，簇头节点在成功译码数据包后需缓存数据包。在接收转发完窗口内最后一个数据包的信息后，簇头节点如果有译码失败的数据包，则需发送 NACK 至前一簇并请求前一簇的簇头节点重传数据包。如果前一簇的簇头节点没有译码失败的数据包，那么当前簇的簇头节点可以立即发送 NACK；如果前一簇的簇头节点中有译码失败的数据包，那么当前簇的簇头节点需等待转发完数据包后再发送 NACK。接收到 NACK 的簇头节点再发送相应编号的本地缓存数据包至后一簇的簇头节点。

当簇头节点接收到来自目的节点的 ACK 数据包时，转发 ACK 数据包至前一簇头节点并将节点内缓存的数据包和出错信息清空。

中间簇簇头节点通信流程图如图 4-11 所示。

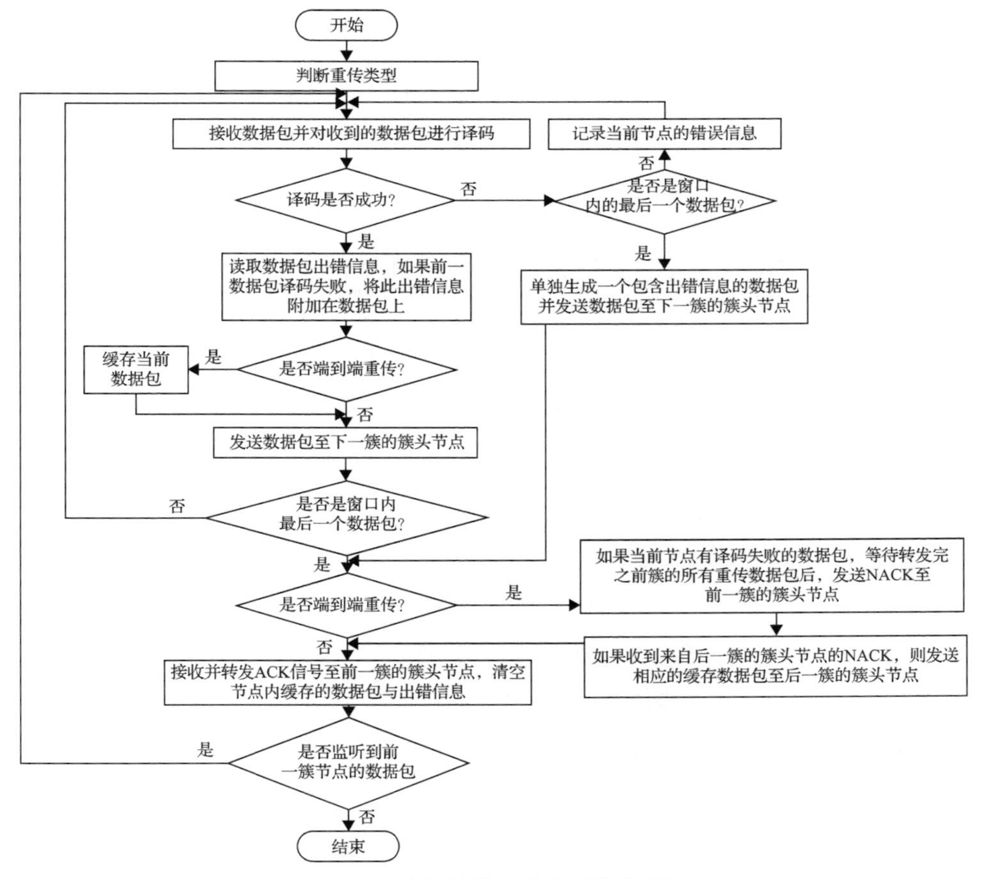

图 4-11　中间簇簇头节点通信流程图

5. 目的节点转发 ACK

在端到端重传的传输模式下，目的节点在收到窗口内的最后一个数据包后，会立即发送包含接收情况(各个数据包是否接收成功)的 ACK 数据包至源节点。

如果中间簇的簇头节点和目的节点都采用半路重传方案，若目的节点有译码失败的数据包，需要先等待前一簇的簇头节点半路重传完毕后，再发送 NACK 至前一簇的簇头节点并请求重传。如果仅目的节点是半路重传，目的节点可立即发送 NACK 至前一簇的簇头节点请求重传。目的节点接收重传数据包后，发送 ACK 数据包至前一簇的簇头节点。

目的节点的通信流程图如图 4-12 所示。

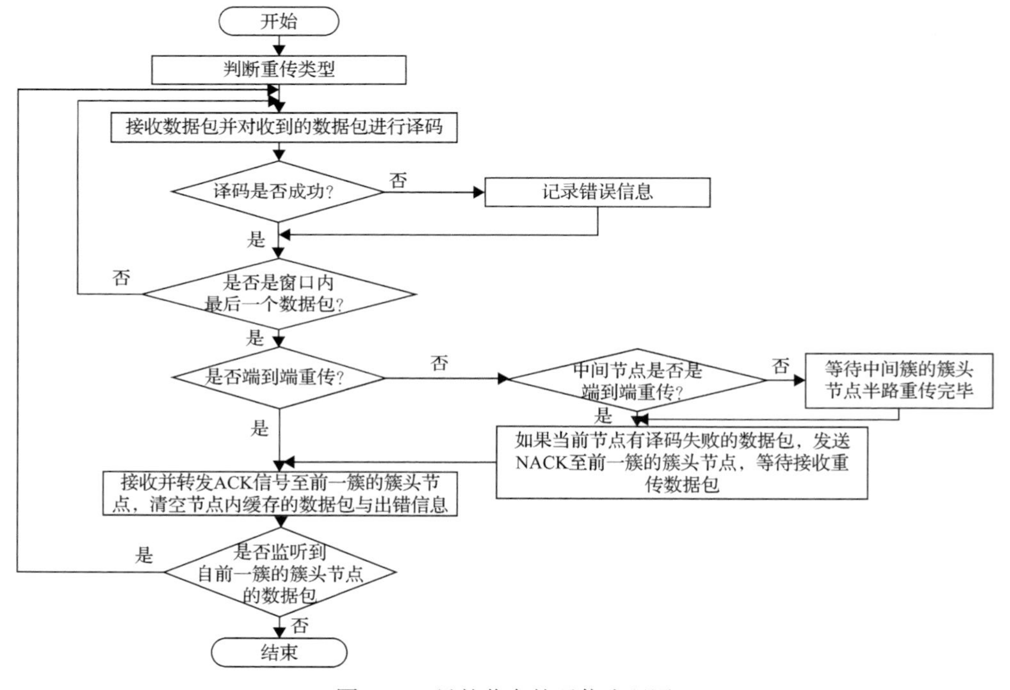

图 4-12　目的节点的通信流程图

通过将上述方法应用在线性超多跳自组织网络中，能够实现端到端传输数据的高可靠性，显著降低超多跳线性网络的传输时延。

4.1.3　宽带超多跳自组网设备

本节从硬件设计、软件设计和样机研制三个方面描述宽带超多跳自组网设备的研制过程。

1. 硬件设计

宽带超多跳自组网设备通信平台由主机和天线组成，主机硬件包括综合信道单元、接口扩展单元和功放滤波单元，如图 4-13 所示。对主机进行小型化、轻量化、低功耗设计。业务处理模块采用单片低功耗现场可编辑逻辑门阵列(field programmable gate array, FPGA)系统级芯片，基带处理部分采用时分双工(time division duplexing, TDD)模式，降低了整机功耗；射频部分采用数字直采方案裁剪射频电路，减轻了整机质量[20]。

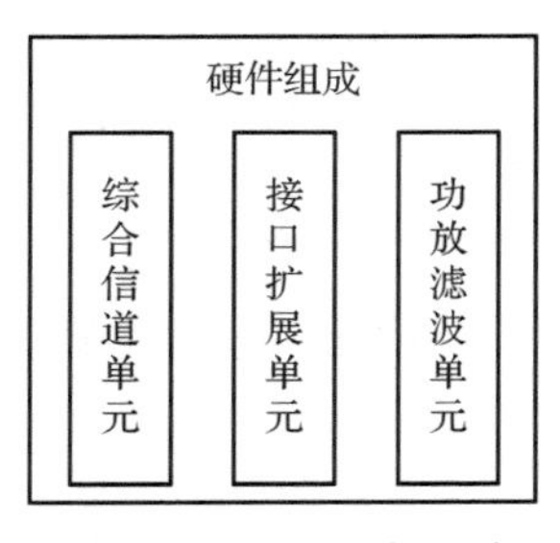

图 4-13　主机硬件组成

天线采用宽带技术设计高增益低驻波比定向天线。天线结构小巧，环境适应性好，可在户外使用，防雨防潮。

综合信道单元完成对自组网波形基带处理和射频小信号处理，同时完成对整个设备的操作维护管理。

综合信道单元由宽带超多跳自组网协议基带处理电路、RF 集成收发电路、电源电路、时钟和接口转换电路组成，如图 4-14 所示。主要实现设备宽带超多跳自组网波形协议软件、基带信号处理、射频小信号 AD/DA、ALC、AGC、LO、Mixer、滤波、AFC 等功能，具有丰富的外接接口，更多的 I/O 口，可满足通信应用。

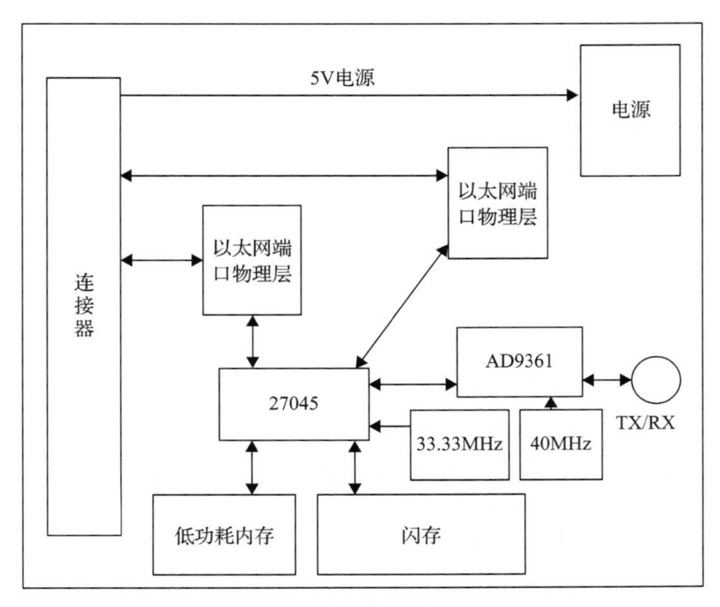

图 4-14　综合信道单元框图

射频通路采用零中频方案，发射通路进行直接数字上变频产生射频信号，接收通路采用直接数字下变频产生基带信号，因此不需要本振、混频在内的模拟器件，极大地精简了射频通路的体积，减轻了整机质量。

综合信道单元的核心芯片采用高集成度的 ARM+FPGA 芯片。该芯片具有高达 350K 的逻辑单元和 16 个 12.5GB/s 的收发器，可实现高带宽高速互联。

2. 软件设计

宽带超多跳自组网波形采用与 4G/5G 通信协议物理层相同的正交频分复用(OFDM)调制技术，针对电力复杂电磁环境及高可靠性、低时延的通信需求，采用跨层设计方案在资源分配、QoS 策略、抗干扰、物理层时隙设计等方面进行了优化设计。宽带自组织波形架构如图 4-15 所示。

图 4-15　宽带自组织波形架构

其中，各层的主要功能如下：

1) 物理层设计

本节研制的设备样机采用 5.8GHz 频段建立无线自组网。5.8GHz 频段是一个开放的工业、科学、医疗(ISM)领域频段，工作频段范围为 5725～5850MHz，默认工作频率为 5790～5810MHz，信道带宽 20MHz，子载波 1200 个，子载波间隔 15kHz。子载波的划分详见物理信道部分的描述。

物理信道支持两种物理信道：物理共享信道(PSCH)和物理控制信道(PCCH)。

PSCH 用于承载业务数据和信令，支持三种调制方式：QPSK、16QAM、64QAM。承载信令时仅支持正交相移键控(QPSK)方式，承载业务数据时支持三种调制方式，业务数据按照 2ms 内是否存在信号同步间隙(S0)及保护时间(GP)配置，对应不同的计算平衡(TB)表。

PCCH 用于承载调度指示类信息和一些关键指示信息，调制方式为 QPSK。控制信道承载的信息数据在 20MB 时使用 4 倍频域重复映射，对应码率约为 1/10；10MB 时使用 2 倍频域重复映射，对应码率约为 1/10；5MB 时使用标准 QPSK 处理方式，无频域固定重复，对应码率约为 1/10。

2）数据链路层设计

自组网数据链路层由资源管理(HighMAC)和队列调度、传输控制、转发、打包分片等(LowMAC)组成。根据通信场景需求，采用动静态结合的资源管理方式。通过静态时隙分配降低时延、支持快速接入；根据业务优先级及网络状态，通过动态时隙提高数据利用率。

资源管理方面，针对超多跳线性组网场景对时延和可靠性的要求，采用静动态时隙分配的时分多址(TDMA)协议，其中静态分配时隙是一个调度周期内为所有节点分配的固定时隙资源，用于复用控制信令和业务传输，降低传输时延并支持快速接入。动态时隙是在上一调度周期内的各节点通过协商动态分配的本调度周期的时隙资源，动态时隙分配原则采用跨层设计思路，根据业务优先级与链路状态自适应网络负载变化提供高数据利用率并兼顾节点的公平接入与业务负载优先级。

LowMAC 调度方面，LowMAC 处于协议模块之下和 PHY 之上，具有数据和信息通路的作用。图 4-16 是 MAC 在整个系统中的基本功能示意图。

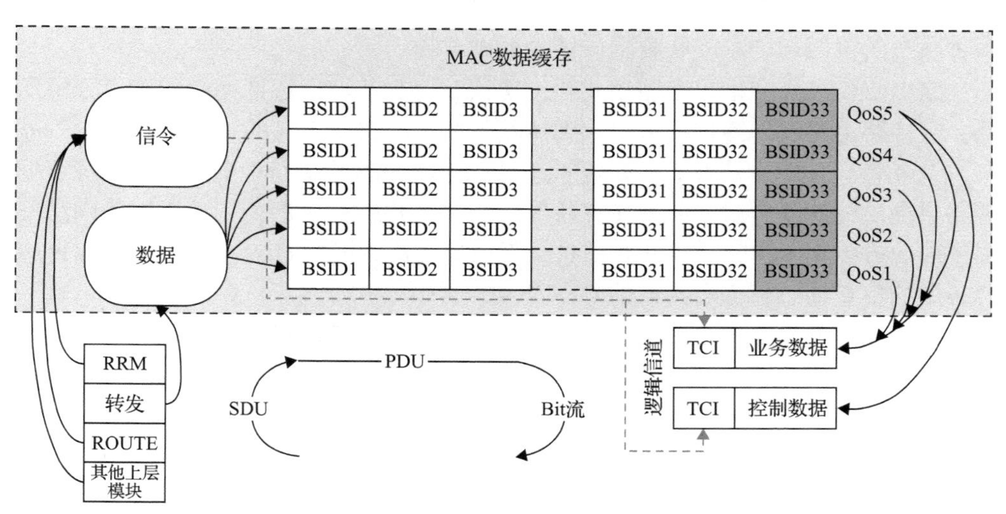

图 4-16　MAC 基本功能示意图

SID-基站 ID(base station ID)；TCI-传输控制身份认证(transmission control identifier)；QoS-服务质量(quality of service)

根据跨层设计方案，MAC 从上层路由和其他功能模块获得数据 SDU 和信令。业务数据和控制数据通过 QoS 进行区分，一般来说控制数据 SDU 使用高于业务数据 SDU 的 QoS 以保证其更高质量地传输。图 4-16 中控制数据采用 QoS5，而业务数据采用 QoS1～QoS5，实际系统应按业务需求进行设计。

3）网络层设计

网络层基于数据链路层提供的服务，构建移动 Ad-Hoc 网络，实现端到端通信，向上与 IP 层交互，向下与数据链路层交互。网络层主要实现网络拓扑控制、路由协议、服务质量管理、端到端数据转发等功能，主要功能模块如图 4-17 所示。

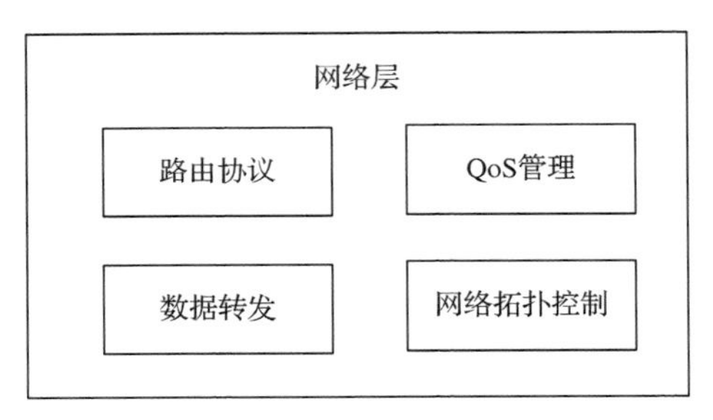

图 4-17　网络层功能模块示意图

4）网络层节点协议交互流程

邻接节点的交互主要是通过本节点 BRC 进程与其他对端节点 BRC 进程通信，所有信息对于 MAC 和 PHY 都是透明的。

邻接节点的上下线分脱网、入网等过程分别说明，在每一个过程中重点说明每种状态的资源调度过程和收到广播的处理流程。

路由协议方面，采用表驱动式路由协议，每个节点通过周期性的路由分组广播，交换路由协议，维护一张包含到达其他节点的路由信息的路由表。

QoS 管理方面，采用基于策略的跨层 QoS 管理架构进行业务保障。系统根据链路层提供的链路负载和队列缓存状况，MAC 层提供的资源使用情况以及网络层提供的业务类型、时间敏感性等信息，再根据策略库提供 QoS 映射等级，通过综合各层的信息动态管理数据流的 QoS 等级。

数据转发方面，主要负责处理业务数据，实现业务网口数据处理、数据解析分类、路由查找、QoS 业务流匹配、流量控制和数据封装，转发系统的处理流程如图 4-18 所示。转发模块核心包括以下组成。

MAC Rx：负责接收链路层 SDU 数据。

MAC Tx：负责向链路层发送数据。

LAN Rx：负责接收网口数据。

LAN Tx：负责向网口发送数据。

数据解析分类：负责解析各种数据帧并进行分类。

路由查找：根据数据分类结果进行路由。

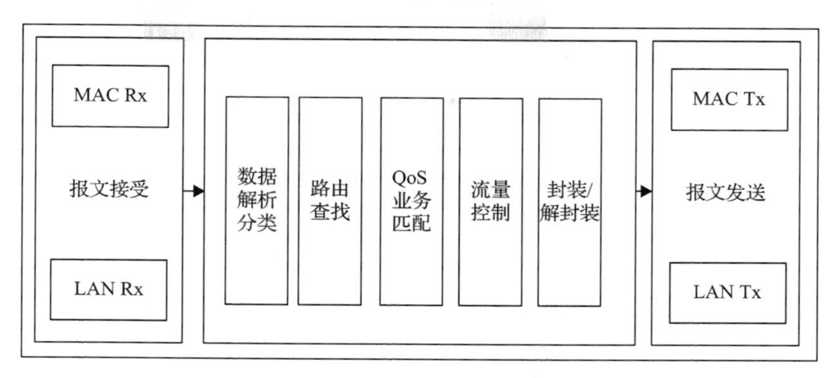

图 4-18　转发系统的处理流程

QoS 业务匹配：根据 QoS 管理策略匹配合适的业务等级。

流量控制：根据链路状况、队列缓存状况进行输入端控制。

封装/解封装：封装是把标准的以太网帧和 IP 报文封装成自组网数据帧，反之是解封装。

网络拓扑控制方面，由于信道条件的变化，以及出现故障节点等，组网拓扑将出现多种变化。通过互相发现和同步广播机制，可以收集全网拓扑(邻接表)。自然拓扑有可能存在环路，导致广播数据无休止地循环转发，造成网络瘫痪，所以为了避免这一状况发生，还需要进行去环工作。

3. 样机研制

宽度超多跳自组网设备主控板的实物照片如图 4-19 所示。

宽度超多跳自组网设备样机实物照片如图 4-20 所示。

图 4-19　宽度超多跳自组网设备主控板实物照片

图 4-20　宽度超多跳自组网设备样机实物照片

本节设计的宽带超多跳自组网设备支持 50 跳，共 51 个节点设备组网。超多跳组网需要兼顾各节点之间的传输时延，设计采用时频分组复用的方式，在各分组内进行短周期资源调度，并兼顾超多跳组网和传输带宽的要求。空口资源调度以 100ms，即 50 个子帧为单位，除控制帧外，共 45 个子帧用于业务资源时隙调度。兼顾单节点故障网络自恢复的需求，资源使用 6 跳复用。资源复用之后，在信号条件满足的情况下，单节点吞吐量在 4MB 左右。通过资源复用，有效地支持了超多跳组网，并兼容了传输带宽的要求。

4.2　窄带自组网技术

窄带大规模自组网主要应用于低压配电台区物联感知节点的通信与数据传输，传感数据汇聚后通过骨干网络与物联管理平台进行信息交互。窄带多层次大规模自组网采用可扩展性强的分层网络结构，有效地解决了因无线资源受限引起的网络规模受限问题，通过网络态势感知实现了有效的信道探测和邻接发现，通过分布式的自主计算实现了无线资源的合理分配，通过动态路由提高了数据传输的可靠性。

广域窄带物联网（NB-IoT）是一种低功耗广域网络，专为低带宽、低功耗、远距离、大量连接的物联网应用而设计[21]。该网络可为低功耗电力设备广域数据连接提供支撑，只消耗有限带宽，可直接部署于全球移动通信系统（global system for mobile communications, GSM）、通用移动通信系统（universal mobile telecommunications system, UMTS）、长期演进（long term evolution, LTE）（通常指 4G 网络）或基于非授权频段，从而降低部署成本、实现平滑升级。广域窄带物联网提供了面向低数据速率、大规模终端数目和广覆盖要求等复杂电力场景的端到端解决方案，可以实现各类智能传感器和终端设备的海量接入，助力传统电网的升级，实现电力系统广域采集、精准感知。

为了适应 NB-IoT 系统的需求，提升小数据的传输效率，NB-IoT 系统对现有 LTE 处理流程进行了增强，支持两种优化的小数据传输方案，包括控制面优化传输方案和用户面优化传输方案。控制面优化传输方案使用信令承载在终端和移动管理（mobility management entity, MME）之间进行 IP 数据或非 IP 数据传输，由非接入承载提供安全机制；用户面优化传输方案仍使用数据承载进行传输，但要求空闲态终端存储接入承载的上下文信息，通过连接恢复过程快速重建无线连接和核心网连接来进行数据传输，简化了信令过程。

4.2.1　最小频移键控技术

NB-IoT 主要涉及的技术为最小频移键控（minimum shift keying，MSK）。MSK 是一种改变波载频率来传输信息的调制技术，即特殊的连续相位频移键控（CPFSK）[22]。其最大频移为比特速率的 1/4，即 MSK 是调制系数为 0.5 的连续相位的 FSK。与偏移四相相移键控（OQPSK）类似，MSK 同样可以将正交路基带信号相对于同相路基带信号延时符号间隔的一半，从而消除已调信号中 180°相位突变的现象。与 OQPSK 不同的是，MSK 采用正弦脉冲代替了 OQPSK 基带信号的矩形波形，因此得到了恒定包络的调制信号，这样有助于减少非线性失真带来的解调问题。

MSK 属于恒包络数字调制技术。其功率谱性能好，具有较强的抗噪声干扰能力。在一个码元期间内，信号应包含 1/4 载波周期的整数倍，载波相位在一个码元期间内可以进行准确的线性变化，在码元转换时刻信号的相位是连续的，或者说，信号波形没有突变，该信号的特点有利于调制数据穿越编码器，减少非线性畸变。现代数字调制技术的研究主要围绕充分节省频谱和高效率利用可用频带而展开。随着通信容量的迅速增加，射频频谱非常拥挤，这就要求必须控制射频输出信号的频谱。但是，由于现代通信系统中非线性器件的存在，引入了频谱扩展，抵消了发送端中频或基带滤波器对减小带外衰减所做的贡献。这是因为器件的非线性具有幅相转换（AM/PM）效应，可使已经滤除的带外分量几乎又被恢复。为了适应这类信道的特点，必须设法寻找一些新的调制方式，要求它所产生的已调信号经过发端带限后，虽然仍旧通过非线性器件，但非线性器件的输出信号只产生很小的频谱扩展。

与其他形式的 FSK 相比，MSK 具有一系列优点，如传输带宽小，有

$$B_{\mathrm{MSK}} = 2R_{\mathrm{b}} + 0.5R_{\mathrm{b}} = 2.5R_{\mathrm{b}} \tag{4-3}$$

式中，B_{MSK} 为 MSK 的传输带宽；R_{b} 为比特率。

MSK 的相位表达式为

$$\phi(t,a) = \frac{1}{2}\pi\sum_{r=1}^{\infty} a_r + \pi a_n q(t - nT) \tag{4-4}$$

式中，t 为时间；a 为幅度。其中

$$q(t) = \begin{cases} 0, & t < 0 \\ \dfrac{t}{2T}, & 0 \leqslant t \leqslant T \\ \dfrac{1}{2}, & t > T \end{cases} \tag{4-5}$$

调制信号的表达式为

$$s(t) = A\cos\left[2\pi\left(f_{\mathrm{c}} + \frac{1}{4T}a_n\right)t - \frac{1}{2}n\pi a_n + \theta_n\right] \tag{4-6}$$

式中，A 为振幅；f_c 为中心频率；θ_n 为角度。

从式(4-6)可以看出，在一个码元时间内，二进制 CPFSK 信号可以写成一个余弦信号。在调频信号中，如果码元间隔为 T，则调制该码元信号的两个正交信号的最小频率间隔为 $1/2T$。这就是 h=0.5 的二进制 CPFSK 称为 MSK 的原因。

MSK 信号的调制框图如图 4-21 所示。

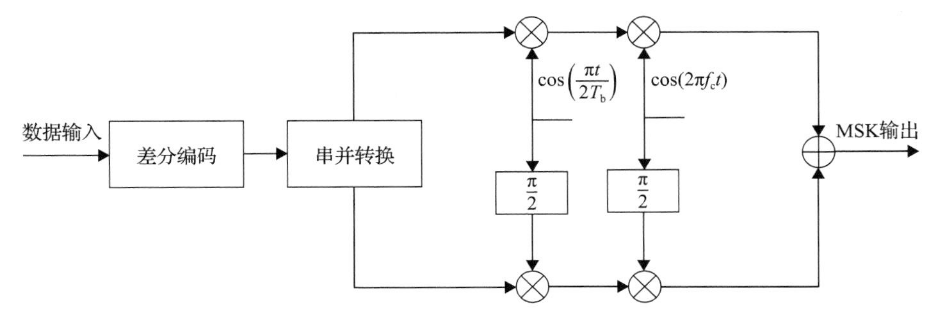

图 4-21　MSK 信号的调制框图

MSK 信号的解调框图如图 4-22 所示。

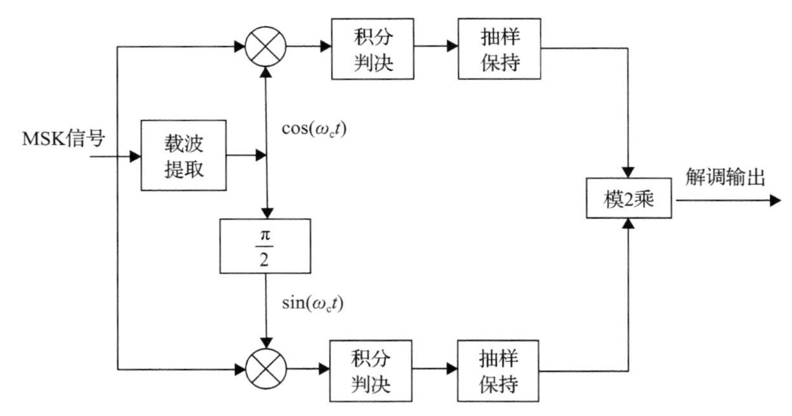

图 4-22　MSK 信号的解调框图

ω_c 为周期

此外，在样机研制过程中，在 MSK 信号调制之前加入了一个高斯预调制滤波器，起到了减少带外辐射、旁瓣衰减更快、占用带宽更窄的效果，因此样机更适合信道环境恶劣且带宽资源有限的通信场景。

4.2.2　窄带多层次自组网设备

窄带多层次自组网的节点模组研制主要从硬件设计和软件设计两个方面开展相关工作。

1. 硬件设计

窄带多层次大规模自组网的节点模组的功能框图如图 4-23 所示。

硬件主要包括 RF MESH 模块及其功能运行所需外围电路。外围电路主要有：多电源支持单元(12V 电源、USB 5V 电源)、应用数据接口单元、天线匹配单元。整体模块设计符合国家电网公司相关结构尺寸规范的要求。

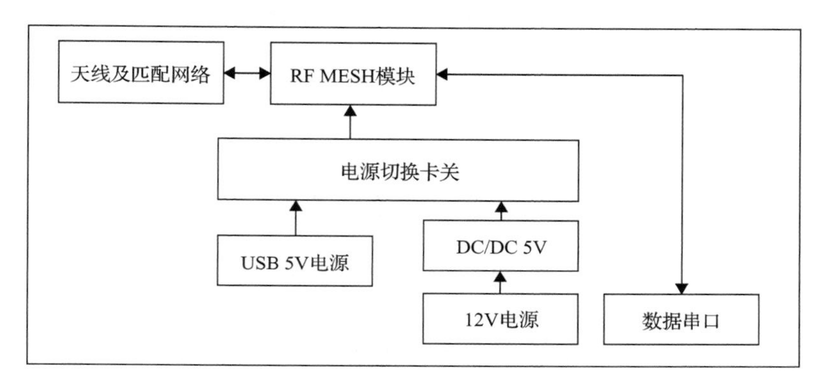

图 4-23　窄带多层次大规模自组网的节点模组的功能框图

窄带多层次大规模自组网基于 IPv6 的 RF 通信，采用网状网(MESH)组网的方式，组成多级树型网络拓扑，网络结构如图 4-24 所示。

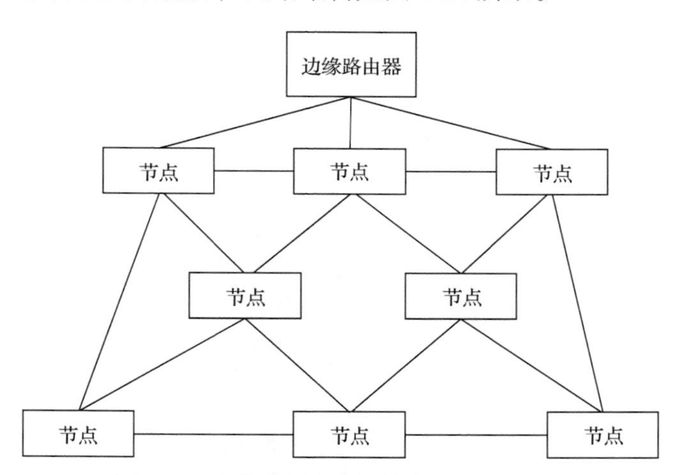

图 4-24　窄带多层次大规模自组网网络结构

其中主要包含两种类型的节点，边缘路由器节点(board router, BR)和普通节点(node)。边缘路由器节点连接本地窄带多层次网络和外界网络。普通节点即终端通信节点，也可作为本地路由节点转发其他节点的数据。

2. 软件设计

窄带多层次大规模自组网协议栈架构如图 4-25 所示，介绍如下。

此设计实现了基于增强的 IEEE 802.15.4 物理层和链路层及适合 IPv6 网络层协议的窄带多层次大规模自组网模组的制备,完成了支持 1000 个节点的大规模自组网技术研究和样机开发。该模组适合广域物联网等传输条件较差的网络环境并能够大规模、高效率且低功耗地组网。图 4-26 为窄带多层次大规模自组网模组及控制板实物照片。

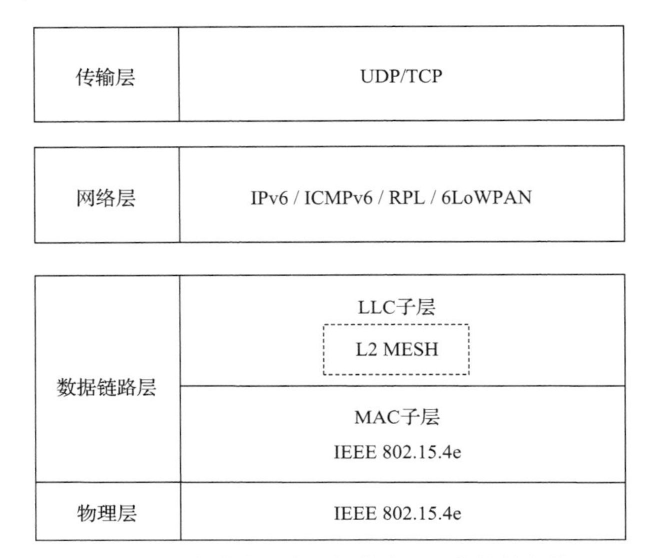

图 4-25　窄带多层次大规模自组网协议栈架构

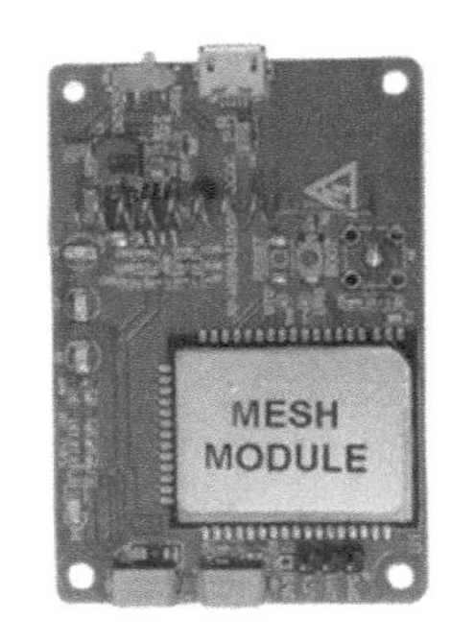

图 4-26　窄带多层次大规模自组网模组及控制板实物照片

窄带多层次大规模自组网技术在应急通信网方面也有很大的优势，主要有以下几方面。

(1)全区域覆盖。窄带自组网通过节点之间的无中心自动组织联网可以实现全省范围内联网覆盖，而针对郊区、野外、林区、地下室等通信盲区能够以快速部署模式覆盖，以任意突发事件地点为中心，实现现场100%即时通信覆盖。该技术不仅提供了稳定的跨区域长距离通信，还能够与事发地点进行临时局域语音通信。同时，具有建设成本低、覆盖率高的特点。

(2) 防灾抗毁。单频自组网通过节点之间的无线互联成网，相较于传统的常规网络，具有很强的生存能力且无中心网络拓扑结构也相对更为稳定，出现故障或遇到特殊情况都不可能彻底中断。

(3) 快速部署。窄带自组网提供的快速部署技术设备在任何不可预测的覆盖不良区域基本都做到了百分之百的通信覆盖，数分钟至数十分钟内即可在现场快速完成通信系统布设，起到支撑现场指挥通信工作并辅助决策的作用。

4.3　小　结

针对电力物联网对应急通信设备环境适应性的高要求，对通信系统稳定性可靠性的迫切需求，本章介绍了无中心自组网高效通信技术。针对复杂场景下对通信设备的环境适应性越来越高的需求，无中心组网技术极大地提高了应急通信系统的可靠性、稳定性和环境适应性。

首先，本章介绍了宽带高可靠超多跳自组网技术及窄带多层次大规模自组网技术的技术原理、体系架构、技术现状和研究热点，提出基于时分复用的跨层信息调度技术和超多跳可靠传输技术，通过跨层 MAC 调度技术、空分复用的无线资源调度技术、定制化帧结构和综合抗干扰技术的应用，解决了传统宽带自组网技术跳数不足、传输性能受限问题；介绍了中国电力科学研究院有限公司自主研制的宽带超多跳自组网设备，并从硬件设计、软件设计和样机研制三个方面描述宽带超多跳自组网设备的研制过程。

然后，本章介绍了窄带多层次大规模自组网技术，采用最小频移键控技术得到了恒定包络的调制信号，减少了非线性失真带来的解调问题；通过分布式的自主计算实现了无线资源的合理分配，提高了数据传输的可靠性。此外，本章还介绍了自主研制的窄带多层次自组网设备，从硬件设计和软件设计两方面描述了设备的研发和设计理念，样机研制中在信号调制之前加入了一个高斯预调制滤波器，起到了减少带外辐射、旁瓣衰减更快、占用带宽更窄的效果，因此本样机更适合信道环境恶劣、带宽资源有限的通信场景，实现了应急通信全域覆盖和快速部署。

参 考 文 献

[1] Lei H J, Gao C, Guo Y C, et al. Survey of multi-channel MAC protocols for IEEE 802.11-based wireless Mesh networks[J]. Post and Telecommunications, 2011, 18(2): 12.

[2] 周莲英. 超宽带无线自组网若干关键技术研究[D]. 南京: 南京理工大学, 2023.
[3] 陈林星, 曾曦, 曹毅. 移动 Ad Hoc 网络: 自组织分组无线网络技术[M]. 北京: 电子工业出版社, 2012.
[4] 林威. 宽带自组网技术现状和发展趋势研究[J]. 计算机应用文摘, 2022, 38(20): 92-95.
[5] Dang M N D, Nguyen V, Le T H, et al. An efficient multi-channel MAC protocol for wireless ad hoc networks[J]. Ad Hoc Networks, 2016, 44(2): 46-57.
[6] 潘高峰, 冯全源. 多跳超宽带无线传感器网络的能耗与网络容量分析[J]. 铁道学报, 2010, 32(6): 6.
[7] Hwang R, Wang Y, Wu C, et al. A novel efficient power-saving MAC protocol for multi-hop MANETs[J]. International Journal of Communication Systems, 2013, 26: 34-55.
[8] Chelliah P, Pappanatarajan. Hybrid ET-MAC protocol design for energy efficiency and low latency-cross layer approach[J]. Asian Journal of Information Technology, 2016, 15: 4450-4463.
[9] Lu M, Zhou B, Bu Z. Compressed network in network models for traffic classification[C]//IEEE Wireless Communications and Networking Conference, Nanjing, 2021.
[10] 沈建飞. 基于信道统计的数据链频谱感知和自适应变速技术[J]. 现代导航, 2018, 9(6): 7.
[11] Lu Y. Distributed and channel-adaptive spectrum detection, sensing, and access for rational cognitive radio users[D]. Raleigh: North Carolina State University, 2016.
[12] Miguel L, Ahmed A, Patel D K. Estimation of primary channel activity statistics in cognitive radio based on periodic spectrum sensing observations[J] . IEEE Transactions on Wireless Communications, 2019, 18(2): 983-996.
[13] Liao H, Zhou Z, Zhao X, et al. Learning-based queue-aware task offloading and resource allocation for space-air-ground-integrated power IoT[J]. IEEE Internet of Things Journal, 2021, (8-7): 5250-5263.
[14] 陈曦, 张大龙, 于宏毅, 等. 基于 UWB 技术的无线自组织网络研究综述[J]. 电讯技术, 2004, 44(1): 4.
[15] Liao H J, Zhou Z Y, Wang Z. Blockchain and learning-based computation offloading in space-assisted power IoT[C]//IEEE CAMAD Conference, Porto, 2021.
[16] Zhou B X, Gao D Q, Yan L C, et al. Research on key technologies for fault knowledge acquisition of power communication equipment[J]. Procedia Computer Science, 2021, 183: 479-485.
[17] Wang C, Zhang S. Design of a high-efficiency grating coupler with flat-top-like output[J]. Journal of Optical Technology, 2021, (11): 88.
[18] Zhang K, Zhou B, Bu Z. Asymmetric full-duplex MAC protocol utilizing the divergence feature of OAM beams [C]//2021 IEEE 94th Vehicular Technology Conference, 2021.
[19] Lu M, Zhou B, Bu Z, et al. Compressed network in network models for traffic classification[C]//WCNC 2021, Nanjing, 2021.
[20] 赵阳. 基于并行采样的 SDR 射频直采结构研究[D]. 哈尔滨: 哈尔滨工程大学, 2015.
[21] 王永斌, 张忠平. 低功率、大连接广域物联网接入技术及部署策略[J]. 信息通信技术, 2017, 11(1): 7.
[22] 丁阳, 韦志棉. 高斯最小频移键控的实现方法研究和仿真[J]. 无线电工程, 2006, 36(3): 3.

第 5 章 电力物联网平台的接入与存储

电力物联网规模的扩大对电力物联网管理平台提出了更高的要求。一方面，电力物联网中的物联设备数量众多，并且边缘计算能力有限，仅依靠设备自身的计算能力无法支撑电力物联网中复杂多样的应用需求，需要将物联设备的状态反馈到云端，并依赖其强大的计算和存储能力对电力边缘物联设备下达控制指令，因此如何实现大量物联设备接入电力物联网平台是亟须解决的一个难题；另一方面，大量的智能应用需要基于物联设备上传的传感数据进行智能分析，然而电力物联网具有覆盖范围广的特性，这使得电力物联数据不仅量大，还呈现出跨专业、异构、多源的特点，需要对其进行汇总和预处理才能供智能应用进行调用，因此如何实现海量电力物联数据的存储、分析是电力物联网平台亟须解决的问题[1]。

针对电力物联设备接入的问题，首先要解决的问题是电力物联设备在电力物联管理平台中要如何表示，如何进行控制。对于物联设备表示的问题，通常采用电力终端物联模型(简称物模型)来数字化表示电力物联网中的各类物联终端设备，电力终端物联模型中包括设备概况和状态(设备属性)、设备采集和执行产生的事件信息(设备消息)、设备为外部提供的功能接口(设备服务)、通过采用统一的标准定义不同类型设备的物模型，可支撑云平台发现、识别、管理的各类物联设备。针对设备控制的问题，需要在设备与平台之间建立通信连接，通信连接主要依赖各类通信协议，如 CoAP、MQTT 等通用物联网通信协议，并根据通信传输层、设备性能、应用场景等的不同特点，按需灵活选用合适的物联网通信协议接入[2]。

在电力物联网“云”完成与设备接入后，大量数据涌入平台，此时数据的查询、处理能力成为电力物联网“云”是否能够支撑好智能应用的关键。面对海量数据处理的需求，衍生出了联机事务处理(on-line transaction processing，OLTP)和联机分析处理(on-line analytical processing，OLAP)两种数据处理模式。联机事务处理主要包括数据的增、删、改、查等基础数据操作，数据库这类被大家熟知的基础软件主要提供联机事务处理功能，其中用于处理表格数据、执行 SQL 语言的称为关系型数据库，包括 MySQL、Oracle 等，关系型数据库可按照智能应用提供的需求以表格形式提供部分原始数据。联机分析处理主要包括数据的统计分析和计算分析的相关操作，侧重于为智能应用提供数据分析结果，近年来出现的

Hadoop MapReduce 等大数据产品就是主要用于处理数据分析任务的，称为数据仓库系统。电力物联平台通常会集成数据库和数据仓库系统为上层的智能应用提供数据处理、分析服务。

总的来说，上述技术虽然已经能够解决小规模的物联设备接入和传统的大数据处理、分析问题，但无法满足电力物联网平台海量异构设备的接入和数据处理，具体原因有以下几点。

(1) 电力物联网中传感设备的种类多。例如，仅在输电场景中，就有节点设备、杆塔倾斜传感器、温度传感器、动态增容传感器等 10 种以上的传感设备，每种传感设备的模型和通信协议都不相同，难以进行统一管理和控制。

(2) 电力物联网中物联设备的数量大，并且与电力物联网平台通信的频率高，所以传统的接入方法无法在短时间内承担如此多的设备通信，使其平台响应速度极慢甚至崩溃，无法支撑电力物联网的相关应用。

(3) 电力物联网数据海量多样，电力物联网中的物联设备多样使其传输的数据结构和类型也多种多样，而传统大数据处理方法仅擅长处理结构相近的关系型数据，无法处理异构数据类型。

因此，针对存在大量异构物联设备的电力物联网，要解决物联设备统一管理、数据传输的问题，需要研究高并发异构物联终端接入管控技术。一方面，面对异构设备的问题需要构建一种柔性、可编程的设备管理方法，这类技术为软件定义的终端接入管理技术，软件定义是在物理资源虚拟化的基础上，通过管理任务编程实现灵活、多样和定制的系统功能，从而实现电力物联管理软件对物理硬件设施与系统的赋值、赋能和赋智；另一方面，面对海量设备并发通信的问题，需要对设备何时通信进行调度，避免通信通道的拥堵问题，这类技术为分布式高并发通信技术，该技术采用负载均衡的理念，负载均衡是一种利用算法对计算资源合理分配的方法，通过分配计算资源及时处理数据，避免因资源分配不合理造成数据拥塞、计算资源浪费、终端无法响应等问题。

针对存在大量异构物联设备的电力物联网，要解决平台中异构物联数据的处理、分析问题。一方面，可以利用与电力网络结构更相近的图数据相关技术实现对异构数据的处理、分析，图数据库是基于图模型的 NoSQL 数据库，相比于传统大数据分析中采用的关系型数据库，图数据库是真正注重“关系”的数据库。图基于事物关联关系的模型表达，具有天然的解释性，因此图数据库与图处理引擎集成的图系统具有的强大的图存储和分析能力能够真正实现对电力物联网中海量异构数据的处理。另一方面，采用数据融合和数据服务的相关技术实现异构数据处理和共享，数据融合本质上就是利用各类机器学习算法，对数据特征进行提取，在电力系统智能运维中已有广泛应用，而电力物联数据共享服务是具有对底层数据源操作和信息处理的功能模块，而智能应用不必对底层异构数据源直接进行访问，只是返回相关请求访问数据的虚拟视图。从数据源的角度来说，电力物联数据服务对于智能应用有唯一性和排他性，极大地增强了电力物联数据共享的安全性。

5.1　高并发异构物联终端接入管控技术

在电力物联网中，查询接入物联设备的状态、上传设备采集的数据，对物联设备下发控制命令，是电力物联管理平台的基础功能。随着电力物联网中设备的种类和数量不断增加，满足海量异构设备接入的需求，成为电力物联平台的技术瓶颈。针对以上问题，本节从软件定义的物联终端管控技术、分布式高并发通信技术两方面，探讨解决海量异构终端接入管理问题的可行方案。

5.1.1　软件定义的物联终端管控技术

软件定义技术是一种引领现代信息技术发展的重要方式，其核心理念是将硬件的功能通过软件的方式实现，使设备的功能更加灵活，能够更好地满足用户的需要。软件定义技术在许多领域都有广泛应用，如软件定义网络(SDN)、软件定义存储(SDS)、软件定义数据中心(SDDC)等。电力物联网中存在海量异构的物联设备，通常需要配置各类烦琐的前置文件实现对不同设备的管控。采用软件定义的理念，将其应用于电力物联网中，可以像使用软件一样，通过简单的点击等操作调用设备功能，大幅降低了电力物联终端设备接入和数据上传的难度。本小节介绍的软件定义的物联终端管控技术包括软件定义数据采集管理、软件定义下行语义控制技术与软件定义消息路由技术。

1. 软件定义数据采集管理

软件定义数据采集管理技术是通过软件定义的方式，对电力物联网设备的采集行为进行管理和控制，并且支持对采集规则和策略的灵活配置和修改。软件定义数据采集管理通过虚拟化和应用编程接口分离出硬件设备中的可编程部分，通过软件编程语言代替原来的硬件接口物理调控方式，实现硬件资源的按需分配[3]。具体而言，软件定义技术将原来高度耦合的一体化硬件，通过标准化、虚拟化解耦成不同的部件，将这些基础硬件建立成一个虚拟化的软件层，并为虚拟化的软件层提供应用编程接口，暴露硬件的可操控部分，实现原来硬件提供的功能。进一步地，再通过管控软件，自动进行硬件系统的部署、优化和管理，提供开放、灵活、智能的管控服务[4,5]。整体技术路线分为边缘侧和平台侧两部分，如图 5-1

所示。

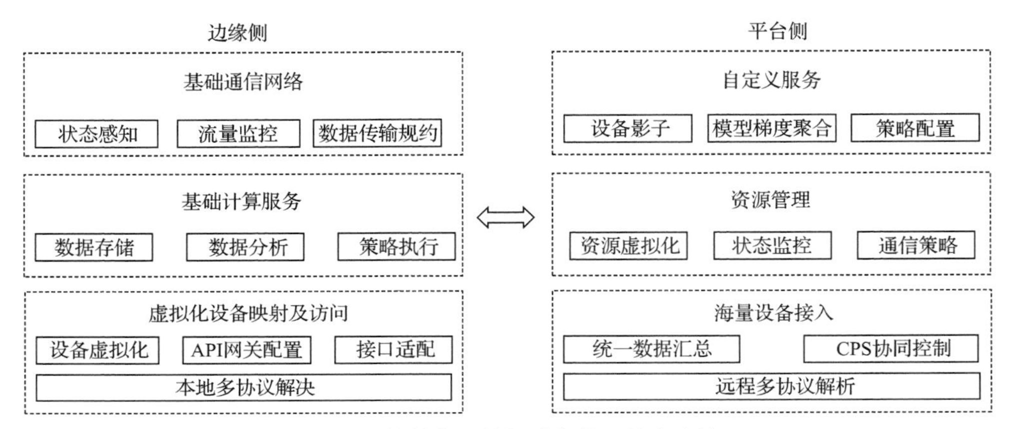

图 5-1　软件定义数据采集管理技术路线

CPS 即信息物理系统（cyber physical system）

在边缘侧接入大量不同种类的电力物联终端设备，终端设备通过预设参数进行自身 API 网关配置，根据实际需要调整接口的适配方式，配置完成后上行反馈设备的物理状态信息，进而实现设备的数字化映射。大量异构终端通过边缘侧通信网络加以管理，通信网络基于数据传输规约对参与节点进行可信度辨识，按需分配通信资源，以保证网络通信安全。在边缘侧部署多协议解析模块，使其具备电力领域端边连接协议解析的功能，平台侧用户通过自定义编程的方式按需构造服务，从而实现管理与控制等功能。海量边缘侧设备通过远程通信网络接入平台侧，平台侧进行统一的数据汇总，并通过电力信息物理融合软件进行协同控制，向边缘侧下发控制策略。在此基础上，用户可以自主定制相关服务，包括设备影子服务、模型梯度聚合、策略配置等。其中，设备影子相当于终端设备的数字化映射，通过设备影子缓存设备的关键状态、配置信息等数据，按照既定规则进行信息更新，并为这些信息打上时间戳，这样当应用程序需要调用终端设备中的数据时，可以先从设备影子服务中查找，避免对终端设备的直接访问，这样既可以缓解网络通信的压力，也能够通过设备影子服务对关键数据进行统一管控，从而提高了数据的安全性和可靠性。

2. 软件定义下行语义控制

下行语义控制是指云端下发指令对设备进行控制操作的过程。在电力物联网应用中，各种电力设备(如智能电表、变压器等)接收电力物联管理平台的指令，以执行相应操作，如调整输出功率、切换运行模式等，这些指令的优先级和执行的时间要求是不同的。通过软件定义的下行语义控制技术，管理平台能够理解每条指令的含义和优先级，从而优化指令的发送顺序和时间，确保重要和紧急的指令优先发送并执行。为了实现统一下行语义控制，需要构建软件定义终端代理。软件定义终端代理是一种在物联网设备上运行的特殊软件，用于帮助这些设备更好地与网络和管理系统交互，如图 5-2 所示。

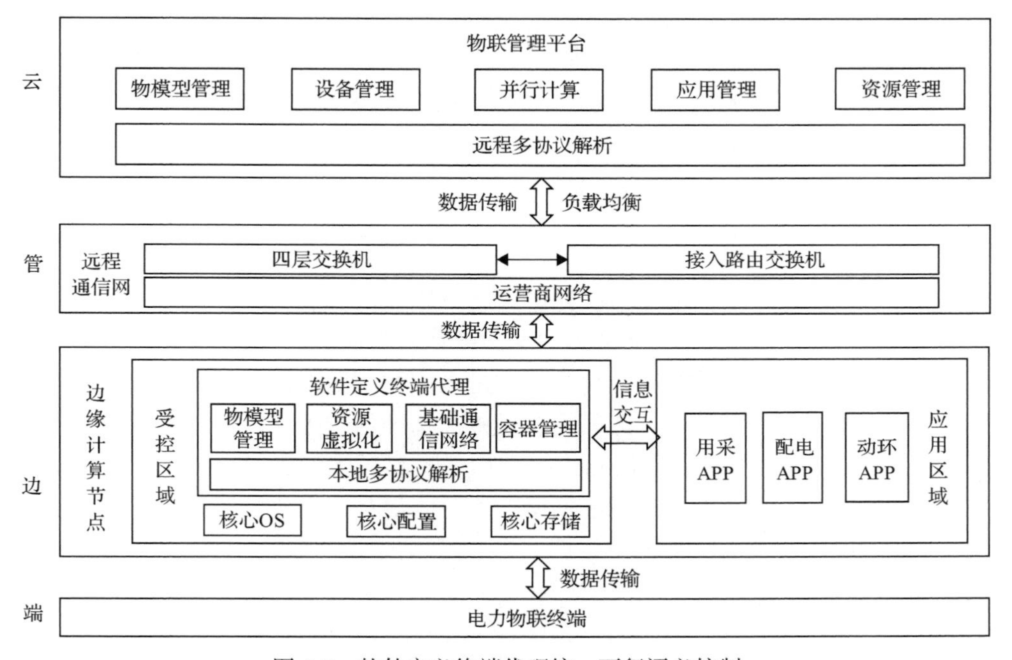

图 5-2　软件定义终端代理统一下行语义控制

软件定义终端代理由本地多协议解析、物模型管理、资源虚拟化、基础通信网络、容器管理等模块组成，通过将硬件资源进行虚拟化映射、调度、编排和管理，以软件定义的方式，实现终端侧硬件资源与软件应用的深度解耦，在不必进行硬件变更的情况下满足电力领域不断变化的应用需求。其中，本地多协议解析模块的作用是与电力终端设备连接，具备 DL/T645、DL/T634.5104/5101、MQTT、CoAP、Modbus 等电力领域端边连接协议解析的功能，能够使边缘计算节点以统一的方式与不同电力终端相连。边缘计算节点从存储角度分为受控区域与应用区域两部分，软件定义终端代理部署在受控区域中，另外系统核心 OS、核心配置、核心存储等资源也在受控区域中存储，这些资源必须通过软件定义终端代理才能访问。

软件定义终端代理利用虚拟化和应用编程接口等技术对终端设备进行管控，通过代理能够访问终端设备的受控区域，也能够通过代理访问应用区域。应用区域若要访问受控区域数据，需要先向终端代理发出调用请求，代理对请求进行判断，如果符合规则，代理访问受控区域并读取相应信息，再由代理将数据发送到相应的应用程序中；如果不符合规则，则直接向提出申请的应用程序返回报错信息。在这个过程中，应用程序只能读取信息，但无法进行写入或修改操作。用户通过物联管理平台调用受控区域数据，需要先向终端代理发出调用请求，代理对请求进行判断，如果符合规则，代理访问受控区域读取或写入相应信息，再由代理将数据或写入情况发送回电力物联管理平台；如果不符合规则，则直接向电力物联管理平台返回报错信息。在这个过程中，通过物联管理平台既可以访问管控区域中的数据，又可以在管控区域中写入或修改相关配置信息。

3. 软件定义消息路由

软件定义消息路由技术是一种先进的通信技术，可以动态选择网络中的路由，并能够根据网络的实时状况(如网络拥塞、链路故障等)选择最佳的路由路径，提高了网络的效率和可靠性。路由优化问题是电力物联网连接管理中的重点研究领域，通过构建智能路由算法，为网络提供更加精细化的服务策略，进而提升电力物联网终端接入能力[6]。传统的路由协议如最短路径优先协议，考虑了拓扑结构计算的路由最短路径，但因未考虑网络的实时流量状态，故可能会造成某些链路承担过度的网络负载而降低网络性能，造成网络拥塞和资源浪费[7]。在真实的网络环境中，链路状态随着网络流量的变化而变化，而传统路由算法缺乏灵活性，难以根据链路状态对路由策略进行调整，因此越来越多的智能路由算法被提出。图神经网络(graph neural networks, GNN)是一种能够有效处理不规则拓扑信息的神经网络结构，常用于对网络节点的抽象建模[8]。但 GNN 在处理数据的时序特征时具有一定的局限性，也无法快速适应新的网络结构，在算法性能上，仍具有较大的改进空间[9]。

解决电力物联网中消息路由问题的步骤可以分解为：首先对电力物联网全局的网络状态(包括带宽、时延等)进行预测，然后基于预测结果再查找最合理的消息传递线路。这里，采用一种基于图卷积神经网络(graph convolutional network, GCN)结合长短期记忆网络(long short-term memory, LSTM)并融合模型的自适应智能路由算法解决电力物联网的网络状态预测问题，其中 GCN 对网络结构和节点特征具有更好的表征能力，可实现全局网络状态的感知，LSTM 能提取各个节点的时序特征[10]，大幅提高对电力物联网中每个节点网络状态的预测精度。如图 5-3 所示，该算法主要包含两个部分，首先是网络状态智能感知部分，该部分以软件定义网络环境提供的网络状态信息作为输入，通过 GCN-LSTM 融合模型对网络状态信息进行处理，并预测下一时刻的网络延迟信息，再通过全连接层映射平均延迟最小的最优路径。然后是消息路由求解部分，该部分基于深度强化学习(deep reinforcement learning, DRL)框架来训练网络状态智能感知部分的算法模型，使模型能快速适应新的网络拓扑和流量变化，进而增强算法模型的泛化性。

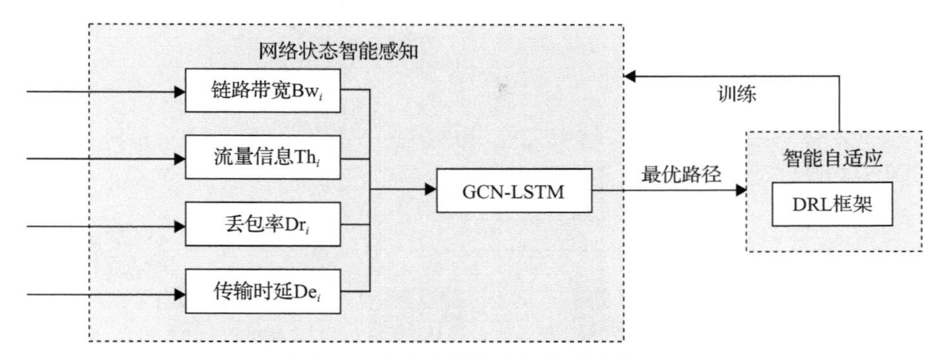

图 5-3　电力物联消息智能路由算法

GCN-LSTM 的融合模型主要用于提取电力物联网网络节点的时间和空间特征，精准预测下一时刻网络的延迟信息，再通过全连接层建立预测结果与最优路径的映射关系。该模型采用 Encoder-Decoder 结构，编码器采用多个并行的 GCN 模块提取电力物联网各个连接节点的链路带宽、流量信息、丢包率、传输时延的特征，并将提取的链路带宽、流量信息、丢包率、传输时延等特征信息传递给 LSTM 模型，再通过 LSTM 对链路带宽、流量信息、丢包率、传输时延提取时间特征。最后，将结果发送至解码器，在解码器中通过全连接层对预测数据进一步处理，输出时延最小的最优路径。

深度强化学习智能自适应主要通过 DRL 框架来训练电力物联网网络状态智能感知部分的算法模型，使其能够快速适应网络拓扑和网络流量的变化。在这一阶段，GCN-LSTM 融合模型的目标是最大化期望回报和最小化电力物联网中数据包传输时延。首先，基于马尔可夫决策过程对电力物联网网络路由算法进行建模，算法的主要交互元素定义为三元组，分别表示 t 时刻的环境信息、输出动作和奖励值。为了保证网络的稳定性，避免模型在训练阶段无法正常工作而导致大量丢包的现象，这里设计了一种现实网络和训练网络并行的双重网络结构，两种网络结构具有相同的参数权值。

5.1.2　分布式高并发通信技术

在电力物联网中，每一个物联设备与电力物联平台要保持通信状态都需要占用一定的通信带宽和计算资源，因为电力物联平台的通信带宽和计算资源是有限的，所以电力物联网平台无法承受每一个物联设备每时每刻与平台保持通信，也就是无法长时间与所有物联设备维持高并发状态。而分布式异步方法通过错峰通信的方式，在一段时间内能够实现每一个物联设备都与平台进行一次通信传输，从而减少了通信带宽和计算资源的消耗。本节对分布式高并发通信技术进行阐述，具体介绍分布式全异步架构设计、高并发通信技术和多协议解析技术三方面内容。

1. 分布式全异步架构设计

采用分布式全异步架构实现电力物联网海量异构终端的连接管理的应用架构图如图 5-4 所示。

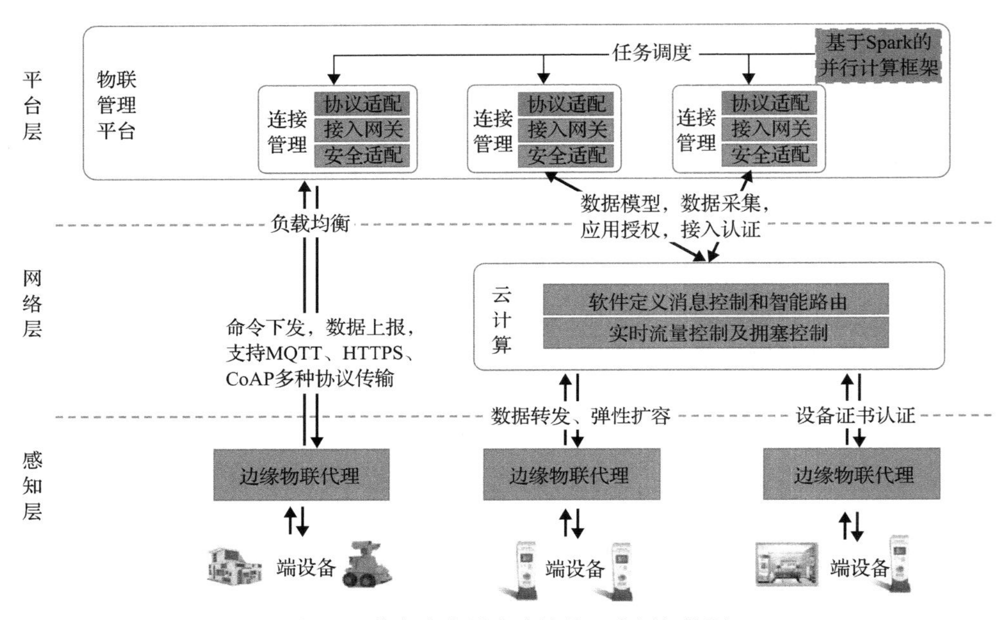

图 5-4　分布式全异步连接管理应用架构图

(1)感知层应用实时流量控制和拥塞控制算法技术，降低了可靠传输和并行连接发生大规模网络拥塞造成的电力信息流丢失和时延过大等问题的可能性，保证了边-云数据链路通畅，设备上送数据稳定。

(2)网络层应用软件定义消息控制和智能路由技术，通过构建智能路由算法，为网络提供了更加精细化的服务策略，提升了电力物联网终端的接入能力和电力物联平台与云端的交互能力。

(3)平台层应用负载均衡技术和多协议解析技术，在设备上送数据发送到系统时，可以将请求均匀分发到多个节点上，使系统中的每个节点能够均匀处理请求负载，提高电网资源利用效率和电网调度能力，实现对电力生产现场、运行、控制数据的全面在线采集。同时，多协议解析模块支持无线、有线等多种网络连接方式的设备接入，实现了各种类型终端设备的快速统一接入、动态管理及维护，支撑海量设备多协议适配。

2. 高并发通信技术

电力物联网中存在数亿级终端设备，即使分批次上传数据，在高峰时段也将达到千万级以上的并发量。高并发接入技术基于负载均衡、流量优化等策略，实现了网络链路的最优选择及对云端资源的高效平衡利用。负载均衡是高并发、高可用系统必不可少的关键组件，其目标是尽力将网络流量平均分发到多个服务器上，以提高系统整体的响应速度和可用性。为了应对数据的指数级增长和高并发访问，大型数据中心都需要部署负载均衡模块，以处理来自外部或内部的巨大工作负载，提高资源利用率。

物联管理平台负载均衡策略通常是在接入服务器中部署负载均衡软件，如高性能超文本传输协议（hypertext transfer protocol，HTTP）和反向代理 Web 服务器，以此实现应用层的负载均衡。这种方式能够解决十万至百万量级的并发访问需求，但难以支撑千万级以上的高并发接入需求，无法满足电力物联网中日益快速增长的电力物联设备高并发接入需求。基于现有的电力物联体系架构，需要在电力物联平台侧进行改进，主要包括三部分：①在平台侧原核心交换机位置以旁路部署的方式增加部署四层（传输层）交换机（硬负载均衡器），从而大幅提升电力物联平台负载均衡的效率，通常采用部署两台及以上四层交换机，其中一台起备份作用；②在四层交换机之上构建软件定义接入代理，软件定义接入代理采用分布式系统架构，提供协议解析、内容解析、数据分发、七层（应用层）负载均衡等能力；③在软件定义接入代理之上部署多协议接入服务、多协议转换服务和 MQTT 接入服务，实现对电力物联网多种协议的统一处理。具体而言，四层交换机对外提供统一的 IP 访问地址，而电力物联网中的终端设备和边缘物联代理不需要了解电力物联平台中各服务器对应的真实 IP 地址。电力物联平台接收的外部数据流量均需经过四层交换机，四层交换机负责将电力物联终端设备和电力边缘物联代理的请求转发给电力物联平台中的服务器，电力终端设备和电力边缘物联代理与电力物联平台中的服务器之间建立 TCP 连接，在网络地址转换（network address translation，NAT）的方式下，当四层交换及设备调度访问请求时，先进行目的 IP 地址转换，再将访问请求转发给后端的每台前置接入服务器。因此，通过四层负载均衡可以统一接入电力物联终端设备和边缘物联代理设备，并将电力物联设备上行信息按照既定的负载均衡策略转发至软件定义的电力物联平台接入代理程序中。电力物联网中实现负载均衡的整体改进技术方案如图 5-5 所示。

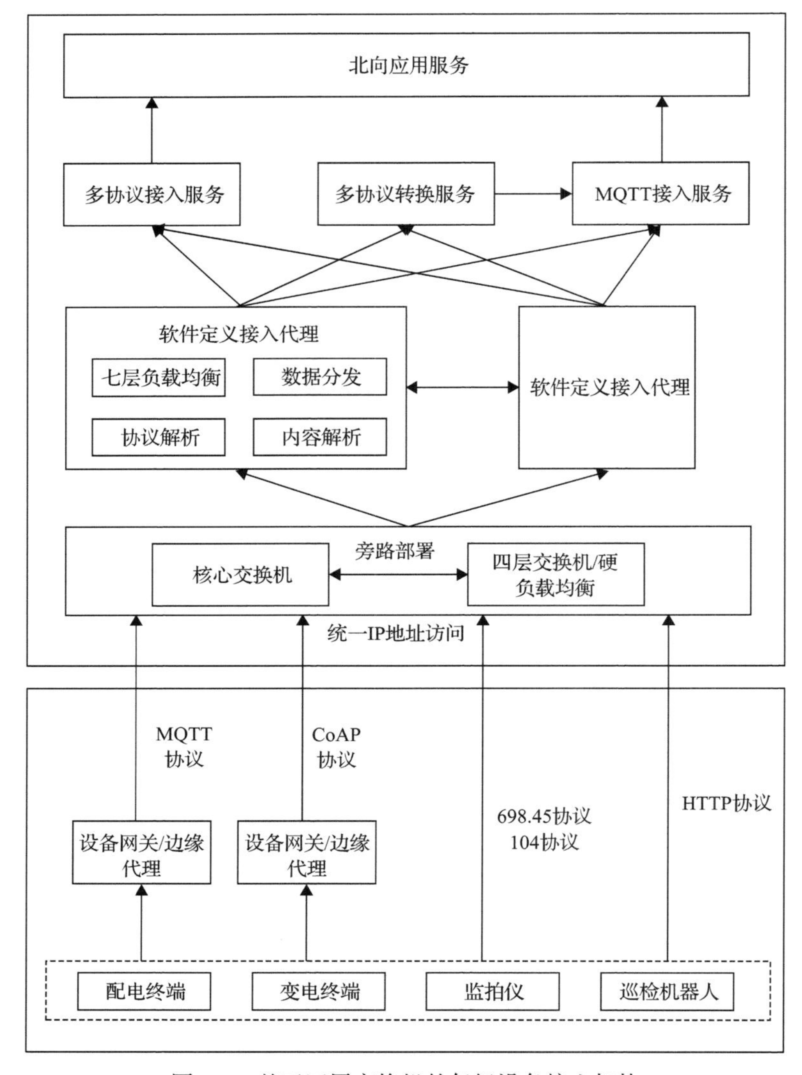

图 5-5　基于四层交换机的亿级设备接入架构

3. 多协议解析技术

为了实现异构设备接入电力物联网平台，并建立设备与云服务、用户及其他设备的无障碍通信，本章构建了一种支持异构协议设备接入的策略，即高性能多协议接入组件，这是面向海量异构电力物联网设备接入、协议处理、消息路由和数据桥接的企业级云端中间件产品。该产品可向海量物联终端提供 TCP 长连接承载、安全通信、设备认证、协议解析、会话管理等能力。图 5-6 为基于多种接入协议和通信协议的设备彼此接入物联网平台的方式。

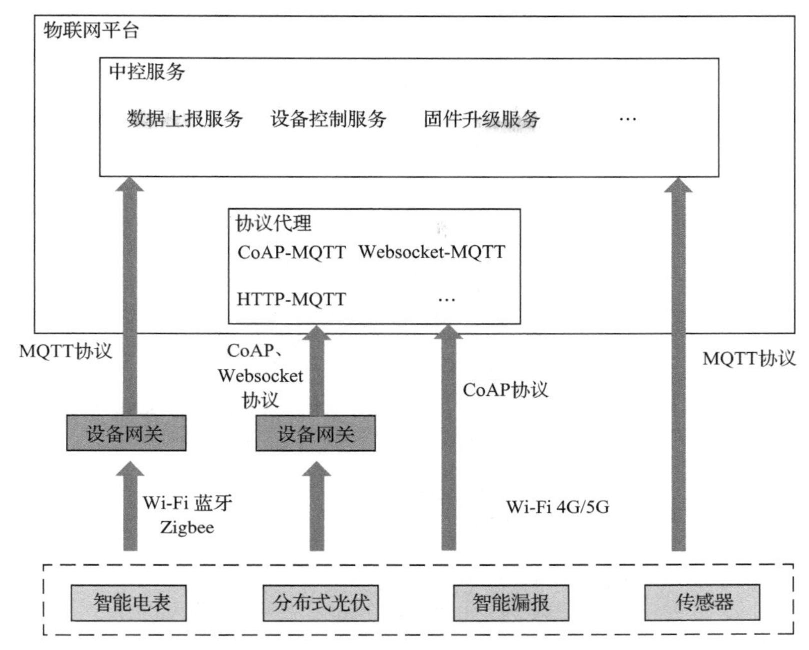

图 5-6　基于多种接入协议和通信协议的电力物联多协议接入策略

1) 多协议设备接入机制

为电力行业终端量身定做，在支持 MQTT、CoAP、HTTP 协议等物联网通用协议的同时，原生提供 698、104 等多种电力行业协议解析的能力，支持台区智能终端、能源路由器、能源控制器轻松上云；同时，连接管理组件基于 Erlang/OTP 平台，采用分布式集群架构的物联网 MQTT 消息服务，支持承载海量物联网终端的 MQTT 连接，采用插件式结构，支持协议解析、消息处理、消息过滤等功能扩展，在单服务器节点上具备 200 万终端并发连接的能力，在集群环境下具备千万级终端并发连接的能力，相比互联网公司的物联管理平台，该机制的硬件资源需求较低，性能指标更高，可提供高并发、低时延的连接管理能力。

2) 多协议设备通信机制

代理服务程序通过将消息转发给电力物联平台中的服务器实现了通信效率的提升，电力物联平台在接入层提供了众多代理服务，每种代理服务以微服务的形式部署在云端，以支持异构设备、网关与物联平台的直接通信。这种在云端部署多种代理服务的方式极大地增强了电力物联平台的可扩展性。协议代理服务提供聚合代理和镜像代理两种代理模式。如图 5-7 所示，在聚合代理模式下，协议代理服务通过一个统一的 MQTT 客户端与电力物联平台的 MQTT 服务进行通信，该 MQTT 客户端为其代理的所有子设备订阅和发布相关主题；而在镜像代理模式下，协议代理服务将每个子设备映射到单独的虚拟设备，每个虚拟设备即是一个 MQTT 客户端，聚合代理模式的代理服务只需要创建一个与 MQTT 服务通信的 MQTT 客户端。

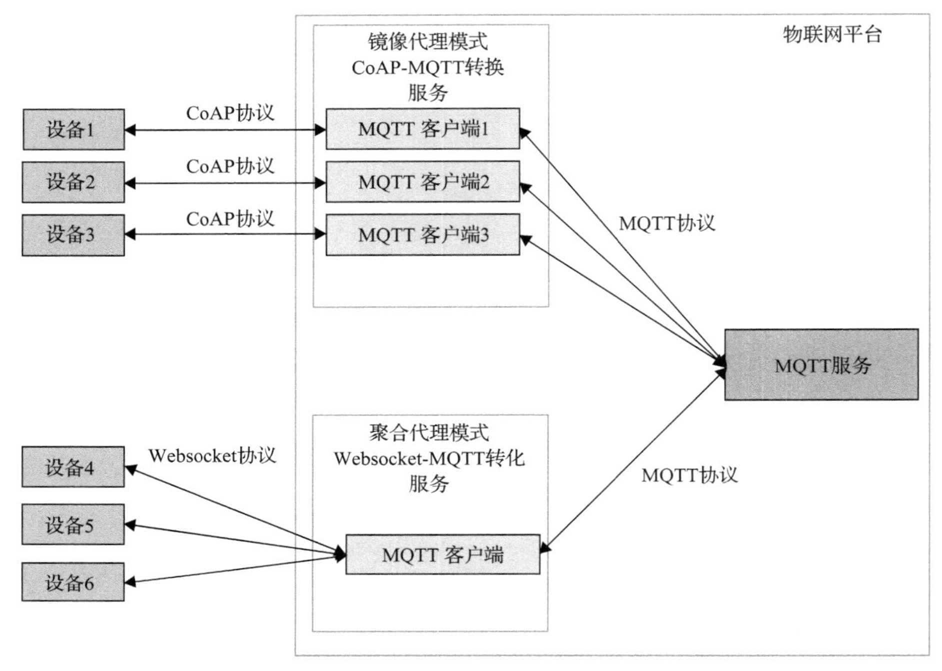

图 5-7　电力物联协议代理模式

4. 算例验证

基于分布式全异步架构、高并发通信、电力物联多协议解析技术构建电力物联网连接管理组件，支持并行处理电力物联设备并发接入、数据上报和设备连接状态监测，开展电力物联网连接管理组件在单台服务器和集群服务器部署情况下的性能测试，验证电力物联网连接管理组件是否满足单台百万级并行连接、集群千万级并行连接的性能。

经验证电力物联网连接管理组件在单节点下支持百万级并行连接，多节点下支持千万级并行连接，具体验证结果如表 5-1 所示。

表 5-1　电力物联网连接管理组件测试结果

接入模式	模拟情况	指标情况
单台服务	模拟 MQTT 协议客户端连接操作，客户端成功连接数量为 200 万	请求成功率 100%
	模拟 MQTT 协议客户端连接、发布和订阅操作，客户端基础连接数量为 180 万，MQTT 主题数量为 10 万，消息发布客户端连接数量为 10 万，发布吞吐量为每秒 5 万，消息订阅客户端连接数量为 10 万，订阅吞吐量为每秒 5 万	请求成功率 100%，系统稳定运行 8h

续表

接入模式	模拟情况	指标情况
单台服务	模拟 DL/T 698.45 协议客户端连接和心跳操作，客户端成功连接数量为 200 万	请求成功率为 100%，系统稳定运行 18.36h
集群模式(5台服务器)	MQTT 协议客户端连接操作，客户端成功连接数量为 1000 万	连接耗时为 50min，请求成功率 100%
	模拟 MQTT 协议客户端连接、发布和订阅操作，客户端基础连接数量为 900 万，MQTT 主题数量为 50 万，消息发布客户端成功连接数量为 50 万，消息发布吞吐量为每秒 25 万，Sub 订阅客户端成功连接数量为 50 万，消息订阅吞吐量为每秒 25 万	请求成功率 100%，系统稳定运行 8h
	模拟 DL/T 698.45 协议客户端连接和心跳操作，客户端成功连接数量为 1000 万	请求成功率 100%，系统稳定运行 22h

5.2　海量物联数据存储与分析技术

电力物联网各业务数据类型多、存储分散，孤岛效应明显[11,12]，因此对各业务数据之间的关联性进行分析是实现电力物联网海量数据分析的基础。在数据存储与管理方面，现有的电力大数据平台、数据中台等系统往往仅擅于处理结构相同的关系型数据和具有格式的非结构化数据，而电力物联网中不同专业产生的数据往往不具备相同的数据结构，使得传统大数据平台难以对这些海量多源数据进行有效管理[13]。在数据分析方面，现有主流基于混搭的分布式计算框架主要针对结构化数据，关联分析算法的种类和性能都不高[14,15]，无法满足电力物联网中多源数据关联分析需求。针对上述问题，本节利用属性图模型擅长对数据关联进行建模的特点，探索了基于属性图的电力图数据高性能存储技术、电力图计算分析技术。电力图数据高性能存储技术采用分布式图数据库和协同快照机制实现电力物联数据的高效存储与管理；电力图计算技术通过图算法数据进行计算和分析，挖掘海量电力物联数据价值，为电力物联应用提供可靠的数据分析结果。

5.2.1　电力图数据高性能存储技术

电力图数据高性存储是电力物联管理平台跨专业多源融合数据快速建模、获取、存取与计算的重要技术保证。为了能兼容当前主流图数据技术，电力图数据高性能存储技术采用业界广泛支持的图数据查询语言开发专用图数据库——TinkerPop Gremlin，同时提供支持图数据库语言——Cypher 的扩展接口服务。在数据支持方面，针对各类电力物联终端的关联表达、异构数据存储需求及跨专业设备台账、运行、采集数据多表关联的高效检索、遍历，需选择合适的数据模型。该存储技术与业界 Neo4J[16]、TigerGraph[17]等图数据库技术类似，但设计上具有本质不同，重点解决大规模图存储、计算痛点，实现兼备海量图数据实时读写与分析处理能力。

1. 电力图数据高性能存储服务

电力图数据与电力物联网业务系统使用的传统关系型数据在数据模型、存储架构、优化规则及获取方式等方面具有较大的区别。针对业务数据在存储和应用方面的技术差异，本节分别从电力图存储模式、电力图数据存储架构、资源及任务管理、电力图数据分割策略、分布式事务处理等五个方面进行介绍。

1) 电力图存储模式服务

电力图数据主要基于电力物联网各业务领域的关系型数据构建，具有明确的业务含义，适合采用结合强数据定义的属性图数据来表达。因此，电力图数据以原生分布式图模式存储，最大程度地发挥了原生属性图模型的免索引邻接优势。这使得图查询不会像非原生图或关系型数据那样因图规模变大而同比例或指数级变慢。同时，电力图存储模式采用与计算逻辑智能匹配的方式，其原理是数据尽量与高频调用的计算逻辑放在同一节点上，低频计算逻辑由相邻节点存储，既提升了系统吞吐性能，又实现了电力图数据“存储+计算”的一体化操作，并确保了底层技术上的完全自主可控。

2) 电力图数据存储架构服务

电力图数据采用完全去中心化的自组织存储架构，基于无共享架构，将各个电力图数据存储节点设计成平权节点，消除了电力物联网分布式数据存储存在的主节点单点失败问题。在底层数据一致性方面，电力图数据存储架构采用基于消息队列和与随机快照的数据备份协同机制，使得任何节点和过程都可以等效为一个虚拟的稳定的中间信息交互平台，以保证存储架构消息的一致性和最高一次送达能力。在数据备份方面，支持建立 N 个热备份，并结合合理的节点机架布局保证高容错能力。另外，为了满足电力图数据的多用户共享处理的需求，对数据快照的用途进行了横向扩展和最终一致性校验，从而满足了数据快照的多人协同共享服务需求。电力图数据库完全去中心化的自组织存储架构如图 5-8 所示。

3) 资源及任务管理服务

资源及任务管理依托集群资源分布式管理模块,统一管理和调度集群的 CPU、内存资源和数据存储等异构硬件资源。该模块以电力物联网技术中的台微服务方式提供集群节点资源和任务的注册及发布，可兼容 Windows 和 Linux 等多平台部署，支持任务的监控、转移和恢复。资源管理的核心为任务包调试模式，在模块内实例化资源池，使其中的计算任务被各个节点智能获取执行，充分发挥了去中心化自组织架构的优势，实现了最优化、无瓶颈、高容错的调度分布式资源。任

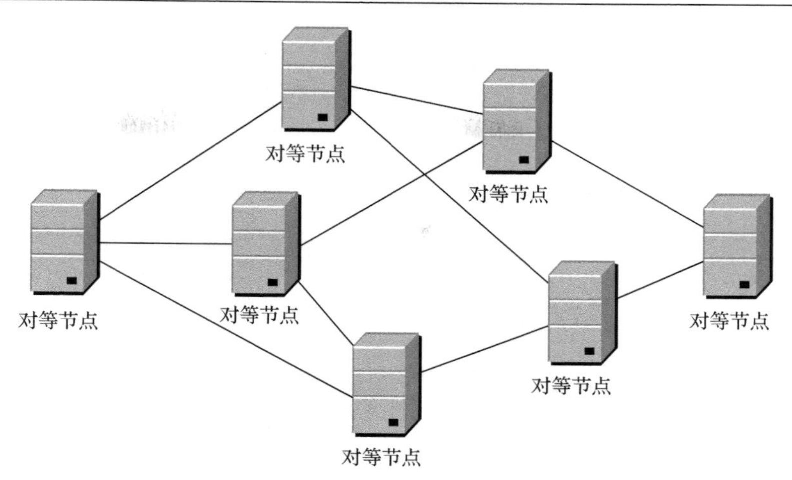

图 5-8　电力图数据库完全去中心化的自组织存储架构

务管理通过有向无环图模型，保证了前置依赖的正确完成，各个节点实现了并行调度分解任务，极大地降低了系统任务控制的复杂度，实现了高并发计算工作流的优化控制。

4）电力图数据分割策略服务

电力图数据具有海量、巨维、稀疏、动态变化等明显特征，图的切分不仅关系到去中心化的合理分布，还影响着查询和算法处理的效率。将自适应的图分割策略用于解决在静态和动态条件下，自动地将一张包含海量数据的大图分割成多个子图，并均衡地存储在不同的数据节点。在包括千亿级节点的大型电力物联网图数据中的超级节点中，例如，大工业用户关联数年的用电数据通常有十几万甚至百万条边，采用适当的图分割策略可以有效降低或消除性能瓶颈。图分割策略分为节点分割和边分割两种，电力图数据高性存储技术采用混合的优化分割策略，通过网络单纯形法对节点和边赋予具有业务含义的权重，并不断计算分割前后的权重变化，形成最佳的分割策略，这样无论静态图节点分配还是动态图再平衡都可以达到最优存储，优化计算与资源协同，防止超级节点成为查询和计算的致命瓶颈。电力图数据分割策略如图 5-9 所示。

5）分布式事务处理服务

电力图数据高性能存储技术在分布式事务处理方面，采用统一的寻址空间与数据快照机制。针对电力物联网业务场景事务中涉及的数据对象，基于原生对象存储与多级缓存技术，对事务的中间处理过程建立双向索引记录。同时，在指定的时间序列间隔生成操作数据集的检查点快照，记录参与执行的服务器集群的所有写操作命令。当事务完成或事务出现异常时，通过重新校验并批量执行写操作命令来处理事务使用的数据集，从而实现事务数据的最终一致性。电力图数据库分布式事务处理技术原理如图 5-10 所示。

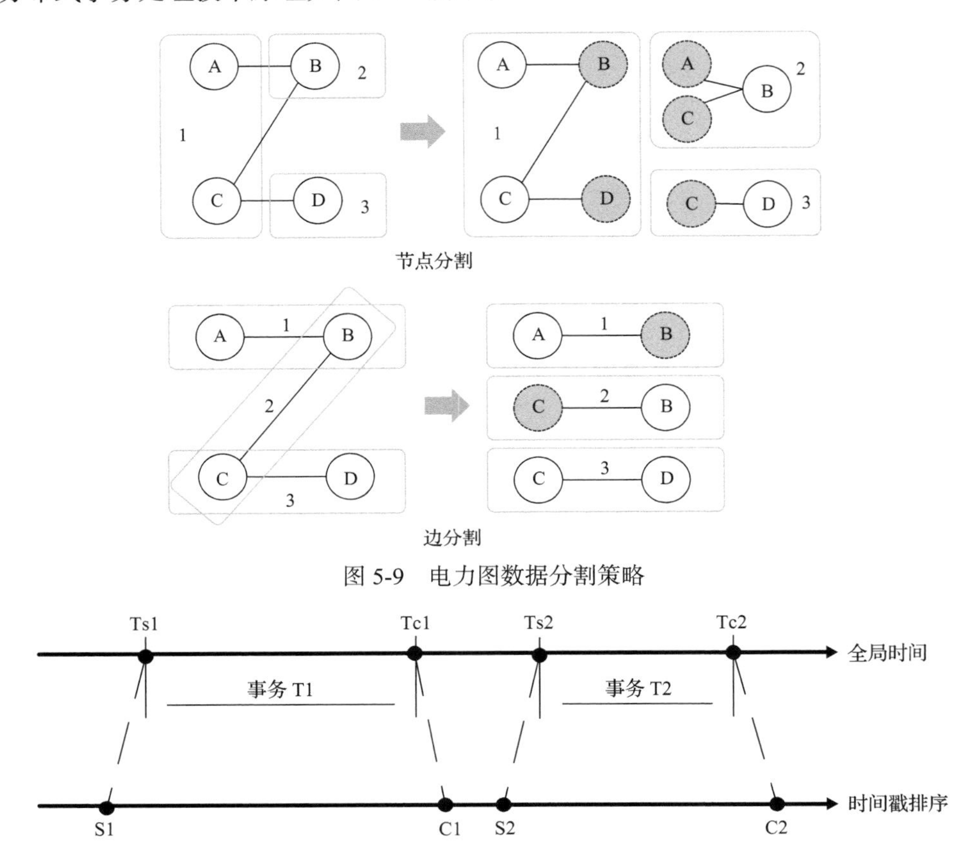

图 5-9　电力图数据分割策略

图 5-10　电力图数据库分布式事务处理技术原理

S-快照；Ts-快照执行时间点；T-快照记录写操作事务；Tc-写时复制时间点；C-复制

2. 电力图数据管理

电力图数据管理技术的核心是自研的电力多模分布式图数据库，是对上节阐述的存储服务的技术实现。电力图数据库逻辑上需要提供算法应用、数据抽象和资源管理服务。其中，算法应用和资源管理主要采用 API 方式来提供上层框架的调用服务。数据抽象是电力图数据库的关键能力，主要包括存储后端适配、图数据库引擎层、Schema 管理、数据导入、图谱管理、数据查询等模块，各模块的具体功能描述如下。

1) 电力图数据库存储后端适配

电力图数据库存储后端适配是在第二代图数据库实现的物理存储解耦技术，扩展了底层存储的适配范围，高性能图数据存储能够兼容多模式，采用现有成熟的高可用的、具备分布式条件的存储后端作为图数据库的存储介质，并以电力图数据库的设计逻辑和相关引擎需要对相关存储后端进行适配。存储层至少适配 HBase、RocksDB、ElasticSearch 中的一种，从而实现了电力图数据存储与电网数据中台的数据贯通。

2) 电力图数据库引擎层

电力图数据库引擎层是电力物联网图模型中的节点关系在存储介质中进行数据组织和管理的逻辑处理层，利用各类引擎实现原始关系型数据、文本、文档等非结构化数据的获取、转换和存储，支持节点和关系在整个图数据库的遍历、查询及整个系统在分布式部署时需要的一些辅助引擎。

3) 电力图 Schema 管理

电力图 Schema 管理是由一系列电力图数据存储的数据模式定义信息操作的功能，支持电力图数据库中所有 Schema 包含的图节点、边、概念、属性定义详细信息的查询及各类数据数量的统计，主要功能包括电力图数据 Schema 树查询、新增、删除、修改关系 Schema，关系属性新增、删除、修改，概念新增、删除、修改，概念属性新增、删除、修改及数据导入等，该过程包含业务系统关系数据库字段和 Schema 信息的映射，以及映射后的数据入图两个步骤。

4) 电力图数据管理

电力图数据管理围绕电力物联网数据生成的各类图实体、关系、属性的原子化操作，包括实体数据管理、关系数据管理和 K 度遍历功能。实体数据管理功能包括在已知实体的 Schema 定义、主键信息及实体各个属性信息的基础上，在电力图数据中新增、删除、修改、查询一个图节点。关系数据管理功能包括在已知关系 Schema、关系 ID 或关系的起止节点 ID、关系各个属性信息的基础上，在电力图数据中新增、删除、修改、查询一条关系。K 度遍历功能是指已知一个初始节点的 ID，给定从该节点往外扩散的深度及扩散条件，获取扩散过程中所遍历到的节点和关系的 ID。

5) 电力图谱管理

电力图谱管理主要包括知识图谱的新增、删除、修改、查询等功能。图谱查询用于查询当前用户能访问的图谱列表。图谱新增是指在电力图数据库实例中新建一个知识图谱。图谱删除是指给定一个图谱的全局唯一 ID 即可删除对应图谱及其管理的所有节点、关系或属性。

3. 图数据存储建模技术

电力物联网图数据存储建模技术主要分为数据预处理、图实体链路识别和实体融合消歧三个处理环节。其中，数据预处理将数据转化成图建模需求的格式；

图实体链路识别根据模型定义将业务数据库的关系型数据转化为属性图数据；融合实体消歧面向电力业务场景提供了多种算法工具，对相同、近似实体实现了定义统一和融合。

1) 数据预处理

数据预处理主要用于实现待进行图数据转换的电力物联网业务数据清洗，以确保生成图数据具有较高的质量。该过程包括数据清洗规则制定、专项抽取规则制定与配置、专项抽取样本标注和专项抽取模型部署四个步骤。

2) 图实体链路识别

图实体链路识别包括三方面内容。首先，根据各电力物联网业务领域的关系数据模型，抽取本体、关系及属性定义，构建属性子图数据模型；其次，将电力物联网业务中存储的关系数据，按照图数据模型，抽取子图实体集、关系集和属性集；最后，合并所有子图关系集，利用子图间相同的关系信息，建立子图实体间的关系链路，然后将所有集合数据导入图数据库。

3) 实体融合消歧

对所有图实体按照名称匹配和专有属性值进行粗聚类，通过基本特征抽取算法和互斥特征分析共同计算实体相似度，得到相似实体集，利用层次聚类法合并距离最近的实体信息，完成实体融合消歧。

4. 实验分析

电力图数据高性能存储技术主要实现了原生图数据高效存储、检索与可视化等功能，重点突破了当前电力物联网复杂关联数据处理技术的性能瓶颈。为了有效验证该技术在电力物联网海量多源异构数据存储、高速并行处理、便捷数据访问能力，本节根据该技术在电力物联网中的数据处理需求，仿真建立性能指标实验测试环境与分析过程。

1) 技术性能指标设置

结合业界对主流图数据库性能的评测方法，本节从数据写入、读取、多阶查询、平均事务吞吐量等指标综合验证技术性能。具体技术性能指标如表 5-2 所示。

表 5-2　电力图数据高性能存储技术性能指标

指标名称	指标描述
实时写入时间	10 亿节点、100 亿边的图数据集上 100 并发执行创建实体、关系时间
平均事务吞吐量	10 亿节点、100 亿边的图数据集上 100 并发执行 3 阶遍历的最大数据处理速率
3 阶基准遍历时间	10 亿节点、100 亿边的图数据集上执行 3 阶遍历平均响应时间
3 阶 100 并发遍历时间	10 亿节点、100 亿边的图数据集上 100 并发执行 3 阶遍历平均响应时间

2) 实验环境准备

为确保所有机器网络互通，电力图数据库进行分布式部署和高可用设置。在数据方面，对国内一个中型规模省级电力公司电力物联网各类实体和数据进行 5 倍测算，模拟构建 60GB 图节点数据文件(包括但不限于一次设备，包括开关、导线、电缆段、端子等及设备相关属性)、100GB 边数据文件(包括但不限于设备拓扑关系、设备部件关系、设备故障关系等)，导入电力图数据库集群。

3) 实验验证方法

采用主流成熟的 Apache JMeter 测试工具对电力图数据高性能存储技术的各项性能指标进行压力测试。通过对部署技术组件的服务器、网络环境或对象模拟巨大负载，在不同压力类别下测试技术强度和整体性能。

4) 实验结果分析

利用 Apache JMeter 测试工具分别对上述技术性能指标进行 5 轮测试，并以平均值作为最终结果。各项性能指标实验结果如表 5-3 所示。

表 5-3　电力图数据高性能存储技术实验测试结果

序号	指标名称	实验指标值	业界先进指标值
1	实时写入时间	1ms	3ms[18]
2	最大吞吐量	99922QPS	10000QPS[19]
3	3 阶遍历时间	4005ms	5000ms
4	3 阶 100 并发遍历时间	46709ms	60000ms[18]

注：QPS 即每秒查询数(queries per second)。

通过上述实验测试结果可以看出，电力图数据高性能存储技术的各项性能指标值和业界先进指标值相比，有 1.25～9.9 倍的性能提升，实验表明电力图数据高性能存储技术的性能优势显著，在电力物联网大规模图数据存储管理方面具有更高的应用价值[20]。

5.2.2　电力图数据计算分析技术

在电力物联网中，图可以将电力系统中各个设备和组成部分及其相互关系表示为节点和边的集合。这些节点可以代表发电机、变压器、配电设备等电力系统中的要素，而边则表示它们之间的连接和信息传递。通过对电力图进行分析，能够从全局视角查找各电力元素之间的关系，挖掘有价值的信息[21]。

而对于电力物联网中的电力图数据进行分析，需要采用专门的图计算算法和计算技术[22]。这些算法和技术在电力物联网系统中发挥着重要作用，能够应对大规模、高维度、动态变化的电力数据，实现快速、准确地计算和处理。通过运用这些图计算算法与计算技术，能够从电力图数据中提取出有价值的信息，并进行实时监测、智能分析和预测决策，以优化电力系统的运行和资源利用。

1. 电力图计算算法分析框架

电力图计算分析服务技术采用通用图算法、图模型整合加工方式，基于原生SparkX图算法库，对专用算法框架进行二次深度定制化开发，旨在支撑图节点并行、图机器学习和图神经网络算法并行，同时具备图计算引擎、模型编排和开发工具，用户可以根据应用场景和数据处理的需求，直接调用图算法来实现功能逻辑，也可以基于图算法组合定制开发成满足场景数据高效处理需求的特定算法。电力图计算算法框架包括图数据存储层、图计算层和应用层，图数据存储层提供了多业务融合图数据集，图计算层提供了核心图算法逻辑和模型开发环境，应用层提供了图计算算法调用接口和应用服务调用接口(图 5-11)。

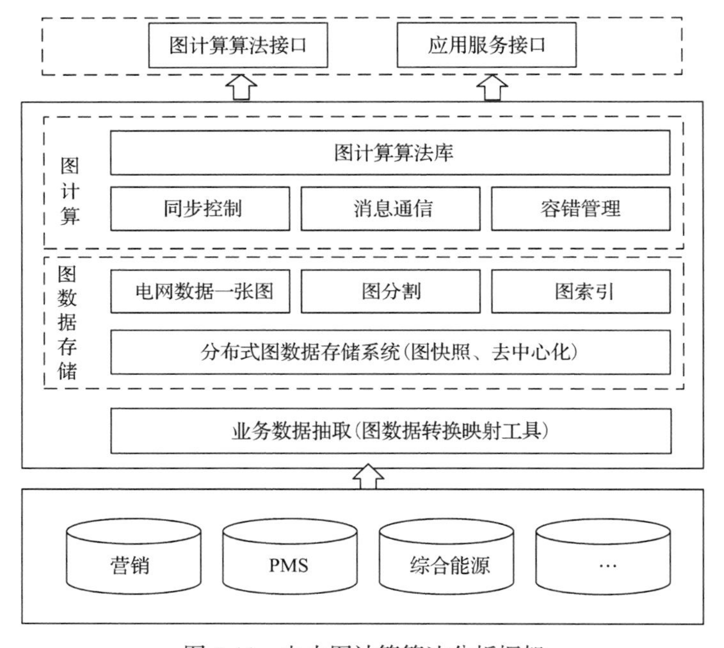

图 5-11　电力图计算算法分析框架

电力图计算算法分析框架的核心为图计算算法库，采用微服务技术构建，针对电力数据挖掘需求，定义了统一的算法集成接口，从而确保图计算算法库具备良好的扩展性。图计算算法库目前提供常用的节点分析类、关系链分析类、群体发现类、全图分析类、图表示学习类等 5 类 24 种图计算算法，如图 5-12 所示。

因为电网实际的关联关系极其复杂，所以在实际算法计算时，需要根据业务需求将设备数据转换成巨大的稀疏矩阵或向量形式，在计算任务执行过程中会涉及大量的矩阵计算，资源消耗巨大、性能低下。针对该问题，利用图计算算法将场景数据处理逻辑转换成图算法模型，然后设计基于微操作的图计算任务执行器，并利用有向无环图策略，将营配拓扑分析、电网潮流计算任务构建的图算法应用程序拆解成一系列的图算法，将图算法拆解成一系列的图操作，将图操作拆解成一系列基本的微操作单元（即图中节点、边的基础操作）。最后，通过分布式任务调度系统，每个微操作单元得以在最合适的集群节点执行，从而提升了整个图计算任务的执行效率。具体过程如图 5-13 所示。

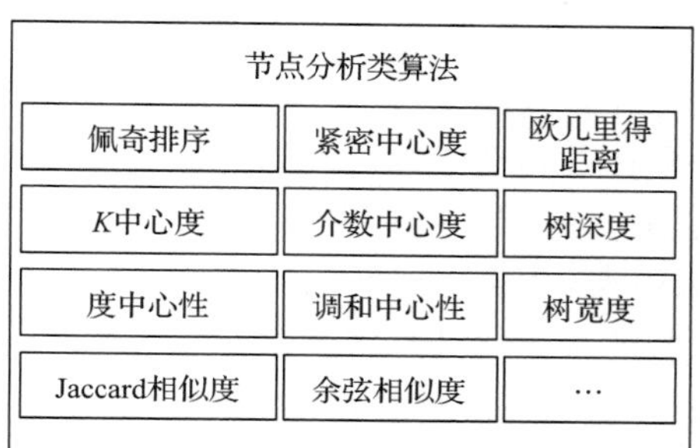

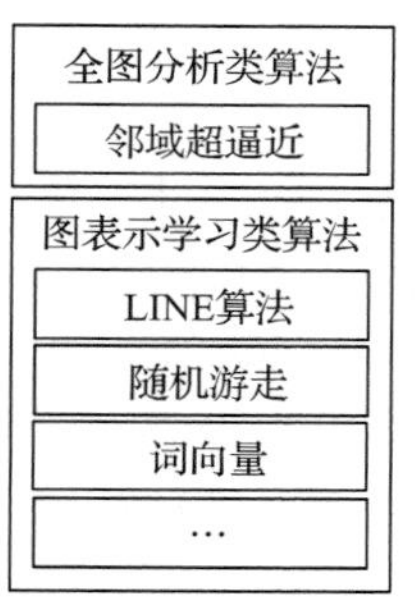

图 5-12　电力图计算算法概览

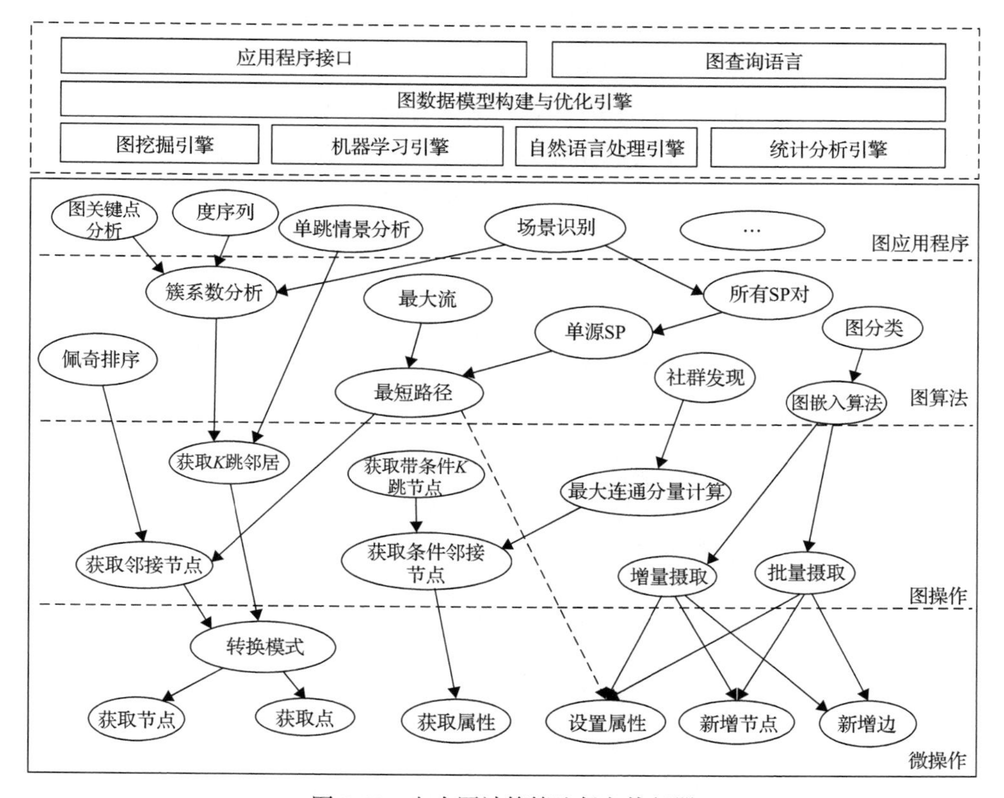

图 5-13　电力图计算算法任务执行器

2. 电力图计算并行处理技术

为了解决现有电力物联网智能应用的多线程并行化计算问题。本节围绕电力物联网运行优化和高性能数据处理的需求，介绍基于图节点并行机制的电力物联并行计算方法、基于图分层并行机制的电力物联数据并行计算方法、融合图节点/分层并行机制的电力物联快速拓扑分析技术。

1) 基于图节点并行机制的电力物联数据并行计算方法

基于图节点并行机制的电力物联数据并行计算方法，再结合电力系统天然具备的图特征，将电力系统的实时网络分析计算任务转换成并行计算任务。该技术内嵌了用于电力系统计算的数据库和数学模型，以满足并行数据库管理、并行分析和快速可视化的要求。在潮流计算中，采用图节点并行计算来进行矩阵构造、右端向量生成和支路潮流求解。在矩阵分解和前代回代计算中，采用图分层并行计算来进行处理。最后，利用实际系统对提出的模型和算法进行验证。

为了提高图节点并行计算效率，本技术采用新的节点并行计算策略，通过图计算引擎的三个执行阶段实现，如图 5-14 所示。在计算过程中，每个节点的计算相互独立、互不依赖，可以同时进行并行计算。第一阶段，主线程将可用资源划分到子线程，并将任务动态分配到工作程序，以实现任务的并行处理。第二阶段，每个工作程序执行 MapReduce 程序，通过 Map 过程和 Reduce 过程并行计算节点邻接的相应边的导纳，以形成非对角元，并将节点导纳和其连接边的导纳相加计算对角元。第三阶段，主线程将计算的对角线和非对角线元素作为顶点或边的属性发布到图数据库中。

2) 基于图分层并行机制的电力物联数据并行计算方法

图分层并行计算是指将图中节点按计算相关性分层，排序较高的层的节点的计算依赖于排序较低的层的节点的计算，但同一层节点的计算相互独立，可以并行进行。图分层并行计算的应用包括矩阵因子分解、前代和回代计算等。

3) 融合图节点/分层并行机制的电力物联快速拓扑分析

在一个网络拓扑图中，如果节点 i 和它的邻接节点 j、k 形成的连通区域只包含这三个节点，那么这个连通区域称为节点 i 的连通岛。如果一个连通岛包含多个节点，则以其中最小的节点号作为该连通岛的岛号。这里需要注意的是，如果多个连通岛之间存在相同的连接点，那么这些连通岛就可以看作各个节点合并融合而形成的大节点。在这种情况下，继续将这些节点进行合并融合，直到所有相连接的节点最终合并融合为一个电气岛，该连通岛号为最小节点号。

图节点融合分层并行执行算法将邻接表中的节点进行分组，每组包含多个连通岛。算法将这些连通岛逐步合并融合，直到所有连通岛都合并为一个电气岛。

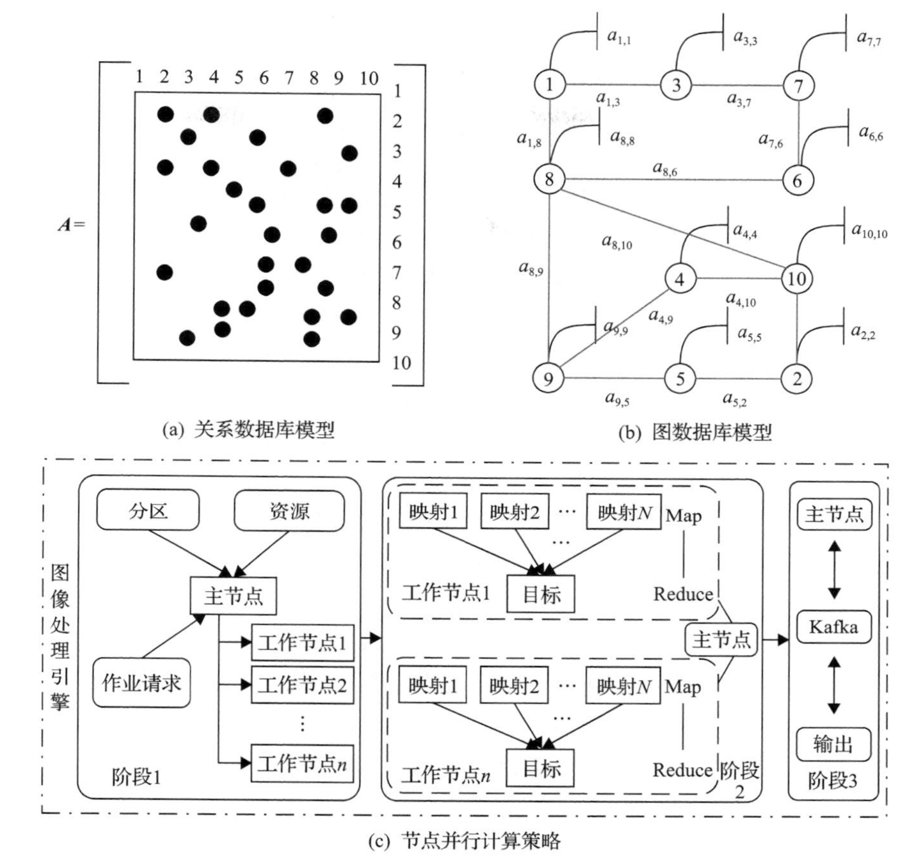

(a) 关系数据库模型　(b) 图数据库模型

(c) 节点并行计算策略

图 5-14　节点并行计算实现机制

每组连通岛之间相互独立，因此可以并行执行节点的合并融合操作。最后，采用图节点并行机制对每个节点进行独立计算，显著地提高了算法的执行效率，同时保证了算法的正确性。

图节点融合并行执行算法包括两个阶段：首先，将邻接表中的节点进行分组，使用图分层思想按节点度数排序并尽量平均分配到多个组中，提高负载均衡和并行效率；然后，对每组连通岛进行合并融合操作，使用节点并行计算思想将每个子任务分配到不同计算节点中并使用并行执行系统进行处理，同时采用图节点并行机制使每个节点的计算独立且互不依赖，提高并行度和效率。具体来说，首先，主线程将可用资源分配到子线程并动态分配任务以实现并行处理；然后，每个工作程序执行 MapReduce 程序并通过 Map 和 Reduce 过程并行计算节点的导纳属性，形成非对角元素并计算对角元素；最后，主线程将计算得到的对角线和非对角线元素发布到图数据库中。

4) 算例分析

针对 2) 和 3) 提出的图节点并行和图分层机制，在基于电力物联数据的潮流计算场景中进行了算例验证[23]。潮流计算的关键步骤主要为导纳矩阵与雅可比矩阵的生成、由节点功率方程计算有功功率和无功功率的变化量、由雅可比迭代求解电压相位和幅值的修正量。其中，导纳矩阵与雅可比矩阵中的元素只与该元素对应的母线节点及其邻接节点有关，并且在计算过程中各节点的值都不发生变化，因此导纳矩阵和雅可比矩阵中的各值可以同时计算，计算有功功率及无功功率变化量时也是同理，这样可以充分发挥电力图计算组件的并行计算优势。在保证将计算都放在图数据中进行的前提下，本章设计了一种基于图计算的潮流计算算法，凭借电力图计算组件并行计算的优势，达到节点并行的目的。

采用电力图计算分析技术完成基于电力物联数据的电网潮流计算流程，并实验了基于图节点并行计算方法的电力系统潮流计算应用。实验使用 IEEE 118 节点测试用例和欧洲中部 1354 节点电力系统两组数据模拟电力物联网电气量数据，并将电网拓扑图构建在图中，节点包括母线节点和发电机，边表示线路和变压器，参数作为属性存储。

图 5-15 为使用不同计算方法经过相同次数的迭代计算所用的时间代价，从图中可以看出，在数据规模较小时，三种方法均能够在较短时间内完成计算，当数据规模增大时，电力图并行计算分析方法能够获得较大的性能优势，在时间代价上相比于传统的 MATLAB 或 Python 计算方法能获得 1.5～6 倍的性能提升。因此，电力图并行计算分析方法在基于电力物联数据的电网稳态计算中具有一定的应用价值。

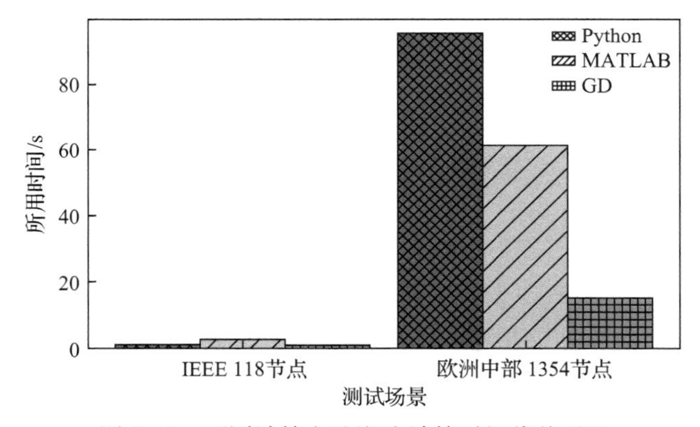

图 5-15　不同计算方法潮流计算时间代价对比

5.3　小　　结

本章从电力物联网中的终端数量激增并呈现出异构化、多协议和智能化的特点出发，结合电力物联网体系架构中电力物联网“云”的定位，介绍了电力物联网平台接入与存储技术。

首先，对电力物联网平台接入与存储技术进行了技术领域的概述，主要介绍了电力物联网设备接入技术的背景，包括电力终端物联模型、电力物联终端协议。然后，介绍了海量数据存储共享技术的背景，主要包括大数据联机事务处理技术和大数据联机分析处理技术，并总结了上述技术应用在电力物联网中存在设备异构、接入量大、数据异构的难点。针对上述问题，介绍了软件定义、负载均衡、图数据库、数据共享服务等解决方案的背景概念。

其次，针对设备异构的问题，本章介绍了高并发异构物联终端接入管控技术，采用软件定义的终端接入管理技术，实现了可编程配置化采集管理及统一下行语义控制和可编排边缘容器管理，解决了异构设备管理难的问题。针对设备量大、接入难的问题，本章介绍了分布式高并发通信技术，设计了分布式全异步架构、实现了拥塞控制、实时流量控制、消息控制与路由，解决了并发接入的问题。

最后，针对异构数据分析及共享的问题，本章介绍了海量数据存储分析技术，包括电力图数据高性能存储技术、电力图计算算法分析技术，通过利用属性图模型对电力物联数据进行建模，实现了对电力物联网数据之间关联的快速分析。

参考文献

[1] 谢可，郭文静，祝文军，等. 面向电力物联网海量终端接入技术研究综述[J]. 电力信息与通信技术，2021，19(9)：57-69.

[2] Guo P T, Guo X Y, Wang X H, et al. Power internet of things architecture and access CTechnology for massive heterogeneous terminals[C]. 2022 China International Conference on Electricity Distribution (CICED), Changsha, 2022.

[3] Mei H, Huang G, Cao D, et al. Perspectives on"software-defined" from software researchers[J]. Communications of CCCF, 2015, 11(1): 68-71.

[4] Kreutz D, Ramos F M V, Verissimo P E, et al. Software-defined networking: A comprehensive survey[J]. Proceedings of the IEEE, 2014, 103(1): 14-76.

[5] 王晓辉，季知祥，周扬，等. 城市能源互联网综合服务平台架构及关键技术[J]. 中国电机工程学报，2021，41(7)：2310-2321.

[6] Bhattacharyya T R, Pushpalatha M. Routing protocols for internet of things: A survey[J]. International Journal of Engineering & Technology, 2018, 7(2.4): 196-199.

[7] 马素刚. 路由协议OSPF的研究与仿真[J]. 计算机系统应用，2016，25(5)：228-231.

[8] Wu Z, Pan S, Chen F, et al. A comprehensive survey on graph neural networks[J]. IEEE Transactions on Neural Networks and Learning Systems, 2020, 32(1): 4-24.

[9] Singh D, Srivastava R. Graph neural network with RNNs based trajectory prediction of dynamic agents for autonomous vehicle[J]. Applied Intelligence, 2022, 52(11): 12801-12816.

[10] Chen J, Wang X, Xu X. GC-LSTM: Graph convolution embedded LSTM for dynamic network link prediction[J]. Applied Intelligence, 2022: 1-16.

[11] 中国电力科学研究院. 智能电网大数据[M]. 北京: 中国电力出版社, 2017.
[12] 彭小圣, 邓迪元, 程时杰, 等. 面向智能电网应用的电力大数据关键技术[J]. 中国电机工程学报, 2015, 35(3): 503-340.
[13] 任景, 张小东, 薛晨, 等. 面向智能电网应用的电力大数据关键技术研究[J]. 信息技术, 2021, (5): 147-152.
[14] 包迅格, 张景明, 张吉, 等. 电力大数据智能分析平台设计与实现[J]. 通信电源技术, 2021, 38(2): 95-97.
[15] 王小龙. 基于云计算的电力大数据分析技术[J]. 电气技术与经济, 2018, 5: 10, 11.
[16] Miller J J. Graph database applications and concepts with Neo4j[C]//Proceedings of the Southern Association for Information Systems Conference, Atlanta, 2013.
[17] Deutsch A, Xu Y, Wu M, et al. Tigergraph: A native MPP graph database[J]. ArXiv Preprint, 2019, 1901: 08248.
[18] Zhao D. 主流开源分布式图数据库 Benchmark[EB/OL]. [2023-10-20]. https://discuss.nebula-graph.com.cn/t/topic/1377.
[19] Mason L. 图数据库对比[EB/OL]. [2023-10-20]. https://discuss.nebula-graph.com.cn/t/topic/1013.
[20] Xiao K, Li D, Guo P, et al. Similarity matching method of power distribution system operating data based on neural information retrieval[J]. Global Energy Interconnection, 2023, 6(1): 15-25.
[21] Xiao K, Li D, Wang X, et al. Modeling and application of marketing and distribution data based on graph computing[J]. Global Energy Interconnection, 2022, 5(4): 448-460.
[22] Zhou M, Yan J, Wu Q. Graph computing and its application in power grid analysis[J]. CSEE Journal of Power and Energy Systems, 2022, 8(6): 1550-1557.
[23] Li D, Xiao K, Wang X, et al. Towards sparse matrix operations: Graph database approach for power grid computation[J]. Global Energy Interconnection, 2023, 6(1): 50-63.

第 6 章　数据机理驱动的电力物联网应用

随着电力物联网的建设，高性能新型传感与连接技术为其提供了丰富的数据来源与可靠的信息传输通道，物联设备连接和数据融合技术实现了异构设备的大规模接入及多源数据融合共享。电力物联网中的感知、通信与计算技术赋予新型电力系统从物理世界向数字世界进行实时映射与孪生系统构建的能力，支撑电力系统各类业务的高级应用。目前电力系统的分析和决策主要采用机理建模的手段，并已在设备、系统、用户三类场景开展了大量的研究和应用工作。

在设备侧，机理建模的主要思路是通过分析设备在不同运行状态的内在机理，明确设备监测数据与运行状态之间的关联关系，利用阈值判断、经验公式、数值建模等方法对设备健康状态进行判断，实现电力设备状态评估与故障诊断。例如，在设备状态评估方面，对于设备监测到的电、热、力及材料理化特性等多源数据，通过建立不同数据参量与设备状态之间的关联约束表达式，并结合专家经验设计不同参量的权重，最终基于设备监测数据得到设备运行状态评估结果；在设备故障诊断方面，分析设备故障中多种物理量的演化规律，设置物理量对应监测数据的故障判断阈值及物理量的综合判断逻辑，最终通过监测数据阈值与故障逻辑判断得到设备故障诊断结果。

在系统侧，机理建模的主要思路是基于电力系统运行的深层机制与原理，以合适的数学表达式描述系统运行状态变量间的因果关系，从而通过明确的数学建模方法分析和预测系统的运行状态与趋势。例如，在潮流计算方面，对于给定的电力系统网络拓扑、元件参数和发电机、负荷条件，通过潮流方程组计算有功功率、无功功率及电压在电网中的分布；在经济调度方面，建立电力系统运行的优化目标及约束条件，通过相关算法与工具(如 CPLEX 优化求解器)优化电网的运行状态；在稳定分析方面，通过求解电力系统受扰后的微分-代数方程(组)，描述电网发生故障后各物理参量的变化过程，从而判断电力系统保持安全稳定运行的能力。

在用户侧，机理建模的主要思路是基于用户侧能源系统设备运行的机理与参数，以合适的数学或物理表达式描述系统运行状态变量间的关系，从而通过明确的数学或物理建模方法分析和预测系统的运行状态与转移概率。例如，在能流仿真方面，对于给定的能源系统网络拓扑、元件参数和分布式电源、热电联产、电负荷、热负荷、气负荷等条件，通过潮流方程组计算有功功率、无功功率、电压、温度、压力、质流量等在能源网络的分布；在运行优化方面，建立能源系统运行优化模型，通过相关算法与工具实现多能设备的运行控制。

然而，由于电网运行的复杂性、随机性、非线性激增，传统的基于机理建模的方法目前面临部分建模对象机理不清晰、建模精度不足、计算复杂度高等问题。因此，亟须借助数据驱动方法能够在海量数据下进行快速分析、强非线性关系拟合、不确定性建模等方面的优势，大幅提升设备、系统、用户等对象的建模精度与分析计算效率。与此同时，为了进一步增强数据驱动模型的可解释性、泛化性、鲁棒性与安全性，本书提出了数据机理融合的新一代人工智能技术，以期引入先验知识来增强数据驱动模型的分析决策性能，这是突破目前电力人工智能应用瓶颈的一个重要研究方向，从而实现物理系统与数字模型的决策反馈优化与资源协同互动，支撑电网业务的智能应用。

本章首先阐述了数据机理融合建模的技术需求、典型结构与技术框架，包括串行、嵌入、引导、反馈和并行 5 类典型结构，介绍了融合利用机理驱动模型泛化、解释能力与数据驱动模型非线性拟合、海量数据学习能力的融合建模方法。进而，以电力设备故障诊断、电网源网荷储协同和综合能源博弈优化为例，分别介绍了设备、系统、用户三类主要对象的数据机理融合智能应用技术与典型应用案例。

6.1 数据-机理融合建模方法

新型电力系统的数字化转型旨在在数字空间建立物理实体的数字模型，以开展计算推演、优化决策和协同互动。机理驱动的建模方法通过对深层机制、物理过程的理解来推断研究对象的特点，并结合功能需求以合适的数学表达式描述变量间的因果关系。数据驱动的建模方法通过挖掘大量的历史运行数据，自动提取样本间的潜在关联关系，根据功能需求形成端到端的经验模型。

目前，单一的数据驱动方法和机理驱动方法均难以完全满足新型电力系统在线计算的要求，亟须新的建模方法对新型电力系统各要素的非线性复杂特性进行刻画，同时提升模型的计算精度与计算效率。

本节首先根据设备侧、系统侧、用户侧的新特征分析融合建模的技术需求，然后根据融合模型中机理驱动部分与数据驱动部分的交互方式，将融合模型总结为串行、反馈、并行、嵌入和引导 5 种基本单元结构，并进一步介绍了一种通用的数据-机理融合建模技术框架，以及融合建模技术在设备、系统与用户侧的应用思路。

6.1.1 融合建模需求分析

传统基于机理分析的建模方法具有完备的理论支撑体系，在分析算法稳定性、最优性、收敛性等方面具有天然优势。其特点在于能够通过推理预测未知现象，并且可以不断进行改进和结果验证。传统的机理建模方法能够对研究问题进行整体考虑，并以具体的机理模型或相关的规则描述研究对象的特性，从而有助于寻找问题本质和开发新理论。机理模型通常具有很好的可解释性，而机理知识作为一种数据和信息高度凝练的体现，也意味着更高的算法执行效率[1]。

经典建模理论广泛采用解析表达的物理模型，这是因为电源和电网的底层机理明确。然而，随着新型电力系统的源网荷储形态发生了显著变化，传统的基于机理建立物理模型的方法目前面临部分建模对象机理不清晰、难以建立简洁的解析表达式、计算复杂度高等问题。所以，纯数据驱动的人工智能建模与决策方法通常面临模型可解释性差、泛化能力不足、应用鲁棒性与安全性难以保证等问题。针对新型电力系统中的设备侧、系统侧和用户侧，各层次均面临新的建模需求和问题，具体表现在以下方面。

(1)设备侧：系统中涌现并接入了海量的新型电力设备，包括新能源机组与储能电站。新能源的波动性加剧了系统电力电量失衡的风险，同时也对设备级智能化协同控制与故障诊断提出了更高的要求。

(2)系统侧：由于各层次的复杂度耦合交织，新型电力系统呈现出多时空强不确定性与高度电力电子化两个全新的形态特征，在系统控制、风险管理、资源优化配置等诸多维度面临全新挑战。输配电网规模的扩张、多区域互联、交直流混联等因素将导致新型电力系统的网架规模与复杂度显著提高，加剧了电网拓扑辨识、状态估计等任务的技术难度。

(3)用户侧：与日俱增的灵活性负荷具备响应电网激励信号的潜力，但其响应行为模式与响应能力受众多外部因素的影响，难以用物理模型精确描述；此外，终端电气化水平的提高与用户侧分布式新能源的接入共同加剧了负荷建模的复杂性。

随着电力信息化的推进和智能变电站、智能电表、实时监测系统、现场移动检修系统、测控一体化系统和一大批服务于各个专业的信息管理系统的建设和应用，数据的规模和种类快速增长，这些数据共同构成了智能电网大数据[2]。电力物联网的建设进一步推动了数据驱动方法在电力系统中的应用。数据驱动方法以数据构建模型为基础，已在源荷预测、系统运行优化、故障诊断等场景中取得了一定成效。数据驱动建模方法的特点在于以数据样本为基础提取变量间的关联关系，其中数据关联关系存在一定的模糊性。其优势在于：一方面，对历史数据的分析有助于了解设备、系统在历史运行中的特性；另一方面，对在线数据的分析有助于了解设备、系统的实际运行状态，支撑电网运行态势感知、评估和预测。然而，数据驱动方法的性能高度依赖于数据规模和质量，而获取实际电力系统全面且合格的数据的代价非常高昂，并且电力系统是一个开放、动态的系统，存在部分训练样本难以获取、决策过程不可知等情况，因此机器学习算法在电力领域应用时存在局限性。当前数据驱动方法的适用场景依然有限，难以应对电力系统中较为复杂的业务场景。同时，在实际应用中数据驱动方法由于缺乏对机理的理解性和对结果的解释性，成为一个黑盒问题，通常需要人工进一步分析决策[3]。

综上，机理驱动的和数据驱动的建模方法的优缺点具有互补性[3]，如图 6-1 所示。将两种建模方法结合，引入先验知识改善机器学习模型的可解释性[4]、鲁棒性与可泛化性，利用数据挖掘复杂的非线性关系完善知识体系，实现对问题全局和局部特征、规则与经验的有机结合，是突破目前人工智能应用瓶颈的一个重要研究方向。

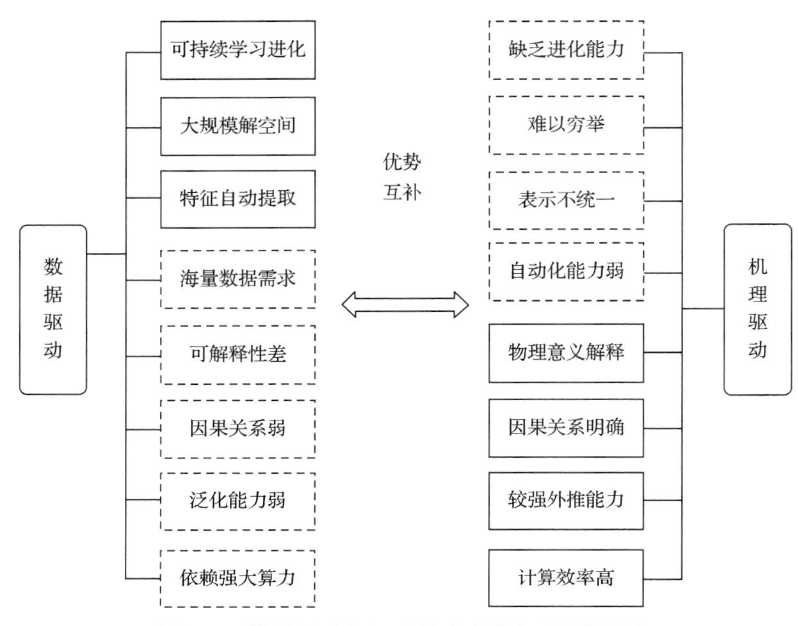

图 6-1　数据驱动和机理驱动建模方法的优缺点

6.1.2　融合建模的几种典型结构

1. 串行模式

串行模式是先构建机理驱动模型，再以数据驱动模型迭代确定或修正机理模型的计算参数，间接矫正计算误差。该模式主要适用于机理模型可获得、计算复杂度较低但计算精度不足的情况，通过数据驱动模型矫正由假设、简化物理条件导致的计算误差，如图 6-2 所示。图中 h 表示转换函数，将机理驱动模型转换为数据驱动模型所需的数据结构或物理含义。

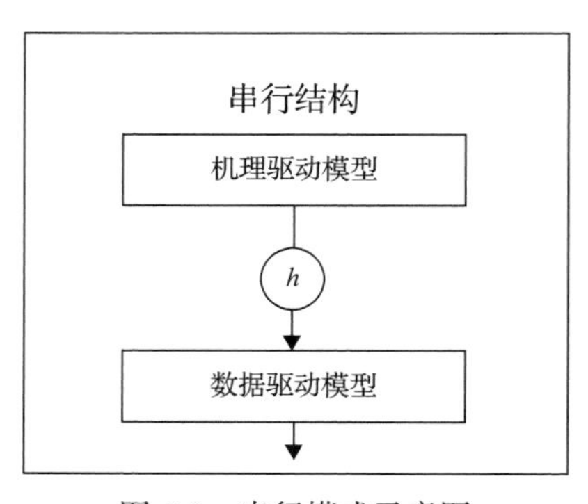

图 6-2　串行模式示意图

可参照下列方法建立串行优化融合模型：

(1) 机理驱动部分根据建模任务选定，确定机理模型误差的主要来源是在模型简化阶段，需对条件假设导致的模型固有误差进行矫正，这里选取串行优化融合建模策略。

(2) 数据驱动部分可选取回归算法，建立误差修正模型。

(3) 根据待矫正机理模型输出数据的物理意义，收集建模实体的实测数据。

(4) 利用机理模型的计算结果与实测数据训练数据驱动模型，建立机理的计算结果与实测数据之间的映射模型。

(5) 建立的融合模型包含机理模型与误差修正模型两部分，其中机理模型输出串行作为误差修正模型的输入，取误差修正模型输出为融合模型的输出结果。

2. 引导模式

引导模式是将机理知识表征为数学规则，并以正则项等方式加入数据驱动模型的构建过程。该模式适用于已知少部分机理知识、大部分机理不明的情况，通过机理知识约束数据驱动模型的训练与计算，指导数据驱动模型选型或确定模型计算的初始值或边界条件等。通过修改数据驱动模型的设置，实现机理模型对经验模型构建的影响，如图 6-3 所示。

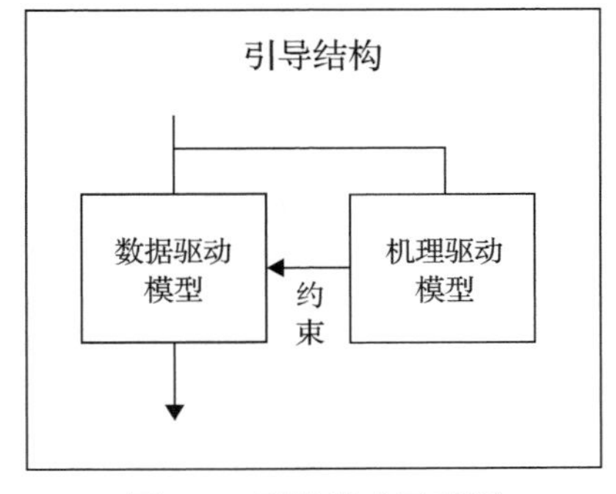

图 6-3　引导模式示意图

可参照下列方法建立机理引导融合模型：

(1) 机理驱动部分根据建模任务和实体，确定无法建立通过数学表达式表征的机理模型，但可获取部分先验性规则型知识，可选取部分替代融合建模策略。

(2) 数据驱动部分可选取回归算法或时间序列预测算法，建立建模实体的等效模型。

(3) 根据建模任务确定模型输入变量与输出变量，收集建模实体的实测数据。

(4) 利用实测数据训练数据驱动模型，将先验性规则型知识转换为边界限制条件公式，并增加到数据驱动模型的损失函数中，建立输入变量与输出变量之间的映射模型。

(5) 建立的融合模型为数据驱动的等效模型，取数据驱动模型输出为融合模型的输出结果。

3. 嵌入模式

嵌入模式是先构建机理驱动模型，以数据驱动模型拟合机理模型的计算曲线，并以少量真实数据对拟合曲线进行修正。该模式适用于机理模型可获得、计算精度足够，但计算复杂度较高、真实数据分布不均的情况。通过进行机理约束下的无监督训练使数据驱动模型直接学习物理方程，从而构建融合模型以替代复杂机

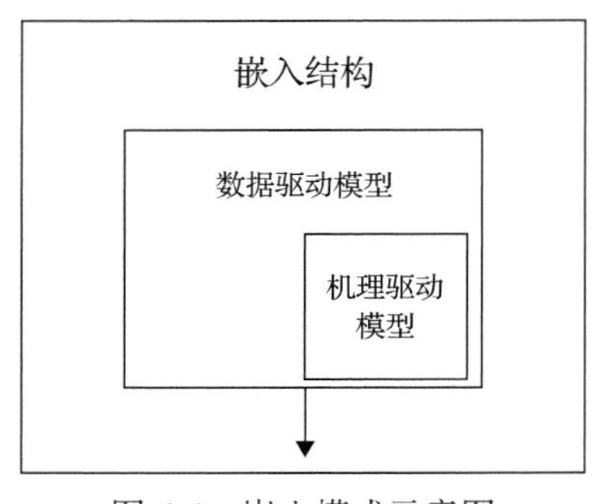

图 6-4　嵌入模式示意图

理模型。通过嵌入机理模型，降低数据驱动模型的数据需求量，同时通过机理模型增强模型的可解释性与泛化能力，如图 6-4 所示。

可参照下列方法建立机理嵌入融合模型：

(1) 机理驱动部分根据建模任务选定，确定机理模型在计算时效性与计算精度均无法完全满足建模任务的要求，可选取机理嵌入融合建模策略。

(2) 数据驱动部分可选取回归算法，建立机理模型的等效模型。

(3) 根据机理模型输入及输出数据的物理意义，收集建模实体少量的实测数据。

(4) 利用机理模型无监督训练数据驱动模型，建立输入变量与输出变量之间的映射模型。

(5) 以少量实测数据对数据驱动模型进行二次训练，校正其与实测值间的误差。

(6) 建立的融合模型为数据驱动机理的等效模型，取数据等效模型输出为融合模型的输出结果。

4. 反馈模式

反馈模式是先构建机理驱动模型，以数据驱动模型迭代修正机理模型的计算参数，间接矫正计算误差。该模式适用于机理模型可获得、计算复杂度较低，但计算精度不足的情况。通过数据驱动模型校核由环境变化（如线路老化）等导致的机理模型系数的变化。在反馈模式中，机理模型一般作为整个混合模型的基础模型来计算最终的输出结果，而数据驱动经验模型根据输出结果和实际结果，修正待预测值并代入机理模型中，如图 6-5 所示。

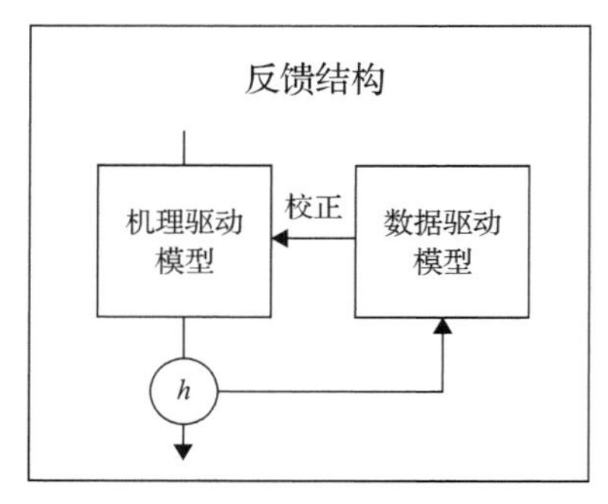

图 6-5　反馈模式示意图

可参照下列方法建立反馈迭代融合模型：

(1) 机理驱动部分根据建模任务选定，确定机理模型误差的主要来源是计算参数不准确，需针对建模实体进行动态调整，可选取反馈迭代融合建模策略。

(2) 数据驱动部分根据机理模型数学表达式的结构，可选取回归算法。

(3) 根据待矫正机理模型输入及输出数据的物理意义，收集建模实体的实测数据。

(4) 利用实测数据训练数据驱动模型，建立参数辨识模型，输出结果对典型值设置下的机理模型参数进行更新。

(5) 计算更新系数后的机理模型输出结果与实测值之间的误差小于设定的误差阈值则停止迭代，否则重复步骤(4)。

(6) 建立的融合模型为更新参数后的机理模型，取机理模型输出为融合模型的输出结果。

5. 并行模式

并行模式是分别构建机理驱动模型与数据驱动模型，根据数据驱动模型输出结果的置信度区间，取模型结果的加权和。该模式主要适用于机理驱动模型可获得、计算精度足够，但计算时效性不足的情况。通过判断数据驱动模型输出结果的置信度区间，动态调整数据驱动模型计算结果与机理驱动模型计算结果的加权占比。在数据驱动模型输出结果具有较高置信度的情况下，可对数据驱动模型结果进行快速优先判定，并以机理驱动模型结果进行判定结果校验，如图 6-6 所示。

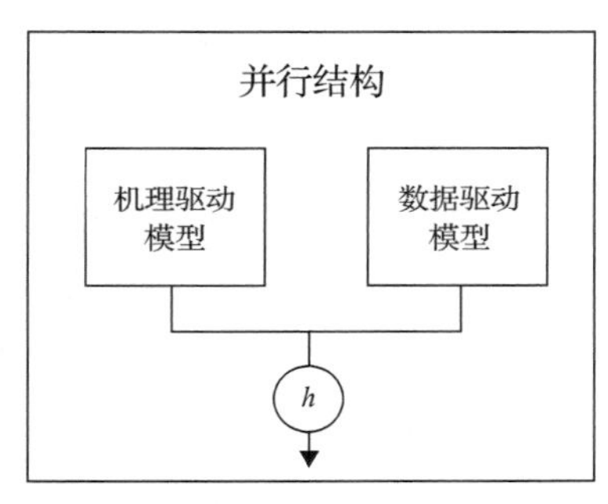

图 6-6　并行模式示意图

可参照下列方法建立并行互补融合模型：

(1) 机理驱动部分根据建模任务选定，确定机理驱动模型在保持计算精度的条件下无法满足建模任务对计算时效性的要求，可选取并行互补融合建模策略。

(2) 数据驱动部分根据建模任务可选取回归算法或分类算法，建立机理驱动模型的等效模型。

(3) 根据机理驱动模型输入及输出数据的物理意义，收集建模实体的实测数据。若实测数据存在样本不均衡问题，则通过机理驱动模型生成仿真数据进行补充。

(4) 利用实测数据和仿真数据训练数据驱动模型，建立输入变量与输出变量之间的映射模型。

(5) 建立的融合模型包含机理驱动模型与误差修正模型两部分，其中机理驱动模型与数据等效模型进行并行计算，取两模型输出结果的加权组合为融合模型的输出结果。

6.1.3　融合建模技术的应用思路

针对设备模型，可采用嵌入/引导模式，将设备物理机理、形态特征知识、数值表征算子等进行机理建模，通过参数精简、模型压缩等嵌入数据驱动模型的损失函数中，有效提取数据深层特征信息。此外通过故障规则知识对故障诊断模型的参数更新进行约束，指导诊断模型的参数更新与边界确定，提升设备故障诊断的准确性与可靠性，如图 6-7 所示。融合架构可以在机理知识约束下实现故障准确判别，针对小样本、故障机理明确的场景，融合架构可实现故障诊断可靠性与泛化性的提升。

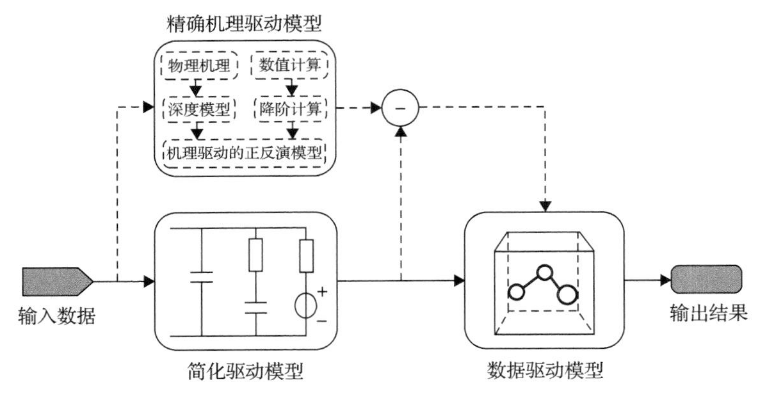

图 6-7　基于嵌入/引导模式的设备融合建模方法

针对系统模型，可采用嵌入/并行模式，将源荷不确定性模型由知识增强的数据驱动模型代替，如图 6-8 所示。电网拓扑的代数方程组依然采用机理驱动模型，充分发挥两种模型混合驱动的优点。在计算过程中，可利用人工智能方法启发式地确定优化问题中某些整数变量的取值，引导分支定界剪枝，降低机理模型的计算难度。

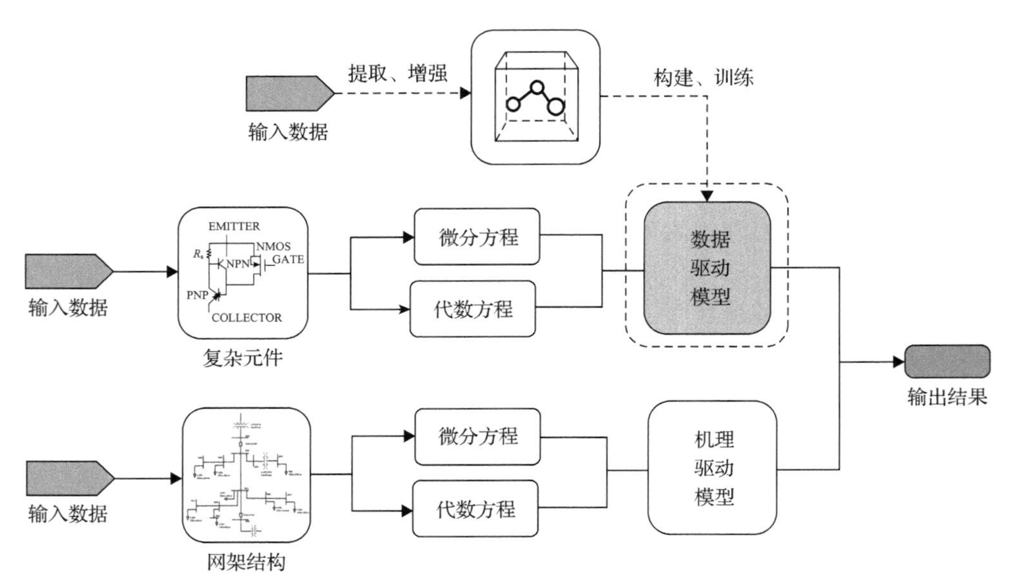

图 6-8　基于嵌入/并行模式的系统融合建模方法

针对用户模型，可采用引导模式，通过数据驱动方法建立历史经验模型，并加入知识(机理)作为模型引导，以提高模型的适应性，如图 6-9 所示。面对数据不充足的场景，利用有限历史数据结合先验知识拟合解析模型，生成场景覆盖面广的增强样本，弥补仅依靠历史数据训练数据驱动模型泛化能力差、精度不足的缺陷，从而保障数据驱动模型的高效训练并能充分利用潜在资源。

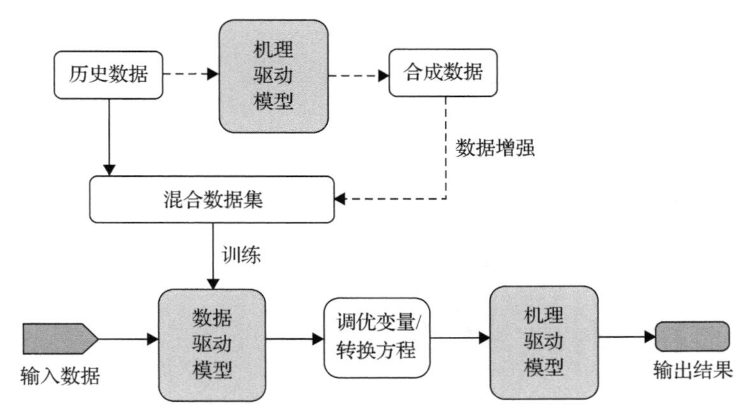

图 6-9 基于引导模式的用户融合建模方法

下面分别针对设备、系统、用户三类主要对象，以电力设备故障智能感知与诊断、源网荷储协同优化、综合能源集群博弈优化为具体场景，进行融合建模技术的典型应用案例介绍。

6.2 电力设备故障智能感知与诊断

电力设备是电力系统中电能传输的“核心”枢纽设备，一旦发生故障，将引发电网大规模停电事故，造成严重的经济损失。因此，亟须对电力设备进行实时监测和管控，以保证其安全可靠运行。全面、及时、精准地评估设备运行状态并诊断设备故障是确保设备安全的前提条件，同时也是电网可靠运行的基础。为此，迫切需要采用有效的方式来评估电力设备的运行状态，识别设备故障，实现电力设备故障的智能感知与诊断，以提升电力设备的运维效率。

随着电力物联网应用和人工智能技术的推广，电力设备智能化运维技术不断发展。通过先进的多参量传感技术和人工智能技术，实现电力设备运行状态监测的数字化和透明化，已经成为电力设备精益化管理和安全稳定运行的重要手段。然而，目前仅应用数据驱动的人工智能技术进行电力设备故障分析存在三个问题：首先，由于实际电力设备故障是小概率事件，单一场景故障样本数量有限；其次，监测数据质量参差不齐，低质量数据可能导致数据污染；最后，算法模型主要基于数据驱动构建，对设备故障的机理考虑较少，模型鲁棒性低、泛化性不高、可解释性不足，难以满足电力设备故障分析的需求。为了解决上述问题，基于近年来机理数据融合驱动在提升人工智能技术的可解释性、鲁棒性方面的效果显著，为支撑设备的精益化管理和高效优化运行奠定了基础。通过构建知识引导与嵌入深度神经网络的故障智能感知与诊断模型，准确、及时地对电力设备运行状态与故障情况进行智能分析，进而提升电网的智能化管理水平。

电力设备故障智能感知与诊断技术包括三部分：电力设备多源数据融合、电力设备状态评估和电力设备故障诊断，如图 6-10 所示。

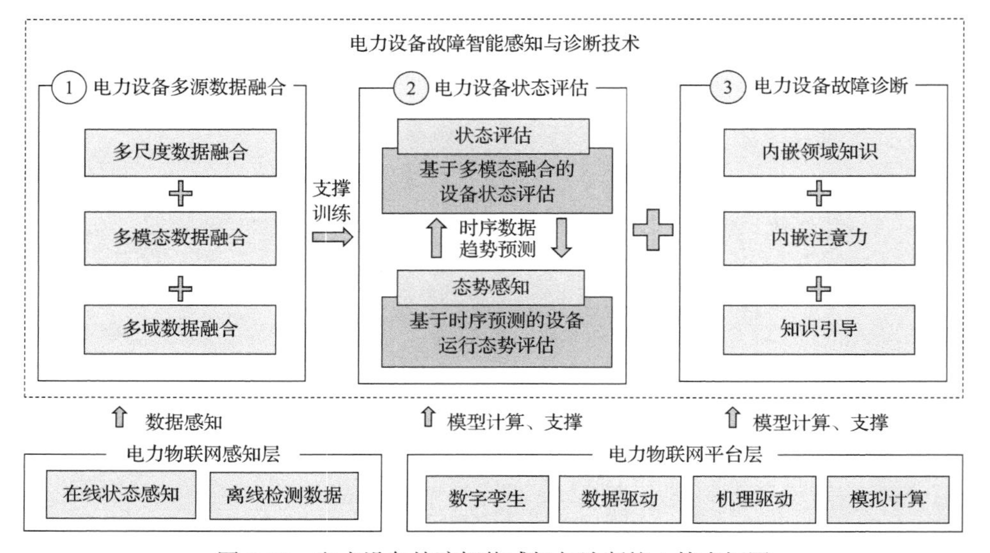

图 6-10　电力设备故障智能感知与诊断核心技术框图

在电力设备多源数据融合方面，电力设备状态监测数据来源广且种类繁多。然而，不同来源的数据之间存在差异，所以可能会降低故障感知模型的泛用性和可靠性。为了支持模型的训练，根据数据差异来源的不同，可以使用多尺度数据融合、多模态数据融合和多域数据融合等方法，降低多源数据之间的差异，提供可靠数据来支持电力设备故障智能感知与诊断。

在电力设备状态评估方面，利用多模态融合数据来实现电力设备的运行状态评估。通过对不同模态数据的综合分析，可以获得更全面、更准确的评估设备状态信息。同时，基于对数据在时间轴上的趋势变化进行预测，实现对设备运行态势的评估。这种综合分析和预测能够支持电力设备的状态评估与预测工作，为设备运维提供更准确的信息和决策支持。

在电力设备故障诊断方面，通过内嵌领域知识、内嵌注意力机制和知识引导模型训练的方式，将知识经验和物理机理引入人工智能算法中，以构建数据机理融合分析的故障诊断模型。这类模型通过综合利用多种信息源，包括传感器数据、操作记录和设备特征等，可以提高故障诊断的准确性和可靠性。通过结合设备的实际运行情况和领域专家的经验知识，从而实现更加精准可靠的设备故障诊断，为设备维修提供有针对性的指导和决策支持。

6.2.1　电力设备多源数据融合技术

电力设备状态监测涉及多源异构数据，包括物理信号、图像、视频、文本、音频等不同模态的数据。每种数据模态的来源和形式都存在尺度、模态和数据域的差异。为了优化处理设备的多源数据，可以采用基于压缩感知技术的方法。同时，通过多模态信息融合技术[5]可以获取各模态信息之间的冗余或逻辑关系[6]。这些技术的应用为设备状态评估和故障诊断提供了更好的数据支持，实现了对电力设备运行状态更全面、更精确的认知。通过综合分析多种数据模态，可以更准确地评估设备的状态，并识别潜在的故障问题，从而提高设备维护的效率和可靠性。

1. 电力设备多光谱图像融合技术

电力设备多光谱数据包含丰富的外部特征信息，不同谱段的光谱数据反映出设备特征具有较大的差异，可见光图像可反映设备的轮廓、色彩和纹理，红外可反映设备外部的温度[7]。基于此，本节介绍一种基于多尺度视网膜反射(Retinex)与自适应尺度不变特征变换(ASIFT)的红外与可见光图像配准算法，该算法有效地解决了变电设备图像背景杂乱导致的误匹配问题，实现了设备图像融合与增强[8]。

首先，采用双目摄像头并排放置进行拍摄，左摄像头拍摄红外图像，右摄像头拍摄可见光图像。将尺寸规格标准化后的可见光图像先用 Retinex 算法进行处理，然后用高斯滤波分别对红外图、可见光原图和由 Retinex 处理后的可见光图进行平滑处理，滤除噪声，如图 6-11 所示。然后，将图片灰度化后用坎尼(Canny)算子提取边缘。用 ASIFT 算法分别提取经过处理后各图像的特征，考虑到特征点

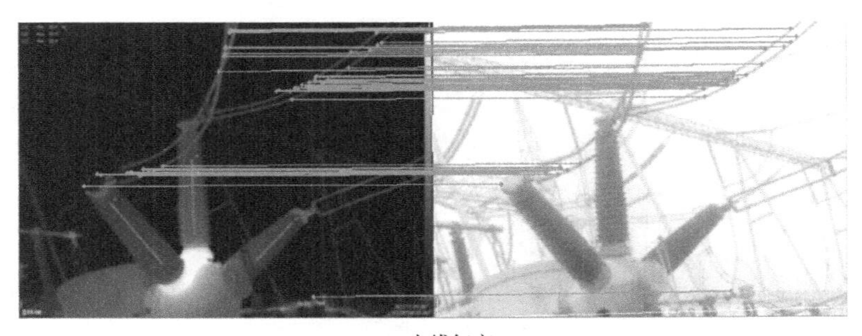

(a) 出线气室

(b) 断路器

(c) 电流互感器

图 6-11　红外与可见光图像配准结果(见文后彩图)

数目较多,对图像采用快速最近邻搜索库(FLANN 匹配器)进行特征点匹配以实现多光谱图像的数据融合分析。

2. 电力设备跨域、跨模态数据融合技术

基于数据特征级的融合可处理异构数据源，该层次的融合先对每个数据源进行特征提取，然后对不同的特征进行融合，从而获得对目标的统一描述。多源数据的异构特征融合方法主要通过融入注意力机制的自编码器提取时域信号的特征，并基于融入通道与空间注意力机制的自编码器提取谱图信号的特征，对多种特征进行融合，从而为故障诊断算法提供基础数据，算法模型如图 6-12 所示。

6.2.2　电力设备状态评估技术

为了及时、高效地发现电力设备早期及中长期缺陷提供支撑，本节基于重构所得的电力设备多元量测数据，研究基于深度学习、机器学习的电力设备健康状态评估方法[9]，建立电力设备健康状态评估模型，并通过对电力设备健康状态的分析，及时掌握和了解电力设备的运行状态变化趋势[10]，对设备可能存在的潜在故障进行早期预判，确保电力设备安全可靠地运行。

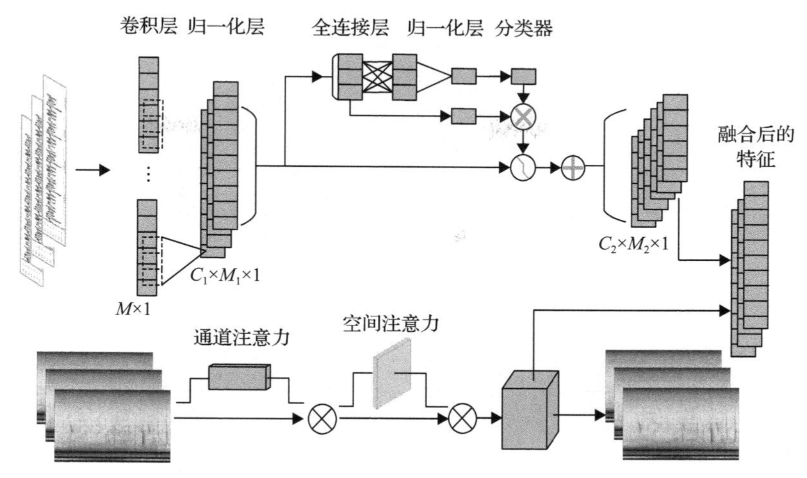

图 6-12　多源数据异构特征融合算法

M-神经元数量；*C*-卷积层不同通道数量

1. 基于多模态融合的设备状态评估技术

在电力设备故障诊断中，振动信号具有灵敏度高、响应快速、方法成熟、适用早期故障、覆盖故障种类多等优点，但容易受工作环境噪声污染，安装复杂；红外监测具有非接触式测量、单台监测范围大、信息丰富的优点，但也存在图像分辨率低、响应慢、故障敏感区域选取困难、不适用于早期微弱故障的问题。因此，这两种监测信号在电力设备的故障诊断中具有很好的互补性，将两种模态信息进行融合，从多模态视角对设备状态做出综合评价，对于故障诊断具有重要意义。

1) 基于多模态卷积神经网络(CNN)的变压器信息融合故障诊断

CNN 模型在红外图像和振动数据的特征学习中具有很好的表现，因此使用 CNN 构建多模态深度学习模型，并将其用于电力设备的信息融合故障诊断[11]。首先，获取电力设备的红外和振动监测数据，然后使用显著性检测和阈值优化方法对红外敏感区域进行提取，去除红外图像中的其他信息，只保留敏感区域的信息，同时对振动数据进行预处理。将处理后的红外和振动数据分别输入若干个 CNN 模型进行特征学习。将 CNN 模型最高层的全连接层直接连接在一起，并输入统一的 CNN 融合层进行融合学习。经过若干层卷积网络的融合学习后，最后用软最大化(SoftMax)分类器对融合特征进行分类，实现故障诊断。

2) 基于证据理论(DS 理论)的变压器信息融合故障诊断

DS 证据理论采用概率区间和不确定区间来确定多证据下假设的似然函数，也能计算任一假设为真条件下的似然函数值[12]。它是解决不确定推理问题的重要方法，是决策级融合的主要融合方法。其在融合过程中考虑每个传感器获得的决策信息作为证据，并根据 DS 证据组合规则对这些决策信息进行融合。其决策级融合模型如图 6-13 所示。

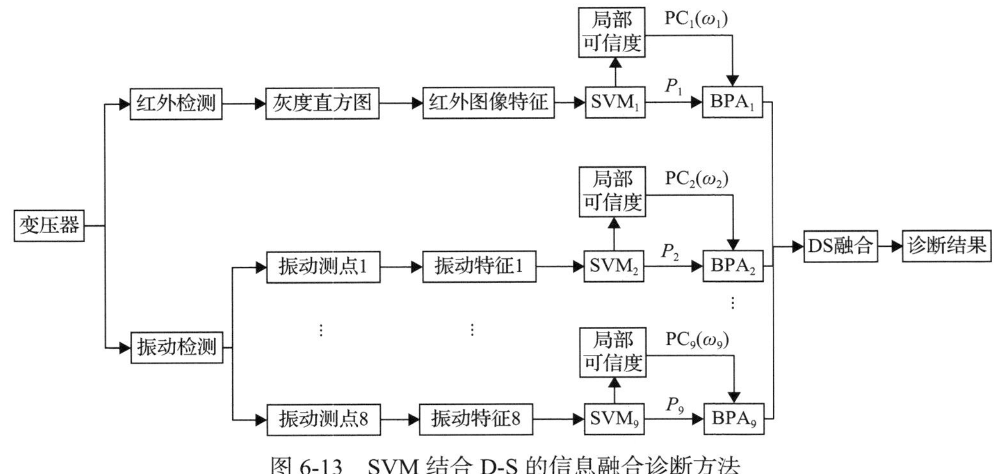

图 6-13　SVM 结合 D-S 的信息融合诊断方法

PC-局部可信度；*P*-后验概率值；BPA-基本可信度；SVM-支持向量机

基于决策级融合的方法首先要对每个信息来源的数据进行特征提取和模式识别[13]，本算法选用支持向量机(SVM)方法对单一信息来源的数据进行训练和测试并得到分类结果，然后将得到的结果作为证据，并利用 DS 证据理论进行融合。首先，利用混淆矩阵得到的 SVM 对不同故障类型的局部识别可信度进行估计，再根据 SVM 的输出和可信度估计进行基本可信度(BPA)分配，最后进行 DS 融合，完成决策级的融合。

3) 基于反向传播(BP)神经网络的变压器信息融合故障诊断

在基于 BP 神经网络的多传感器信息融合系统中，神经网络通过对样本的学习或按照某种算法对信息进行处理和融合，最终按要求找到对信息的分类标准，并把这些分类标准存储在分散的各个神经元中[14]。这个过程可以看作神经网络通过某种合适的学习机制，以看似不确定的计算方式自动地挖掘、推理，并得到所给信息中的隐含信息，把握了从输入到输出之间的关系，最终实现多个传感器信息按某种要求的融合。

使用 BP 神经网络进行红外和振动信息融合时的融合模型如图 6-14 所示。首先，对红外和振动数据进行特征提取。然后，将提取到的红外和振动特征组合成一个向量。最后，将该特征向量输入 BP 神经网络进行训练和测试。

2. 基于时序预测的设备运行态势评估技术

长短期记忆(LSTM)循环神经网络分为单层 LSTM 循环神经网络和多层 LSTM

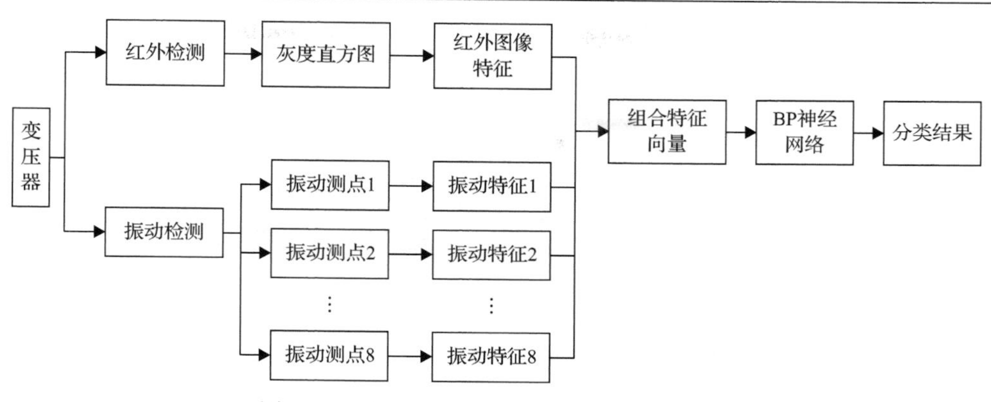

图 6-14　基于 BP 神经网络的融合诊断流程图

循环神经网络，多层 LSTM 循环神经网络的隐藏层由多层 LSTM 单元堆叠而成。相比于单层 LSTM 循环神经网络，多层网络经过充分学习，能够更好地提取数据间的关联信息，具有更好的信息表达能力，因此无论在预测问题还是分类问题中都具有更好的表现结果。LSTM 循环神经网络是在时间方向上进行展开循环的，如图 6-15 所示是常见 LSTM 循环神经网络的展开形式之一。在图 6-15 中，序列 $(x_0,x_1,x_2,\cdots,x_t)$ 表示不同时刻 LSTM 循环神经网络的输入，$(h_0,h_1,h_2,\cdots,h_t)$ 表示不同时刻网络的输出。

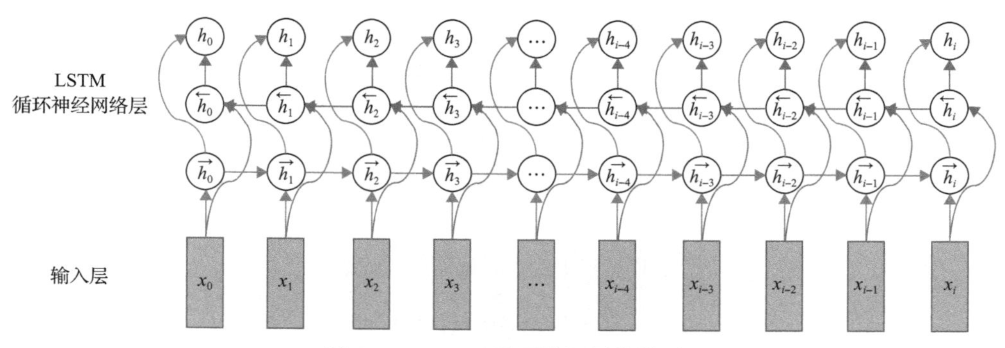

图 6-15　LSTM 循环神经网络模型

LSTM 循环神经网络的基本单元结构如图 6-16 所示。

LSTM 循环神经网络基本单元结构包括遗忘门、输入门和输出门，遗忘门是使 LSTM 有“长期记忆”能力的重要因素之一。遗忘门决定了抛弃哪些无用信息。输入门决定了输入的“新记忆”信息，输出门基于遗忘门与输入门得到当前的最新状态 c_t，输出门根据 c_t、h_{t-1} 和 x_t 共同计算当前时刻的输出。

基于 LSTM 循环神经网络的开关柜设备温度预测结果如图 6-17 和表 6-1 所示。

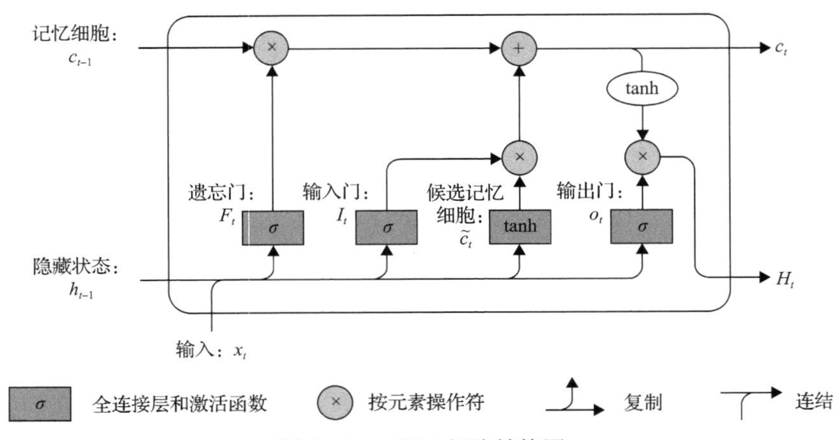

图 6-16　LSTM 细胞结构图

c_{t-1}-细胞状态输入值；H_{t-1}-隐藏状态输入值；F_t-遗忘门；σ -激活函数；$\tilde{c}_t$ -候选记忆细胞数值；o_t-输出门数值；c_t-细胞状态输出值；h_t-隐藏状态输出值；x_t-输入数值

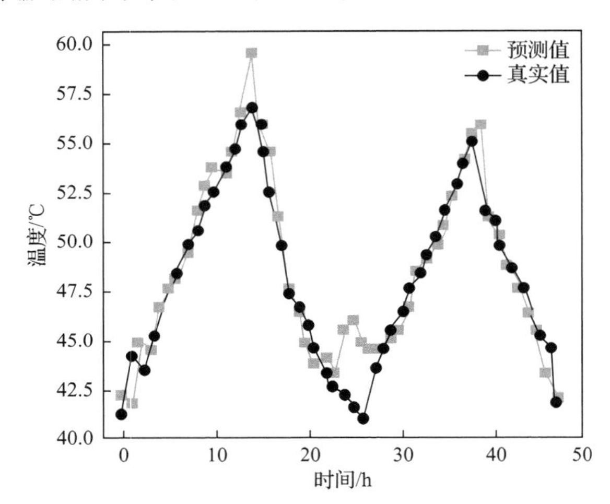

图 6-17　基于 LSTM 模型的预测结果

表 6-1　不同预测模型相关指标对比表

预测模型	MAE/℃	MSE/℃^{2}	MAPE/%	R^2	准确率/%
BP 神经网络	1.115	1.607	2.335	0.907	78.53
三层 RNN	1.251	2.235	2.605	0.864	70.25
三层 LSTM 循环神经网络	0.164	0.041	0.344	0.987	98.54

6.2.3　电力设备故障诊断技术

在前述介绍的电力设备多源异构数据中，因为电力设备发生故障的概率低，所以故障样本少且不同类型样本间呈现出不均衡性，依靠数据驱动方式构建的智能评估与诊断算法在实际应用中存在泛化性不高、可靠性不足等问题[15]，考虑到设备诊断包含大量的领域知识与物理机理，因此在人工智能算法中引入知识经验与物理机理，构建数据机理融合分析的故障诊断模型，有助于更加精准可靠地辨识设备故障类型、故障部位。

1. 基于内嵌领域知识的电力设备可视缺陷检测

通过提取设备的形态学知识，并将其内嵌在算法模型中，可提升对尺寸较小缺陷、多角度拍摄设备检测的效果[16,17]。下面对计算机视觉模型中无锚框(Anchor-Free)模型和视觉编解码器(CV Transformer)模型展开介绍。

1) 无锚框视觉模型

Anchor-Free 目标检测方法是一类不依赖于预定义锚框的目标检测方法。相比传统的使用锚框的方法，Anchor-Free 方法不需要事先定义和生成大量的锚框，而是直接从特征图中预测目标的位置和尺寸，避免了锚框的生成。此外，Anchor-Free 方法可以更准确地定位，通过直接从特征图中预测目标的位置，避免了匹配误差和位置偏移，代表模型包括 FCOS、CenterNet 等。该算法的核心思想是将目标的中心点作为检测目标，通过预测目标的中心点位置、尺寸和类别来完成目标检测。该方法的优点在于其简单而高效的设计，不需要使用复杂的候选框生成或锚框机制，而是通过直接回归目标中心点的位置和尺寸，避免了复杂的多尺度预测，具有更快的检测速度和较高的准确率，算法结构如图 6-18 所示。

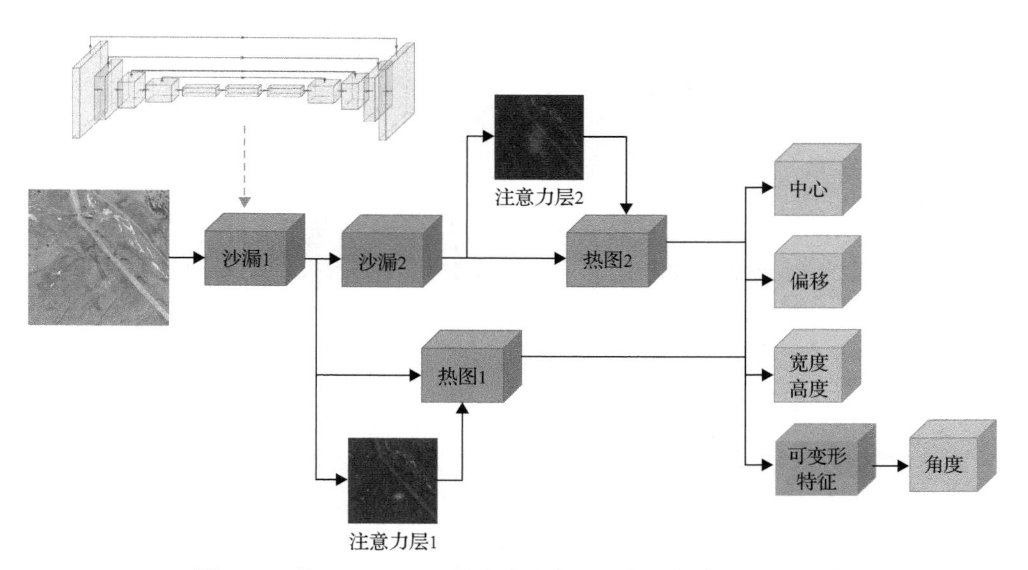

图 6-18　基于 CenterNet 的电力设备方向自适应检测(见文后彩图)

首先，采集电力设备运行图像，并采用旋转标注方法进行标注，建立基于其特征标注构建的包含特征的旋转数据集。具体地，利用固定摄像头和无人机等方式采集设备运行图像。对图像进行模糊筛选、预处理、数据增强、剪裁等预处理，再进行旋转框标注。

其次，对图片进行预处理，预处理包括图片去噪、图像随机反转、图片数据降采样，得到符合网络输入格式的数据。将数据输入一组串联的 Rot-HRNet 特征提取模块并进行多尺度的特征提取。Rot-HRNet 特征提取模块是一种针对旋转目标检测的多分支并联特征提取网络，分为下采样编码部分、特征保持部分和上采样特征融合部分。对于输入特征图，通过三组不同尺寸的卷积将特征提取流分为高、中、低分辨率，并保留各尺寸信息。通过角度自适应的可变形卷积进行特征旋转对齐，并结合层注意力机制进行特征融合。

然后，设计一组多任务回归分支，并在特征提取层的基础上进行类别及中心点坐标、中心点偏置、检测框宽高和角度的预测，每个分支包含两个 3×3 的卷积，并输出一个与特征图尺寸相同的预测图。

进一步地，考虑基于零样本学习的语义特征编码模型及其训练方法。对于全部类别集合 C 、对模型可见的训练类别集合 S 、对模型不可见的测试类别集合 U 和无关类别集合 O ，满足 $C = S \cup U \cup O$ 。在训练中，提供标注好类别的旋转回归框 $b_i \in \mathbb{N}^5$ 及其对应的类别语义特征 $w_j \in \mathbb{R}^{D_2}$ 。对于每个回归框 b_i 提取的深层特征 $\phi(b_i) \in \mathbb{R}^{D_1}$ ，使用语义编码嵌入方法建立训练类别和测试类别之间的语义特征关系。

基于视觉-语义编码网络，将待检测设备的图像特征映射到一个特征空间内，建立每个回归框对应的线性特征 ψ_i ：

$$\psi_i = \boldsymbol{W}_\mathrm{p} \cdot \phi(b_i) \tag{6-1}$$

式中， $\boldsymbol{W}_\mathrm{p} \in \mathbb{R}^{D_2 \times D_1}$ 为从特征空间 $\phi(b_i)$ 到目标特征 ψ_i 的映射矩阵。

使用余弦相似度计算目标特征 ψ_i 与训练类别 y_i 的编码特征的相似性，使用最大边缘损失来学习映射矩阵，实现边界框与其真实类的匹配分数高于与其他类的匹配分数。定义训练样本 b_i 和其类别标签 y_i 的损失函数：

$$L(b_i, y_i, \theta) = \sum_{j \in S, j \neq i} \max\left(0, m - S_{ii} + S_{ij}\right) \tag{6-2}$$

式中， θ 为深度网络和投影矩阵的参数空间； m 为用于调整损失函数分布的超参数； S_{ii} 和 S_{ij} 分别为边界框与真实类别的匹配分数、边界框与其他类别的匹配分数。

进一步地，为了提升模型的检测能力，在训练时使用数据增强方法将不同类型的图片进行组合。组合方式包括逐像素点融合、基于 GridMask 方法的擦除再填充、Mosaic 数据增强方法。

2) 视觉编解码器视觉模型

CV Transformer 模型[18]的设计目的是解决自然语言长距离依赖和并行计算的问题。通过引入自注意力机制来建立全局的上下文关系，从而能够更好地捕捉长距离的依赖关系[19,20]。

首次使用 Transformer 结构的视觉模型是 ViT[21] (vision transformer)，如图 6-19 所示。ViT 使用 Transformer 的编码器来处理图像，将图像分割成一系列图像块，之后将图像块转换为向量序列，再输入 Transformer 中进行处理。ViT 的出现标志着 Transformer 在计算机视觉领域的应用开始受到重视，并且在许多视觉任务上取得了与传统卷积神经网络相当或更好的性能。

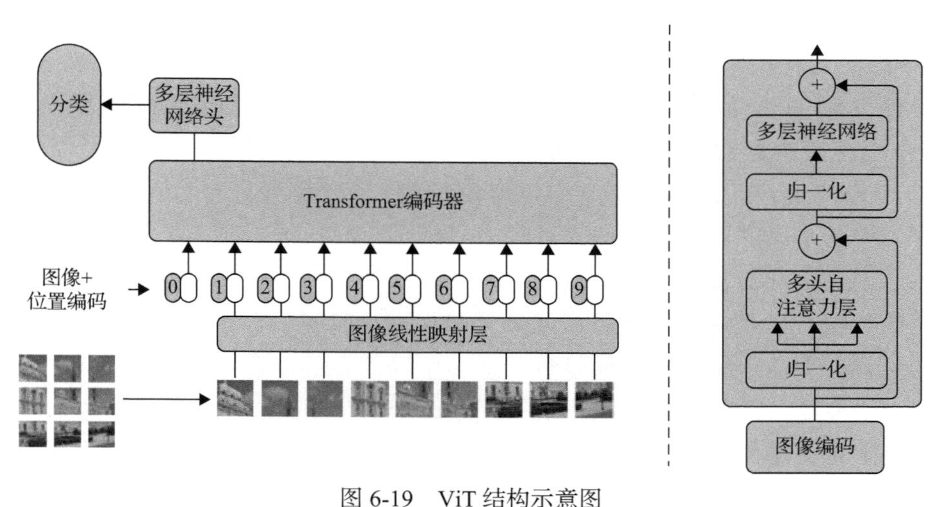

图 6-19　ViT 结构示意图

2. 基于业务知识引导的电力设备故障辨识

对电力设备的故障辨识与分析是保证其安全稳定运行的重要基础。对于基于数据驱动的深度学习模型，缺乏业务知识的引导约束是限制其分析准确性的主要原因，模型只能学习相关关系而非因果关系，并且过于依赖观测数据，当数据不全面或存在轻微扰动时便可能对模型造成很大影响。通过提取运检业务知识，经知识引导的方式支撑故障诊断模型训练可以提升故障诊断精度。下面对基于知识引导的变压器机械故障诊断与绝缘油发热性故障诊断模型展开介绍。

该模型基于设备故障判别规则、机理约束等业务知识，设计了注意力机制与数据机理融合机制，采用变压器多尺度卷积诊断技术，实现了变压器机械故障诊断准确率达到 85%以上，具体实现方式如下所述。

1)数据预处理

在信号特征提取前通过一系列的音频处理操作，使采集到的音频信号转化为可以直接调用、处理的音频信号。数据预处理阶段包括预加重、去噪和声源分离处理。

(1)第一步：预加重。

对采集的声纹信号进行预加重，有助于提升声纹信号的高频成分。通常选择一阶高通数字滤波器进行预加重处理。

$$T(X)=1-\mu X^{-1} \tag{6-3}$$

式中，T 为滤波结果；μ 为预加重系数，μ 值为 0.9～1，可取 0.97；X 为声音数据变量。

(2)第二步：去噪处理。

对采集的声纹信号进行去噪处理可以得到更清晰明显的声纹信号，从而利于辨识、处理或提取信号特征和进行噪声分离。

(3)第三步：声源分离。

在现场采集变压器声纹信号过程中，经常存在各类瞬时类干扰噪声，如鸟鸣、人说话声和脚步声等，给变压器本体声音处理与故障诊断带来困扰。此类干扰的共同特性是持续时间短且能量分布集中，而变压器本体声音则是连续稳定的信号。因此，将目标音频信息从众多生源信息的混合音中加以分离是很有必要的。变压器声信号受到的干扰较复杂，干扰信号类型也有所不同。首先，持续弱干扰类中的电晕放电和瞬时干扰类中的鸟鸣干扰频带都与变压器本体频带(0～4000Hz)无交集，可以不用考虑。而对于其他干扰，采用推土机距离、基于相似性矩阵的盲源分离法等均可获得满意效果。本节截取了现场实测数据中包含各类干扰的片段，以基于相似性矩阵法为例对两种瞬时信号进行分离，对比结果如图 6-20 所示。

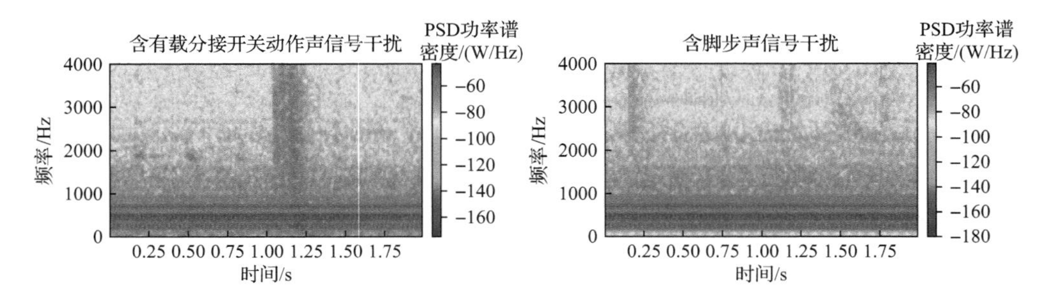

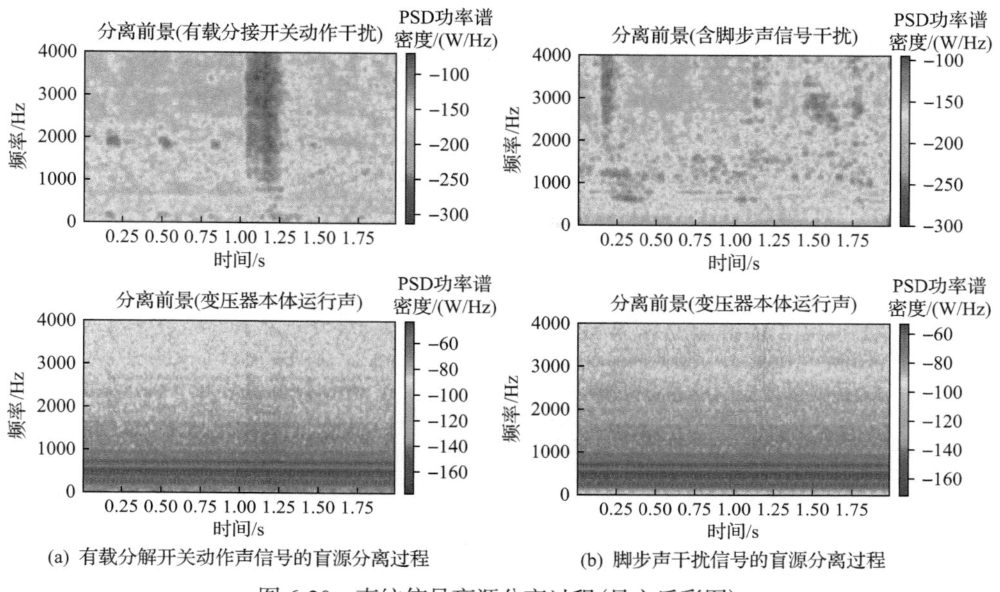

(a) 有载分解开关动作声信号的盲源分离过程　(b) 脚步声干扰信号的盲源分离过程

图 6-20　声纹信号盲源分离过程(见文后彩图)

2) 变压器机械故障诊断算法

由于振动信号随着变压器的运行而产生，能够实时指示设备运行状态的变化，因此基于振动信号的故障诊断是监测变压器状态的一种可行方法。构建基于一维卷积神经网络的端到端多任务注意力多通道卷积神经网络(MAMCNN 框架)，如图 6-21 所示，该框架集成多分支输入、多尺度残差学习和注意力机制引导的多分支融合技术来识别 220kV 变压器的状态，基于经验模态分解获取变压器原始振动信号的 IMF 分量，并将 IMF 分量和原始信号以多支路的形式输入网络中，使网络能够从不同的信号中提取特征。结合多尺度学习和残差学习的思想，采用深度循环多通道记忆网络(深层 RNN 结构)，通过一维 CNN 实现对不同时间尺度特征的学习。采用卷积层自动进行特征融合，增加注意力机制模块进行多分支特征融合，突出重要信息，提高系统性能。基于多分支结构、深层 RNN 和注意力机制引导的特征融合，使用 MAMCNN 框架实现端到端的故障诊断功能。通过比较四种最先进的故障诊断方法，对于滚动轴承数据集，可以实现更好的抗噪性和对波动工况的适应性。对于 220kV 变压器数据集，MAMCNN 可以显示出高精度、快速和稳定的收敛性。为了解决变压器故障诊断的小样本问题，该方法首先在滚动轴承振动公共数据集上进行了测试，结果表明 MAMCNN 在强噪声和波动工况下仍能很好地区分故障特征，并且无须去噪，状态识别的准确性和稳定性较高。将 MAMCNN 应用于基于振动信号的 220kV 变压器故障诊断，该结果在识别变压器四种状态时具有高精度、快速、稳定的收敛性。

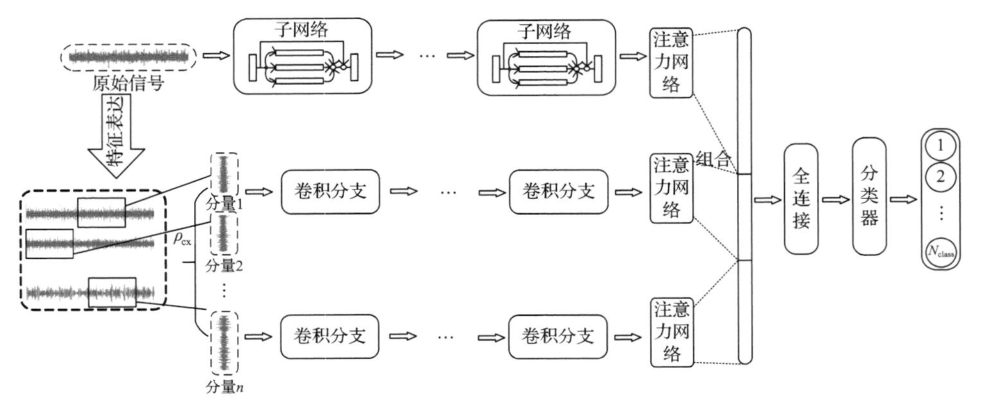

图 6-21　基于内嵌注意力机制的变压器机械故障诊断算法

ρ_{cx}-特征分量；N_{class}-分类的总数

针对某 220kV 变压器的声纹振动监测数据集，在变压器直流偏磁、组件松动两种故障中的诊断准确率高于 85%，如图 6-22 所示。

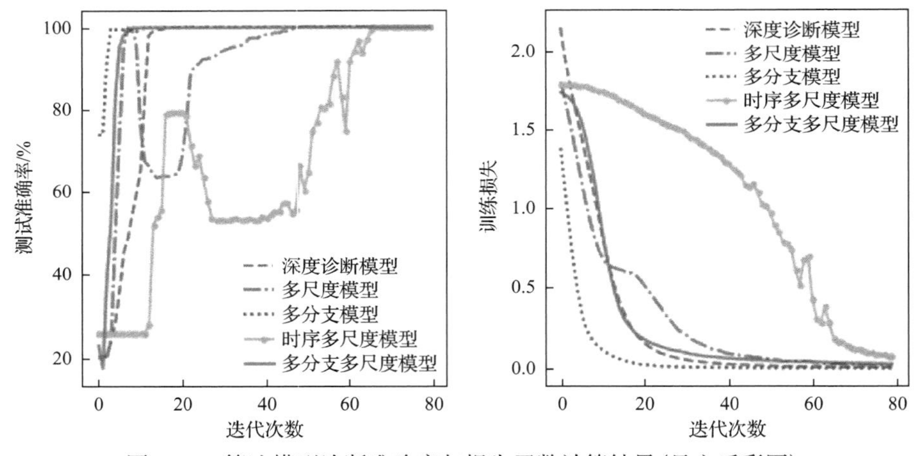

图 6-22　算法模型诊断准确率与损失函数计算结果(见文后彩图)

3. 基于知识引导的绝缘油发热性故障诊断技术

该模型提取绝缘油气体的缺陷判别规则、特征分布等经验知识，引导深度学习算法进行组合，优化分类边界划分方法，实现对绝缘油发热性故障的准确辨识。变压器在发生热和电故障时可以使变压器油的某些碳—氢(C—H)键和碳—碳(C—C)键断裂，重新化合生成 H_2 和小分子烃类气体，此外，油的氧化还会生成少量的 CO 和 CO_2；变压器中的纸、纸板和木块等绝缘材料属于高聚合碳氢化合物，热稳定性比油弱，在高于 105℃时开始裂解，生成大量的 CO、CO_2 和少量低分子烃类气体；油中含有的水分也可能与铁发生作用生成 H_2，油中溶解的 O_2 在高温时可能和设备中的油漆在不锈钢的催化下产生 H_2 等，这些都是油中特征气体的来源。当有理由认为设备出现故障时，可采用特征气体法和气体含量比值法来判断设备故障类型。

采用计及特征分布特性的聚类与单分类组合模型。基于支持向量描述的单分类算法学习样本边界，实现异常点检测。即在约束条件下求最小化问题：

$$\min f(R,a,\xi)=R^2+C\sum\xi_i,\quad i=1,2,\cdots,n \tag{6-4}$$

约束条件为

$$\|x_i-a\|^2\leqslant R^2+\xi_i,\ \ \xi_i\geqslant 0 \tag{6-5}$$

式(6-4)和式(6-5)中，C 为某个指定的常数；R 为数据包裹半径；a 为球心；ξ 为松弛变量；n 为特征的总数。

考虑到支持向量数据描述(SVDD)的分类边界是由位于分类边界上的支持向量决定的，即起决定作用的是那些少数支持向量对应的样本，位于超球内部的数据样本对决策边界不起作用。为此，将大数据集划分为若干子集，在各个子集上用 SVDD 算法求解，得到各局部支持向量集，然后提取这些支持向量集，重新组成数据集并用 SVDD 求解即得到全局最优解。面向变压器油中溶解的单分类故障诊断结果如图 6-23 所示，由于基于该方法的支持向量数据描述(KmD-SVDD)算法在求局部支持向量时把每个训练样本的局部疏密度考虑在内，这样每个超球的球心落在高密度区域，所以最终得到最优决策边界，从而提高了分类准确率[22]。

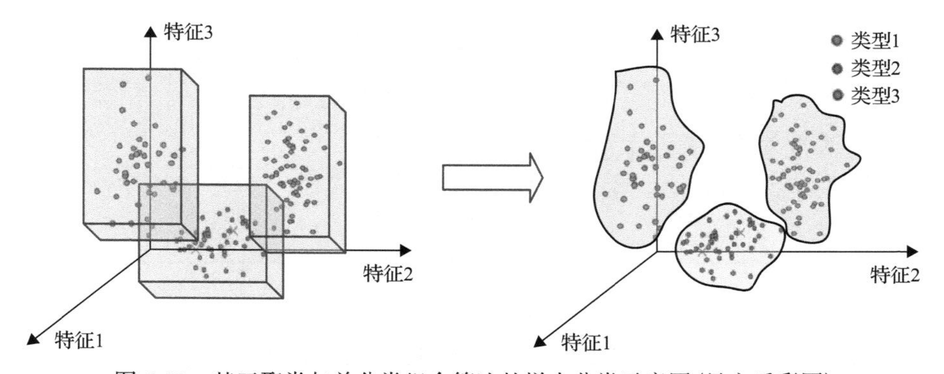

图 6-23　基于聚类与单分类组合算法的样本分类示意图(见文后彩图)

6.2.4　应用算例

基于电力设备故障诊断算法模型，针对设备运维业务需求，通过融合电力设备多源数据，支撑构建电力设备状态评估与故障诊断应用，支撑设备多源监测数据的智能分析与故障诊断结果生成，辅助业务人员提升运维检修效率。

1. 电力设备多源数据融合

变压器是电力系统中重要的电力设备之一，其正常运行对电力系统的稳定运行至关重要。变压器故障会对电网造成严重影响，甚至会造成停电等重大事故。因此，变压器故障检测和预测一直是电力系统领域的研究热点。在变压器故障检测中，可以利用变压器产生的声音信号来判断其运行状态及其是否存在故障。声纹时序和谱图数据是声音信号中的两种重要特征，时序特征反映了声音信号的时间序列信息，而谱图特征反映了声音信号的频谱信息。

将变压器声音信号中的时序和谱图数据进行异构特征融合，便可以综合利用两种不同类型的特征信息，提高变压器故障检测的准确性和鲁棒性。针对变压器声纹时序和谱图数据进行特征自提取与融合，其过程包括以下几个方面。

(1) 时序特征提取：将声纹数据转换为时序特征。通过对语音数据进行分帧、提取梅尔频率倒谱系数(MFCC)、应用滤波器组等操作，可以得到一系列时序特征向量。

(2) 谱图特征提取：将声纹数据转换为谱图特征。通过对声纹数据进行分帧、加窗、短时傅里叶变换(STFT)等操作，得到一系列谱图特征向量。

(3) 异构特征融合：将时序特征和谱图特征通过多源数据异构特征融合算法进行融合。变压器声纹时序与谱图数据异构特征的融合结果如图 6-24 所示。

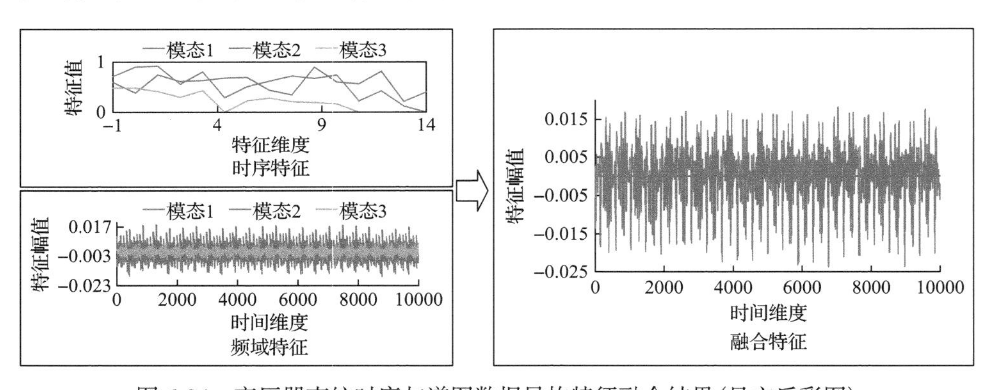

图 6-24　变压器声纹时序与谱图数据异构特征融合结果(见文后彩图)

多源数据特征级的融合增强了不同标签类别数据之间特征的差异性，从而有助于提升故障诊断准确性。

2. 电力设备状态评估

当变压器等电力设备发生绝缘故障时，放电点会产生可闻声信号和超声波信号，声波信号以放电源为中心，以球面波形的形式向周围空间传播，并从设备的隙缝处传播开来[23]。通过研究声波信号的波形和特征可以得到电力设备的不同运行状态。

针对电力设备绝缘故障问题，利用局部放电时产生的可闻声信号对声音信号进行多类特征提取，并对比时域特征、频域特征及模型分析方法特征对识别结果的影响。本章利用支持向量机分类算法，构建了一种用于评估电力设备绝缘状态的模型。实验结果表明，增加样本的特征类型，可以提高状态评估的可靠性。基于可闻声源多模态特征的设备状态评估过程包括：

(1)信号的前期采集和预处理，通过预处理将采集的长音频信号分割成短的待测信号。

(2)使用批量特征提取的方法获取可闻声信号的高维特征矩阵。

(3)对高维特征矩阵进行主成分分析(PCA)降维处理。

(4)将各类特征参数输入 SVM 进行模型训练。

(5)状态评估结果生成。

基于声纹信号的电力设备状态评估过程如图 6-25 所示。

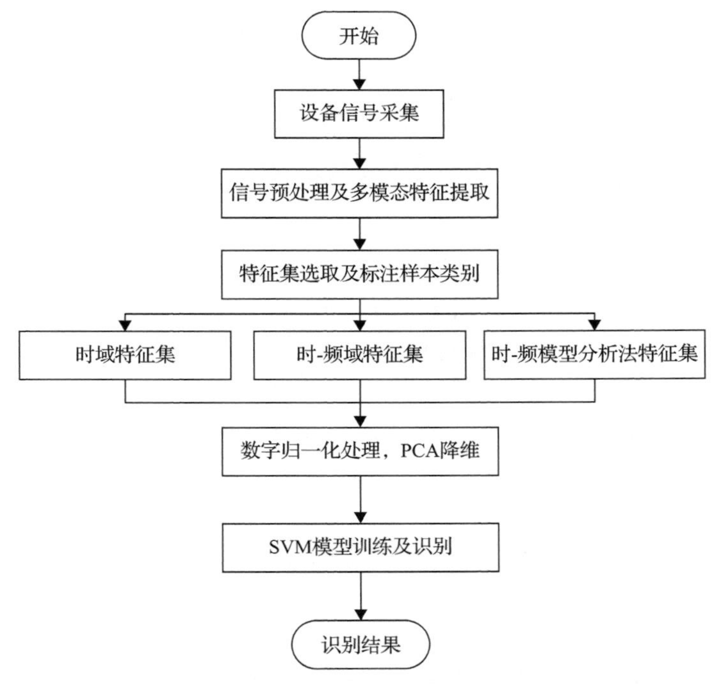

图 6-25　基于声纹信号的电力设备状态评估算法流程

总的来说，通过采用特征提取、特征降维、状态评估算法训练等过程，可以有效对电力设备的状态进行识别和监测，具有很高的实用价值。电力设备在不同工作状态的识别结果如表 6-2 所示。

表 6-2　电力设备不同工作状态下的识别结果

实际状态	识别的状态					识别率/%
	正常状态	异常 1	异常 2	异常 3	异常 4	
正常状态	92	5	0	2	0	92.9
异常 1	5	93	0	1	0	93.9
异常 2	0	0	99	0	0	100.0
异常 3	4	0	0	94	1	96.9
异常 4	0	0	0	2	97	98.0

3. 电力设备故障诊断

受传统传感监测手段灵敏度低的影响，设备故障的误报漏报率较高；另外，由于设备故障种类多，无法采用统一模型满足多种故障诊断的需求；此外，数据驱动模型诊断的可靠性不足，需要结合设备业务知识对故障进行分析。为了提升设备故障诊断的精度与可靠性，需要采用新型高性能传感监测技术，为设备故障诊断应用提供良好的数据支撑，并在此基础上构建设备故障业务知识与数据模型的融合分析模型，实现电力设备故障的准确可靠诊断。

基于电力设备多源监测数据，构建知识引导深度学习的故障诊断算法模型，在电力设备监测信息中引入知识经验，将模型化、数字化的知识用于引导具体的学习算法以提升学习性能，并在多模态动态融合框架的基础上融合变压器领域知识。算法模型训练的步骤如下：

(1) 使用稀疏选通策略动态获取不同样本的特征信息。

(2) 使用模态置信度动态评估不同样本的模态信息。

(3) 使用一个统一的多模态融合框架动态融合特征信息和模态信息，使模型对动态变化的特征信息和模态信息数据具有鲁棒性。

以声纹数据和红外数据为例，多模态融合分析算法结构如图 6-26 所示。

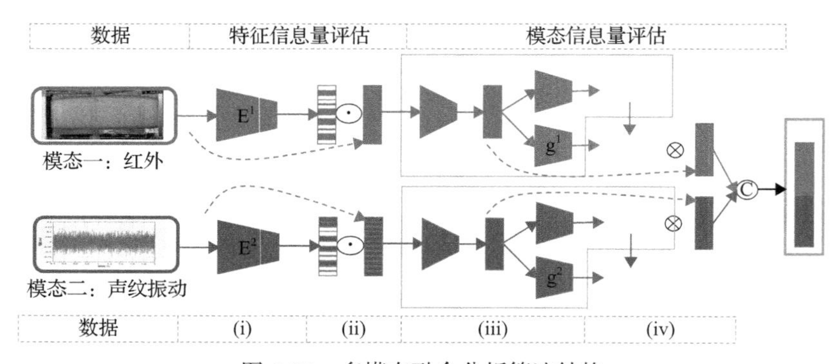

图 6-26　多模态融合分析算法结构

E^1-编码器网络 1；E^2-编码器网络 2；g^1-置信回归网络 1；g^2-置信回归网络 2

为了验证本方法，这里收集了 322 个变压站部分变压器的故障数据，包含多个变压器等级及 21 种常见的故障类型。通过比对多模态融合分析算法与单模态分析算法故障诊断的准确度，论证算法模型的有效性。

验证结果如图 6-27 所示，可以发现使用多模态融合分析算法比单独使用一种模态进行故障诊断分析的诊断准确度高，从而说明了使用多模态融合分析能够有效提高电力设备故障诊断模型的有效性。

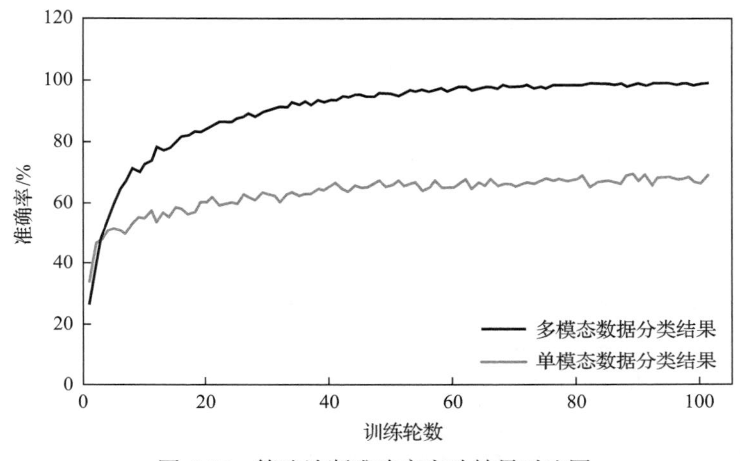

图 6-27　算法诊断准确率实验结果对比图

6.3　数据机理驱动的源网荷储协同优化

在传统配电网中，电力潮流一般由上端变电站单一地流向负荷节点，运行方式相对简单，并且传统配电网中无发电设备，不涉及源荷协同优化，只对电压和网损进行优化控制。然而，分布式可再生能源规模化接入与负荷柔性控制等的应用，对配电网潮流分布造成了显著影响，但同时也增加了源、荷、储丰富的可控单元，因此亟须提出面向配电网的源网荷储协同优化技术，实现配电网源荷的双向互动，促进可再生能源的高效消纳。

为了实现源网荷储大规模分布式资源的协同优化，需要海量数据的精准感知与高算力平台的支撑。电力物联网感知层能够实现对电网、设备、用户状态的动态采集、实时感知和在线监测，可为源网荷储协同优化提供数据基础。电力物联网平台层数字孪生系统可提供机理模型、数据模型海量模拟的实验与评估功能，为源网荷储协同优化提供仿真和计算平台。

源网荷储协同优化技术包括三部分：态势感知、多元协同调度、分布式控制，如图 6-28 所示。

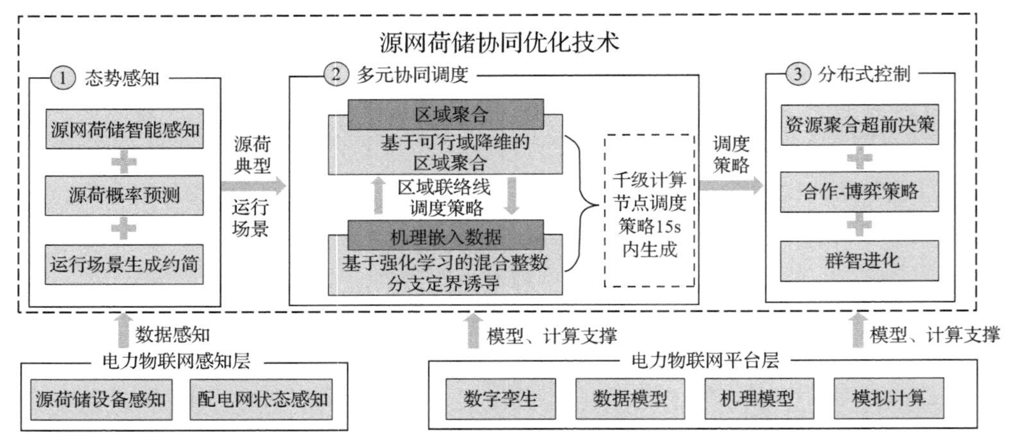

图 6-28 源网荷储协同优化核心技术框图

态势感知方面，可再生电源出力和负荷的不确定性与波动性是阻碍源网荷储协同互动的瓶颈，需要从构建源荷动态模型的角度支撑协同优化体系构建。其中，源网荷储运行状态的感知方法，包含量测设备的优化配置方法、高冗余量测数据的降维方法等。源荷未来态的不确定性与波动性，可以通过考虑网络和储能动态特性的源网荷储概率预测方法和源网荷储运行场景集智能生成与约简方法，精准刻画源荷未来态的典型场景[24]，从而为源网荷储协同优化调控研究提供可靠数据。

多元协同优化调度方面，大规模分布式源荷储调控对象的时空特性不一，其优化调度问题为混合整数非凸规划模型，该模型用传统优化求解器求解难且计算时间长，是源网荷储多元协同调度需要攻克的关键难题。因此，可基于可行域降维投影，将异构资源自主聚合为统一模型，从而降低模型维度。并在此基础上，采用机理嵌入数据模式，通过深度强化学习加速传统优化求解器的模型求解[25]，降低搜索空间，大幅提升大规模源网荷储优化调度的计算速度。

分布式控制方面，针对分布式的广泛资源节点数量多、信息交互复杂等问题，考虑广泛资源的耦合特性和群体协同特性划分自治区域，基于在线深度学习的超前决策方法和多区域间合作-博弈策略与群智进化机制[26]，实现多元资源的分布式自主控制，解决源网荷储大规模异构调控对象实时控制的难题。

6.3.1 源网荷储预测分析技术

1. 基于注意力机制的源荷概率预测

由于源荷预测需要提取风电、光伏、负荷不确定量的时序信息和特征信息，输入信息非常复杂，而注意力机制可以自适应地关注输入信息的不同部分，并为重要信息赋予更大的权重，因此研究采用注意力机制技术提取各不确定量及其相关变量的特征信息，保证模型能够关注各不确定量特征信息的最重要部分。

可再生能源出力与气象特征具有明显的关联性，在此针对数值天气预报(numerical weather prediction, NWP)设计了两种注意力机制来提取相关特征[27]：特征注意力机制和时序注意力机制，如图 6-29 所示。为了从众多的气象特征中提取出相关特征，采用单线性层网络的注意力机制来动态过滤气象特征。

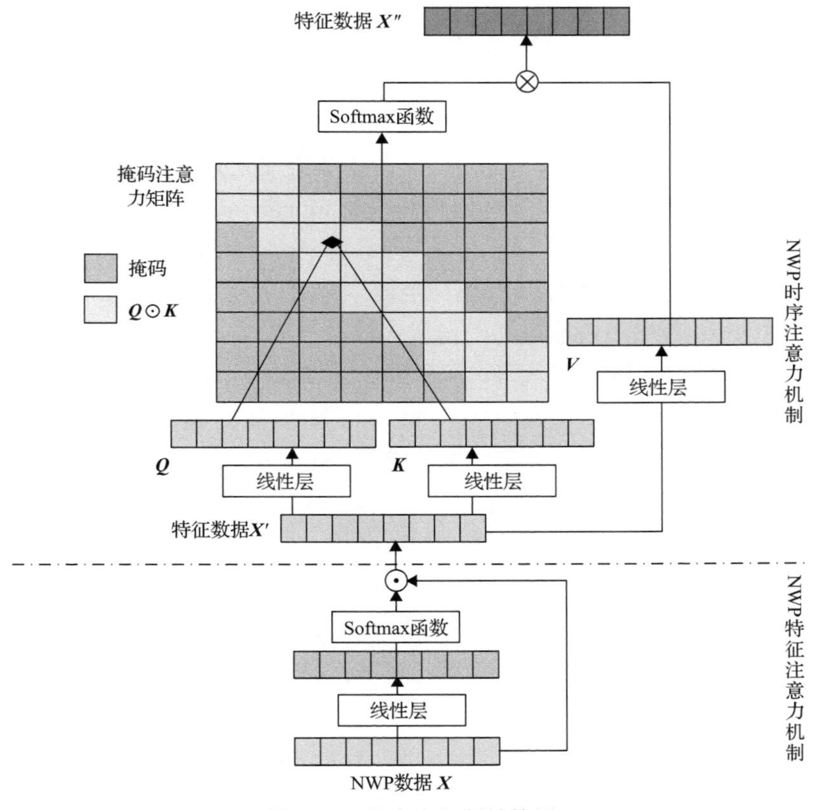

图 6-29　注意力机制结构图

注意力机制的 $\boldsymbol{Q}$、$\boldsymbol{K}$、$\boldsymbol{V}$ 分别代表查询(Querry,$\boldsymbol{Q}$)、键(Key,$\boldsymbol{K}$)和值(Value,$\boldsymbol{V}$)

从注意力机制中提取出相关特征信息后，需要融合多时间尺度的时序特征和空间特征对未来预测信息进行推演，在此采用图神经网络和时序卷积网络构建时空卷积网络模型进行概率预测[28]，网络结构如图 6-30 所示。

时空卷积网络模型的输出信息由每个时空卷积层的输出共同叠加构成，每层输出均取时序信息的首端信息，其分别代表不同时间尺度下对下一预测时刻的时空相关性。通过时空卷积层的输出叠加，即可等效构建高阶图卷积网络。

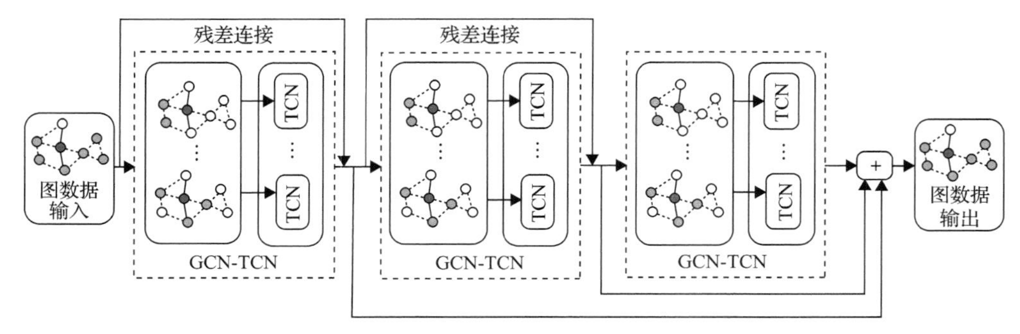

图 6-30　时空卷积神经网络示意图

2. 源网荷储运行场景集智能生成与约简

分布式电源出力存在强不确定性，所以需要生成未来可能发生的场景，并将其用于源网荷储协同互动。变分自编码器(variational auto-encoder，VAE)是深度学习领域的一类重要的生成模型，由编码器(encoder)和解码器(decoder)两个结构独立的部分组成。在源网荷储运行场景生成中，可以通过 VAE 的编码器学习源-荷历史数据的概率分布，再通过解码器重构数据形成源-荷生成场景，但由于 VAE 采用均方误差等损失函数来衡量源-荷生成场景和源-荷历史数据的误差，故生成样本的精确度较低。生成对抗网络(generative adversarial network, GAN)是基于二元博弈论提出的一种无监督学习模型，由生成器(generator)和判别器(discriminator)两部分构成。GAN 中的判别器对原始数据和生成数据相似度的度量精度较高，但训练过程较难收敛且存在调参困难的问题。因此，利用 VAE 和 GAN 的优势，并结合 VAE 的编码器和 GAN 的判别器，形成基于 VAE-GAN 的源-荷场景生成模型，再采用图神经网络(graph neural networks，GNN)、时域卷积网络(temporal convolutional network，TCN)模型结合的方式作为编码网络，提取源-荷数据的时空相关特征，其改进的 VAE-GAN 源荷场景生成结构如图 6-31 所示。

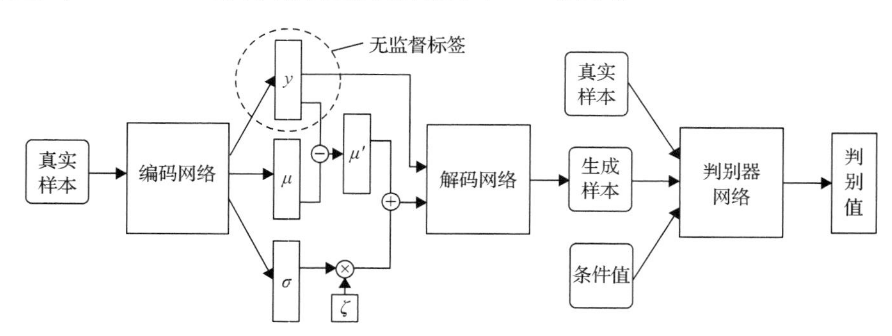

图 6-31　改进 VAE-GAN 源荷场景生成结构示意图

y 为无监督标签；μ 为均值；μ' 为修正均值；σ 为方差；ζ 为随机噪声

生成的源网荷储初始场景集用 $X_s=\left\{x_i^s \middle| i=1,2,\cdots,n\right\}$ 表示，假设其服从离散均匀分布 $P_s=\sum_{i=1}^{n}\frac{\delta_{x_i^s}}{n}$,其中 δ 为指示函数；约简后的典型场景集用 $X_{s'}=\left\{x_j^{s'} \middle| j=1,2,\cdots,k\right\}$ 表示，假设其服从离散分布 $P_{s'}=\sum_{j=1}^{k}\delta_{x_j^{s'}}P_{s'j}$ 。场景约简的目的在于寻找一个数量较少的典型场景集 $S'=\left\{X_{s'},P_{s'}\right\}$ ，使其与初始场景集 $S=\left\{X_s,P_s\right\}$ 之间的概率距离最小。

Wasserstein 距离可用来描述两个概率分布之间的距离且优于其他距离测度，初始场景集和典型场景集之间的 Wasserstein 距离越小，给随机优化问题带来的误差越小。针对上述场景约简模型，通过神经网络形式来反映 Wasserstein 正则化目标函数，并将目标函数视为网络损失函数。结合神经网络反向梯度训练的方法训练 Wasserstein 重心离散点。

若初始场景集中的场景数为 n，每个场景样本的维度为 t，令初始场景集用矩阵 $\boldsymbol{Y}_{n\times t}$ 表示。而典型场景集，即求解的重心维度与初始场景集一致为 t，场景数为 m，用可学习参数矩阵 $\boldsymbol{\theta}_{m\times t}$ 表示。场景约简网络模型如图 6-32 所示。

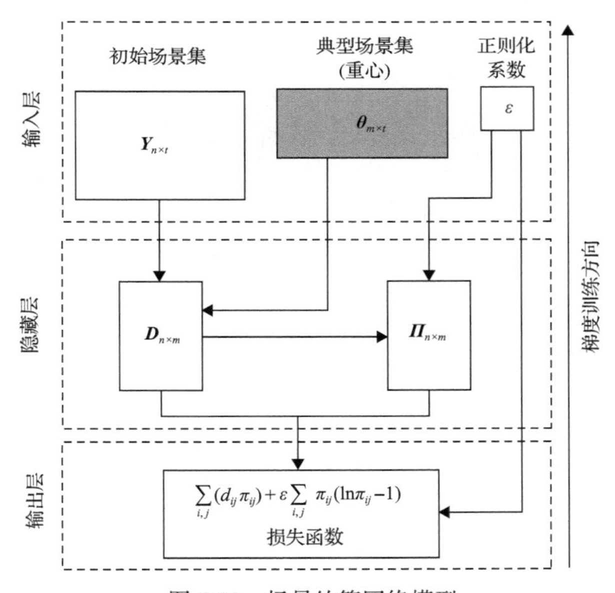

图 6-32　场景约简网络模型

d_{ij}-场景 i 与场景 j 的欧几里得距离；π_{ij} -场景 i 至场景 j 的传输概率；ε -正则化系数

该网络输入层包括初始场景集信息、典型场景集信息和正则化系数。在隐藏层中计算得到距离测度矩阵和传输矩阵。网络输出值为 Wasserstein 正则化问题的目标函数。从图 6-32 中可知，该网络在层与层之间没有网络传递参数，因为输入信息与输出损失函数之间的函数映射是已知的。但在输入层中，典型场景集由可训练参数组成。因此，该网络需要通过目标函数反向梯度训练 Wasserstein 距离。该网络的映射关系也可以通过修改参数之间的计算方式来进行修改。例如，可以通过调整正则化系数及距离测度的计算方法来适配不同需求下的场景约简。

6.3.2　模型/数据交互驱动的源网荷储协同优化技术

大规模源网荷储协同优化问题的变量类型多样且约束形式复杂，当系统计算节点数量大幅增加时，模型计算复杂度将随其呈指数级增长，所以模型难以快速求解。基于模型/数据交互驱动的优化计算方法求解源网荷储协同优化问题可以发挥数据驱动快速计算的优势，同时基于传统优化的理论最优性能够保证策略的可信性。具体如图 6-33 所示，将源网荷储协同优化调度建模为双层优化问题，其中下层优化问题通过可行域降维投影方法将多维空间降维为端口化的二维可行域，降低了模型整体的复杂度；之后，将上层优化问题建模为小规模非线性混合整数优化问题，并采用深度强化学习进行加速求解，从而实现系统全局的快速优化计算。

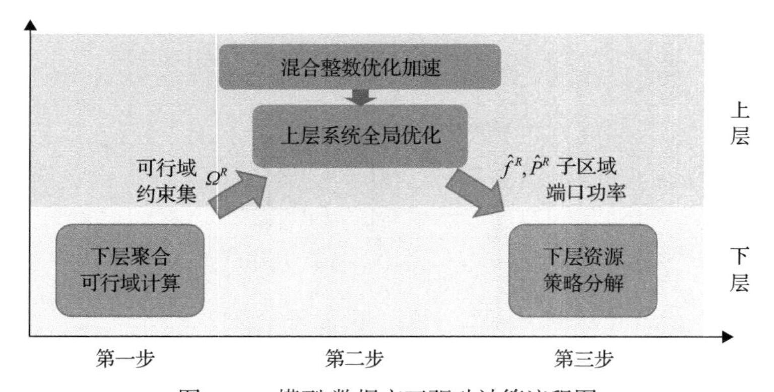

图 6-33　模型/数据交互驱动计算流程图

1. 基于可行域降维的聚合区域模型

优化模型聚合理论包含约束条件聚合和经济参数聚合两个部分，其中约束条件聚合的数学本质是可行域投影(feasible region projection)问题。将子系统内部关于状态变量和控制变量的高维运行可行域投影到低维协调变量空间，便可得到确保协调结果可执行的显式约束条件参与上层系统协同优化[29]。

1）可行域计算方法

计算可行域的总体步骤如图6-34所示。首先，需要获取区域内配电系统运行的基础数据，具体包括配电网连接拓扑、配电线路和变压器的电导及电纳参数、配电线路传输容量极限、安全运行允许的节点电压上下限、配电网内部分布式电源有功和无功出力上下限、配电网内部负荷节点的有功和无功负荷预测。这部分区域内部配电系统运行的基础数据可由源网荷储的预测分析得到。

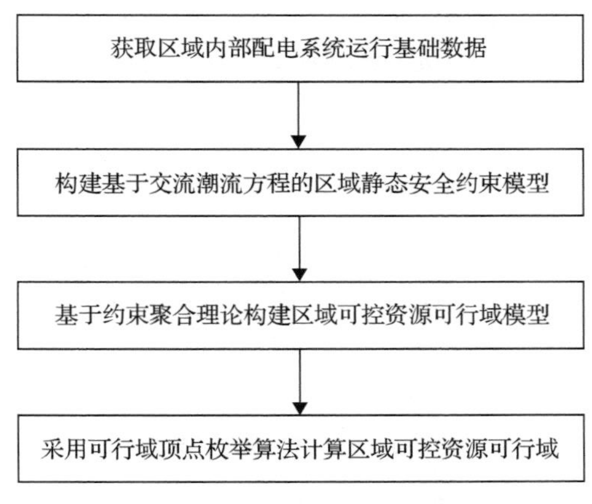

图6-34　计算可行域的总体步骤图

其次，构建基于交流潮流方程的区域静态安全约束模型和基于约束聚合理论构建区域可控资源可行域模型，这一部分在有源配电网端口有功功率-无功功率（P-Q）可行域模型中有所涉及。然后，利用顶点枚举算法计算区域可控资源可行域的近似值，再通过顶点映射的方法得到可行域，这一部分在有源配电网关口P-Q可行域辨识方法中有所涉及。考虑各区域内部配电网安全约束和分布式资源运行约束估计灵活性曲线，即可像传统同步发电机一样参与电网的有功、无功协调优化运行。任意满足灵活性范围的调度指令均可被区域内可控设备进行分解执行，并且不会违反配电系统的运行约束。各区域将静态安全约束模型和出力可行域上报给上级调度机构后，即可参与上层系统的协调优化。区域以投影后的降维模型代替完整优化模型参与上层系统优化决策，仅需单次、少量的信息交互即可确保上层系统的优化结果与下层子系统的最优性一致，由此可实现无须迭代、隐私保护、快速求解的分解协调优化。上层系统完成优化调度后，将调度指令下发给区域，区域再通过内部优化模型实现调度指令的分解，并由区域的可控设备完成执行。

2) 有源配电网端口 P-Q 可行域模型

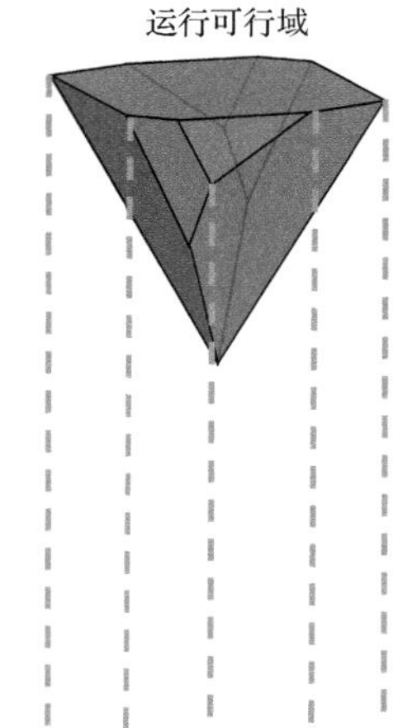

图 6-35　可行域降维投影示意图

有源配电网端口 P-Q 模型可行域降维投影如图 6-35 所示，将关于$\left(\boldsymbol{v},\boldsymbol{\theta},\boldsymbol{P}^{g},\boldsymbol{Q}^{g},P_0,Q_0\right)$的静态安全约束可行域记为$\Omega$，即

$$\Omega=\left\{\left(\boldsymbol{v},\boldsymbol{\theta},\boldsymbol{P}^{g},\boldsymbol{Q}^{g},P_0,Q_0\right)\right\} \tag{6-6}$$

式中，$\boldsymbol{v}$、$\boldsymbol{\theta}$、$\boldsymbol{P}^{g}$、$\boldsymbol{Q}^{g}$分别为以v_i、θ_i、P_i^g、Q_i^g为元素的向量；记$\boldsymbol{x}=\left(P_0,Q_0\right)$，$\boldsymbol{x}$的取值在输电侧的调度阶段即可确定，并成为操作阶段的边界条件。设$\boldsymbol{y}=\left(\boldsymbol{v},\boldsymbol{\theta},\boldsymbol{P}^{g},\boldsymbol{Q}^{g}\right)$且$\hat{\boldsymbol{y}}=\left(u,\boldsymbol{\theta},\boldsymbol{P}^{g},\boldsymbol{Q}^{g}\right)$，通过将输电系统侧的调度需求作为边界条件，求解配电系统侧的优化运行问题，可以得到$\boldsymbol{y}$和$\hat{\boldsymbol{y}}$的值。修改线路容量约束和潮流方程式，则虚拟电厂静态安全约束可行域是一个多面体，记作$\hat{\Omega}$，并且线性化安全约束与$(\boldsymbol{x},\hat{\boldsymbol{y}})$有关。

消去区域内部状态变量$\boldsymbol{v}$、$\boldsymbol{\theta}$和内部决策变量$\boldsymbol{P}^{g}$、$\boldsymbol{Q}^{g}$，将区域静态安全约束聚合为关于端口有功和无功出力的约束，得到有源配电网端口出力可行域：

$$\Phi=\left\{\left(P_0,Q_0\right)\left|\begin{array}{l}\exists\left(\boldsymbol{v},\boldsymbol{\theta},\boldsymbol{P}^{g},\boldsymbol{Q}^{g}\right),\\ \text{s.t.}\left(\boldsymbol{v},\boldsymbol{\theta},\boldsymbol{P}^{g},\boldsymbol{Q}^{g},P_0,Q_0\right)\in\Omega\end{array}\right.\right\} \tag{6-7}$$

利用$(\boldsymbol{x},\boldsymbol{y})$表示，得到有源配电网端口出力可行域为

$$\Phi=\left\{\boldsymbol{x}\in\mathbb{R}^2\mid\exists\boldsymbol{y},\text{s.t.}\,(\boldsymbol{x},\boldsymbol{y})\in\Omega\right\} \tag{6-8}$$

式中，Φ为有源配电网端口出力可行域，它是二维空间的一个有界区域。该模型将所有有区域内各类分布式资源的运行约束及配电网安全运行约束聚合为关于有源配电网端口有功和无功出力的可行域，其可保证任何满足约束Φ的源荷调度策略$\left(P_0,Q_0\right)$均可被配电系统执行且不会违反静态安全约束。

3) 有源配电网关口 P-Q 可行域辨识方法

通过区域可控资源可行域包络线上一些点处的凸包近似计算可行域。该方法分为两步：第一步是计算可行域初步近似值$\hat{\Phi}$，主要是为了确定可行域形状的关键点；第二步计算需要利用第一步得到的近似值$\hat{\Phi}$中的一些顶点，这些被映射的点的凸包就是最终的可行域近似值。

(1)第一步：初步近似。

可行域初步近似值 $\hat{\varPhi}$ 是线性化后的安全约束可行域 $\hat{\varOmega}$ 的投影，因此求解 $\hat{\varPhi}$ 是一个多面体投影问题，通过经典的投影算法，如 Fourier-Motzkin 消除法(FME)就可以解决。FME 是一种面向面的投影方法。它通过一种组合方法消除无关变量来计算投影。这种方法的复杂度是指数级的，而且可能会产生大量的冗余约束。因为 $\hat{\varPhi}$ 是二维的，其涉及的顶点数量不多，所以可以通过枚举所有的顶点来获得。这里采用的方法是渐进顶点枚举法(PVE)。当预测空间的维数较低时，该算法在计算效率和避免产生冗余约束方面优于 FME 算法。

(2)第二步：顶点映射。

将第一步得到的近似可行域 $\hat{\varPhi}$ 的顶点映射到实际可行域的边界点上。用 $\hat{V}$ 表示近似可行域 $\hat{\varPhi}$ 的顶点集。对于 $\hat{V}$ 中的每一个 $\hat{v}_i$，让 $\boldsymbol{s}_i$ 和 $\boldsymbol{t}_i$ 表示这个点的两条入射边的外法向。因为 $\hat{v}_i$ 是 $\hat{\varPhi}$ 的极点，因此对于任意满足正线性组合的 $\boldsymbol{s}_i$ 和 $\boldsymbol{t}_i$，$\hat{v}_i$ 是目标函数 $\boldsymbol{c}_i^{\mathrm{T}} \cdot \boldsymbol{x}$ 的最优解。该目标函数满足之前的约束条件。在完全模型化的交流安全约束条件下，用相同的目标函数来解决这个问题可以得到可行域解 $\varPhi$ 的一个点 v_i。通常将 $\boldsymbol{c}_i$ 设定为 $\boldsymbol{s}_i$ 和 $\boldsymbol{t}_i$ 的平均值：

$$\boldsymbol{c}_i = \frac{1}{2}\left(\boldsymbol{s}_i + \boldsymbol{t}_i\right) \tag{6-9}$$

v_i 就是下述优化问题的最优解，即

$$\begin{gathered} v_i = \max \boldsymbol{c}_i^{\mathrm{T}} \cdot \boldsymbol{x} \\ \text{s.t.}(\boldsymbol{x}, \boldsymbol{y}) \in \boldsymbol{\varOmega} \end{gathered} \tag{6-10}$$

该问题是一个优化潮流(OPF)问题，可以通过基本对偶内点法解决。当确定 $\hat{v}_i$ 时，潮流计算结果为解决 OPF 问题提供了一个初始值，从而获得一个高效的解决方法。通过求解问题式(6-10)，可将 $\hat{\varPhi}$ 中的顶点映射到 $\varPhi$ 的边界点。每个顶点是独立映射的，因此可以通过并行运行进一步加速计算。假设得到的是 N_{CP} 点，那么所有这些点的凸包是可行域的线性化近似，表示为 $\varPhi_A$。$\varPhi_A$ 是一个二维的多边形，故它可以完全由 N_{CP} 相关的线性不等式来表示。

2. 基于强化学习的源网荷储协同优化加速方法

优化问题求解计算时间等于问题预求解时间加上单一子问题计算时间与子问题数目的乘积。其中，单一子问题的求解时间由其问题基本形式、变量约束规模及所使用的迭代求解算法决定，当问题形式和参数数目取值固定时，基于商用求解器进行计算已经接近计算速度极限，难以获得进一步提升；而子问题的数目则与建模方法和求解策略相关，这些策略很多情况下无法由机理严格证明，但却在应用中表现出很好的效果，这些求解方法统称为启发式策略。

考虑源网荷储协同的优化问题，由于其包含源侧出力供给、网侧拓扑结构、荷侧需求响应、储能削峰填谷等一系列控制要素，所以在优化建模时将产生大量的变量和约束，其中由模型线性化、设备非连续运行特性引入的整数变量使整个问题的求解复杂度急剧上升。混合整数规划中常用分支定界算法进行求解，其本质是寻找与原问题的完全线性松弛解最接近的可行整数解。通过树形搜索不断更新当前整数解上界与松弛解下界的距离，最差的情况需要遍历所有分支才能确定最优组合。若能够尽可能快地找到最优整数组合的构造方案，将大幅减少子节点所对应优化问题的计算数量，进而大幅减少计算时间，如图 6-36 所示。

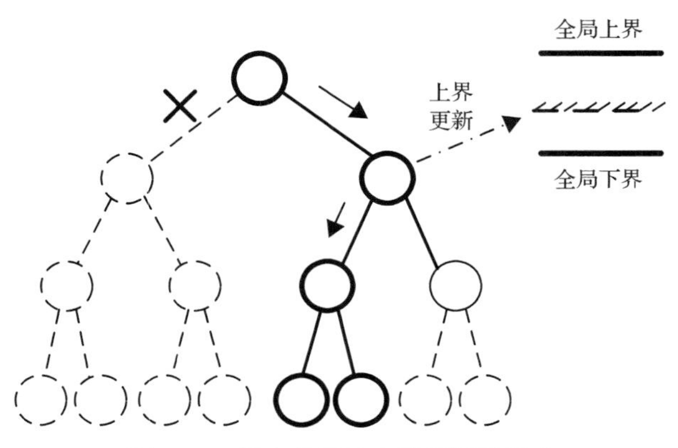

图 6-36　混合整数分支定界诱导策略

基于人工智能方法提高混合整数优化求解速度，一方面，基于人工智能方法启发式地确定优化问题中某些整数变量的取值，能够在不影响最终收敛最优解的基础上，减少整数分支定界的搜索空间，进而减少松弛子问题的求解数目；另一方面，可以通过预测某一变量组合分支对应的目标值，快速选择与全局上界距离更小的分支进行进一步搜索，提高搜索效率。考虑到源网荷储协同问题通常包含多个时间断面的耦合关系，提出利用深度强化学习提取时序相关的整数变量取值规律，实现整数启发式求解。其中，深度强化学习算法训练的状态空间是由系统源网荷储可控对象的状态参数及网络拓扑各节点的实际功率等信息构成的一维张量，可表示为如下形式，即

$$S=\left\{P_{\mathrm{L}},P_{\mathrm{w}},P_{\mathrm{pv}},P_{\mathrm{dg}},P_{\mathrm{vg}},\mathrm{SoC}_{\mathrm{bs}}\right\} \tag{6-11}$$

式中，P_{L} 为节点负荷功率；P_{w} 为风电出力；P_{pv} 为光伏出力；P_{dg} 为传统机组出力；P_{vg} 为虚拟电厂出力；$\mathrm{SoC}_{\mathrm{bs}}$ 为储能荷电状态。

同时，基于优化模型中的主要整数变量构建动作空间，包括储能设备充放电辅助整数变量、新能源功率调节辅助整数变量、负荷投切辅助整数变量等。每一个时间断面，由以上整数变量构建的动作空间可表示为如下形式，即

$$A=\left\{I_1,I_2,\cdots,I_n\right\} \tag{6-12}$$

式中，$I_1, I_2, \cdots, I_n$ 为优化问题中的整数变量。

设置奖励函数用于评价当前整数取值策略的优劣。算法探索阶段，动作空间变量被赋予某一固定值，在该条件下，原优化问题中的整数变量转化为常数，其问题形式得到改变。求解当前整数取值对应的最优运行成本，即整数变量定常化对应的线性规划或凸优化问题的最优解，并将其作为强化学习训练过程的即时奖励。奖励函数可表示为如下形式，即

$$r_t = \min f_t^R \left(P_{\mathrm{dg}}, P_{\mathrm{vg}}, P_{\mathrm{bs}} \middle| P_{\mathrm{ext}}^R, I_1, \cdots, I_n \right) \tag{6-13}$$

式中，f 为成本函数；R 为子区域编号；P_{bs} 为区域内储能设备充放电功率；P_{ext}^R 为流经区域与外部电网联络线的交互功率值。

应用各类型无模型强化学习算法均可以实现该训练模型设定条件下的策略提升。本研究采用基于行为-评价(actor-critic)的强化学习框架训练分支定界决策智能体，其架构如图 6-37 所示。

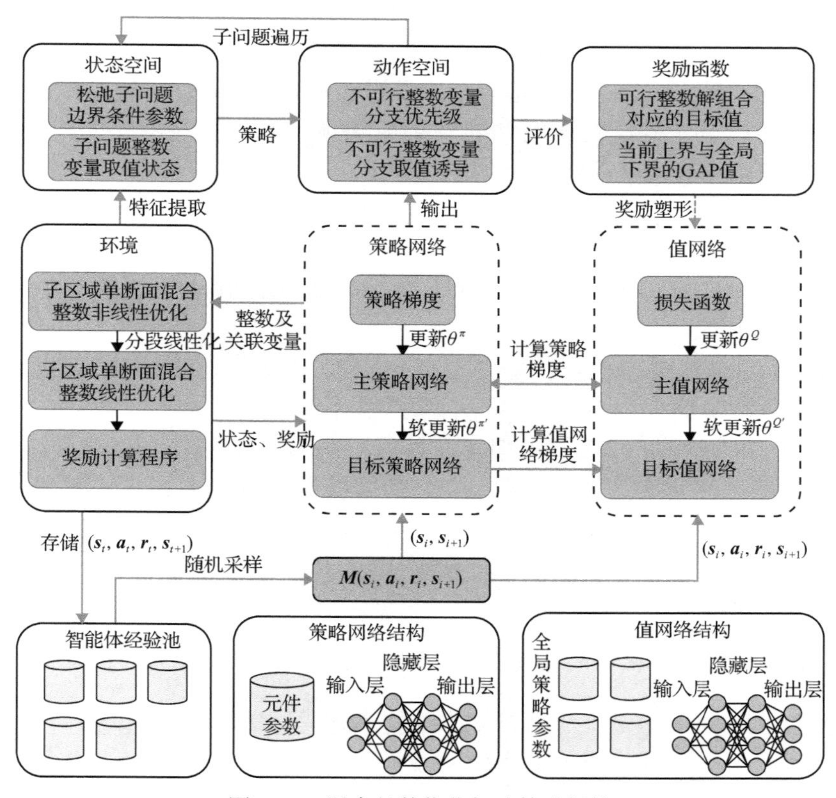

图 6-37　混合整数优化加速算法架构

s-状态信息；a-动作信息；r-反馈奖励；t-交互步数；i-随机采样样本编号；θ^{π}-策略网络参数；$\theta^{\pi'}$-目标策略网络参数；θ^{Q}-值网络参数；$\theta^{Q'}$-目标值网络参数

其中，策略网络(Actor)输入观察的系统状态，在训练阶段输出叠加噪声信号的策略动作值以提高智能体的探索效率，而在测试阶段仅输出确定的策略用于执行验证；值网络(Critic)输入观察的系统状态和对应的策略网络决策结果，输出动作价值，即针对策略网络输出结果的累计奖励评估期望。因为决策变量为整数变量，所以采用适用于离散动作的深度确定性策略梯度(deep deterministic policy gradient，DDPG)算法进行模型训练。在 Actor 和 Critic 中都包含了目标网络和估计网络，在训练过程中只需要更新估计网络的参数，而目标网络的参数由估计网络每隔一定时间步直接复制。Critic 根据损失函数式(6-14)进行网络学习：

$$\begin{cases} y = r + \gamma \max_{a'} \bar{Q}^*(s',a') \\ L(\theta) = E_{s,a,r,s'}\left[\left(Q^*(s,a\mid\theta) - y\right)^2\right] \end{cases} \tag{6-14}$$

式中，$\bar{Q}^*$ 为目标值函数网络的估计值；Q^* 为值网络的输出值；a 为策略网络传过来的动作；$L(\theta)$ 为值网络损失函数；y 为目标网络 Q 值。总的来说，值网络的训练还是基于目标 Q 值和估计 Q 值的平方损失，估计 Q 值根据当前状态 s 和策略网络输出的动作 a 输入值网络得到，而目标 Q 值根据奖励 r 及由下一时刻的状态 s' 和目标策略网络得到的动作 a' 输入目标值网络取得的 Q 值乘以折扣因子加和得到。

Actor 网络基于确定性策略构建状态空间得到动作空间的映射，表示为：$\mu_\theta : S \to A$ 并根据公式(6-15)进行参数更新：

$$\nabla J(\theta) = E_{s\sim D}\left[\nabla_\theta \mu_\theta(a|\ s)\nabla_a Q^\mu(s,a)|\ a = \mu_\theta(s)\right] \tag{6-15}$$

式中，J 为策略网络损失函数；E 为期望算子；下脚 D 为状态分布函数；μ 为由策略网络确定的动作值。

假定动作空间连续，那么对同一个状态，则输出了两个不同的动作 a_1 和 a_2，那么根据状态估计网络得到了两个反馈的 Q_1、Q_2 值。若 $Q_1 > Q_2$，则执行动作 a_1 可以获得更多的奖励。策略梯度的思想是增加 a_1 的概率，降低 a_2 的概率，以获得更大的 Q 值。

实验表明，DDPG 方法不但在一系列连续动作空间的任务中表现稳定，而且求得最优解所需要的时间步也远少于其他离散动作优化方法。与基于值函数的深度强化学习算法相比，基于行动者-评论家框架的深度策略梯度方法优化策略的效率更高、求解速度更快。

3. 模型/数据交互驱动的源网荷储协同优化

综合以上所述的区域聚合可行域降维技术与强化学习辅助混合整数优化加速技术，本节将具体阐述完整的模型/数据交互驱动的源网荷储协同优化算法流程，如图 6-38 所示。

(1)完成拓扑模型构建与边界条件确定。建立含新能源、传统机组、虚拟电厂、储能设备等多种可控要素的电网基本拓扑，获取系统内各节点负荷与不可控分布

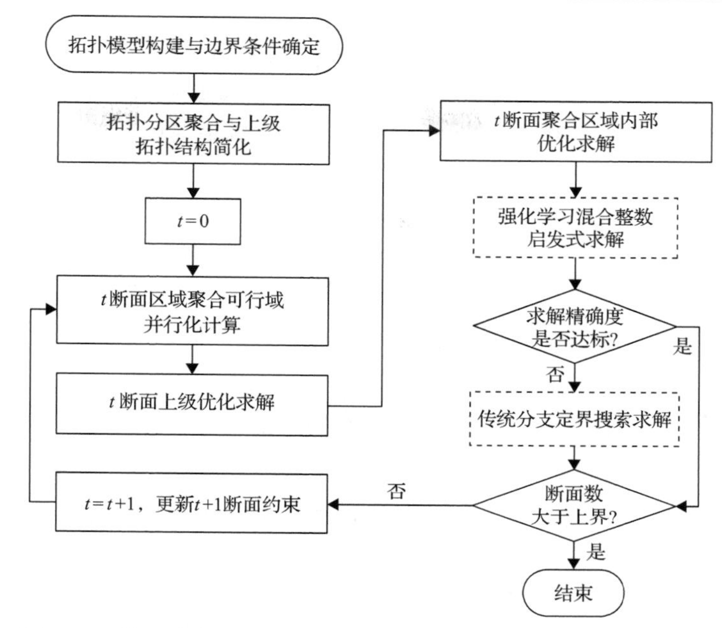

图 6-38　模型/数据交互驱动的源网荷储协同优化算法流程图

式新能源的 96 个断面(15min 一个断面，1 天共 96 个)的处理预测数据作为能量平衡边界条件。

(2)根据节点连接关系与可控要素空间分布的特征，确定区域聚合范围和端口节点。聚合区域通常以主要变电站为聚合端口，将对应低压区域内的全部可控要素纳入聚合范围，形成的简化模型仅包含上级电网联络线、等效区域聚合端口、聚合端口与上界电网间的电网拓扑关系及区域间联络线。

(3)计算各聚合区域的单时间断面优化可行域，得到聚合端口有功功率、无功功率可行范围及对应的运行成本。功率运行点对应的运行成本在空间构成凸多面体，可由一组空间超平面进行描述，故由多个聚合端口可行域提供的优化目标成本和约束成分均为线性形式，在变量规模层面实现了大幅简化。可行域的计算过程同样需要求解器参与，多个区域的可行域计算可以实现并行化计算处理。

(4)求解上层优化问题，得到对应各个可行域的最优运行点。如式(6-16)所示：

$$
\begin{gathered}
\min f_{\text{ext}}^{R}=\sum_{R\in R} f_{\text{ext}}^{R},\qquad f_{\text{ext}}^{R}\in \Omega^{R}\\
\Omega^{R}:\left\{\left(f_{\text{ext}}^{R},P_{\text{ext}}^{R}(t)\right)\mid \exists\left(P_{\text{dg}}^{R}(t),P_{\text{vg}}^{R}(t),P_{\text{bs}}^{R}(t),f^{R}\right)\to\left(f_{\text{ext}}^{R},P_{\text{ext}}^{R}(t)\right)\right\}
\end{gathered}
\tag{6-16}
$$

式中，f_{ext}^{R} 为全部子区域运行成本之和，f_{ext}^{R} 对应每一个独立子区域的运行成本；Ω^{R} 为 R 区域的聚合可行域；$P_{\text{ext}}^{R}(t)$ 为运行成本值 f_{ext}^{R} 对应的端口功率值。

当 $\left(f_{\text{ext}}^{R},P_{\text{ext}}^{R}(t)\right)$ 元组确定时，在可行域内总是可以找到至少一组对应的可控要

素(机组、虚拟电厂、储能设备)功率组合$\left(P_{\text{dg}}^{R}(t),P_{\text{vg}}^{R}(t),P_{\text{bs}}^{R}(t)\right)$使该元组成立。

在得到可行域最优运行点的基础上，对可行域内部的可控要素最优组合进行进一步求解。子区域内部的运行目标为各控制要素运行成本之和，其形式如式(6-17)所示：

$$\min f^{R}=\sum_{t=\Delta t}^{T}\left\{\sum_{\text{dg}\in G}C_{\text{dg}}^{R}\left[P_{\text{dg}}^{R}(t)\right]+\sum_{\text{vg}\in V}C_{\text{vg}}^{R}\left[P_{\text{vg}}^{R}(t)\right]+\sum_{\text{bs}\in B}C_{\text{bs}}^{R}\left[P_{\text{bs}}^{R}(t)\right]\right\} \tag{6-17}$$

式中，P_{dg}^{R}、P_{vg}^{R}、P_{bs}^{R}分别为机组、虚拟电厂、储能设备的实际功率；C为成本函数；G、V、B分别为子区域所含机组、虚拟电厂以及储能设备的全集。其中，机组成本以功率的二次函数形式表达(其二次项系数、一次项系数以及常数项分别为a_{dg}^{R}、b_{dg}^{R}和c_{dg}^{R})，虚拟电厂成本以功率的一次函数形式表达(其系数为α_{vg}^{R})，储能的运行成本则与设备荷电状态改变量成正比，其系数表示为β_{bs}^{R}，成本的时间间隔为Δt。由于优化问题中存在整数变量，所以为了减少整数可行组合搜索计算量，采用前述的强化学习辅助的优化加速技术对子问题进行求解。若人工智能启发式无法得到满足求解精度的可行解，则在此基础上通过传统分支定界法再进一步搜索，最终得到子区域内的全部待求解变量，至此断面t内的全部变量均已求解得到。

$$C_{\text{dg}}^{R}\left(P_{\text{dg}}^{R}(t)\right)=\left\{a_{\text{dg}}^{R}\left[P_{\text{dg}}^{R}(t)\right]^{2}+b_{\text{dg}}^{R}P_{\text{dg}}^{R}(t)+c_{\text{dg}}^{R}\right\}\Delta t \tag{6-18}$$

$$C_{\text{vg}}^{R}\left[P_{\text{vg}}^{R}(t)\right]=\alpha_{\text{vg}}^{R}P_{\text{vg}}^{R}(t)\Delta t$$

$$C_{\text{bs}}^{R}\left[P_{\text{bs}}^{R}(t)\right]=\beta_{\text{bs}}^{R}\left|\text{SoC}_{\text{bs}}^{R}(t)-\text{SoC}_{\text{bs}}^{R}(t-\Delta t)\right|$$

在得到t断面可控要素最优解的基础上,基于设备爬坡约束更新其运行上下界,进而支撑t+1断面的可行域计算。在调度计划时间域内循环执行可行域计算—上层线性优化求解—下层混合整数优化加速求解—设备界约束更新，直至全部断面完成计算，可得到完整的系统调度计划。

本算法将变量规模庞大且约束形式复杂的多断面优化原问题，通过降维聚合技术转化为一系列易计算的单断面线性或混合整数线性子问题，同时利用人工智能启发式加速寻找整数最优组合，使其计算复杂度随问题规模由指数级增长转换为线性增长，从而有效支撑了大规模源网荷储协同优化问题的快速求解。

6.3.3　源网荷储分布式自主控制技术

1. 基于在线深度学习的分布式资源聚合超前决策

在各自治区域内，尽管分布式资源具有相似的调节能力和调节成本，但聚类方法无法准确评估分布式资源的聚合调控特性。而在实际运行中，分布式资源的调控能力还受调控策略、室外温度等外部因素时序的影响。因此，掌握分布式资源聚合调控特性，刻画聚合响应容量与时间、激励机制和环境等因素间的耦合关系，并以此为边界制定分布式资源聚合超前决策，能够事先调整激励价格，引导自治区域电网内部分布式资源提供足够的响应容量，以满足未来电网运行与控制的需求。

基于在线深度学习的区域电网分布式资源聚合超前决策方法[30]，在区域电网分布式资源聚合调控过程中，实时收集真实分布式资源响应容量样本，在线滚动更新神经网络，动态提高分布式资源聚合响应容量评估准确性，又不影响调控策略的执行，如图 6-39 所示。

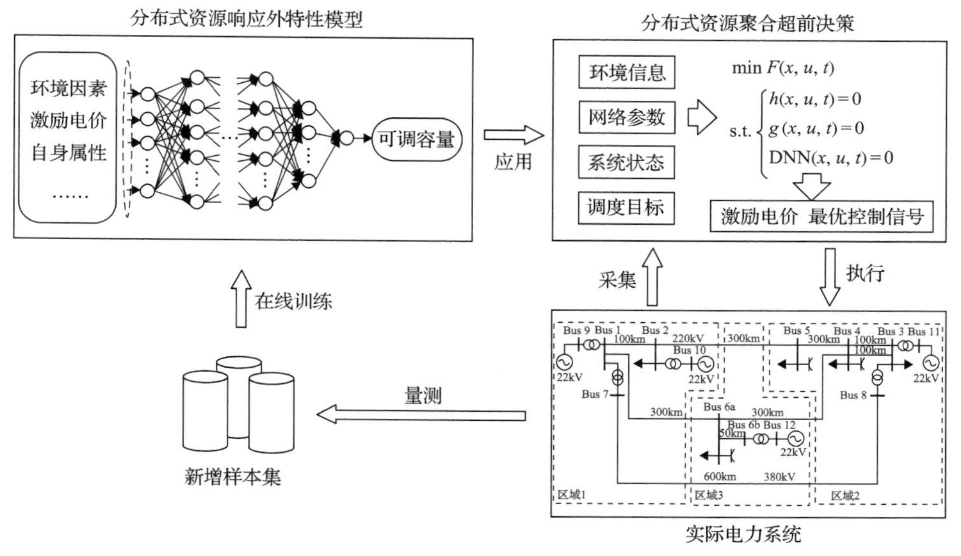

图 6-39　基于在线深度学习的区域电网分布式资源聚合超前决策方法

假设分布式资源通过激励型需求响应机制参与系统调控，当前时段分布式资源的聚合响应容量(R_h)受激励价格(ρ)、室外温度(T)和历史响应容量(R_{h-1}, $R_{h-2},\cdots,R_{h-k}$)等关键因素的影响。采用深度神经网络作为在线学习模型，将分布式资源聚合意愿响应容量作为模型输入，并以上述三个影响因子作为输入量。经过反复训练后，在线学习模型可以根据输入量自动预测未来分布式资源的聚合意愿响应容量。

2. 多区域间合作-博弈策略

为了实现源网荷储资源的广域协同互动，在自治区域电网内部分布式资源超前控制策略研究的基础上，基于合作-博弈理论，通过多区域电网分布式协同优化方法，将系统全局优化目标的变化量作为区域电网的合作收益，采用基于

VCG(Vickrey-Clarke-Groves)机制的收益分配方法，将合作收益按 VCG 因子所占比例分配至各自治区域，从而修正自治优化目标；通过 ADMM 算法实现区域间的分布式迭代交互，使自治区域的资源局和调控指令能够自主跟随系统全局优化目标。

为了简化计算复杂度，采用 VCG 分配法实现合作联盟收益在多区域电网间的公平分配。VCG 分配法是一种拍卖方法，将竞标者参与和不参与拍卖两种情况下其他竞标者的总收益之差作为该竞标者的收益。根据 VCG 分配原理，将区域电网参与合作博弈和不参与合作博弈两种情况下的多区域互联系统总运行成本之差作为该区域电网对系统总运行成本的贡献值。同时，采用罚函数的方式将维护互联输电线路安全运行的责任分摊至各区域电网，则在 VCG 分配机制下区域电网联盟的贡献如下：

$$V_i = \sum_{j \neq i} L_j \left(a_j C_j, x_{jm}, \boldsymbol{\lambda}, \boldsymbol{\delta}, \boldsymbol{\mu}, \boldsymbol{\gamma} \right) - L_{N \backslash i} \tag{6-19}$$

式中，V_i 为区域电网 i 在合作-博弈中合作收益的VCG因子；$L_j \left(a_j C_j, x_{jm}, \boldsymbol{\lambda}, \boldsymbol{\delta}, \boldsymbol{\mu}, \boldsymbol{\gamma} \right)$ 为区域 i 参与合作博弈时，联盟内其余自治区域间的收益之和；$L_{N \backslash i}$ 为区域 i 不参与合作博弈时的剩余自治区域构成系统的运行成本增广拉格朗日函数。

各区域电网按照 VCG 因子分配合作收益，并以此修正自治区域的优化模型：

$$\begin{aligned} & \min B_i = C_i^{(0)} + \frac{V_i}{\sum_m V_m} L\left(\boldsymbol{a}^{\mathrm{T}} \boldsymbol{C}, x_{ij}, \boldsymbol{\lambda}, \boldsymbol{\delta}, \boldsymbol{\mu}, \boldsymbol{\gamma} \right) \\ & \text{s.t.} \begin{cases} \boldsymbol{h}\left(\boldsymbol{x}_i \right) = 0 \\ \boldsymbol{g}\left(\boldsymbol{x}_i \right) \leqslant 0 \end{cases} \end{aligned} \tag{6-20}$$

式中，$C_i^{(0)}$ 和 B_i 分别为自治区域的运行成本、采用合作-博弈后的自治区域实际运行成本。

由式(6-20)可知，参与合作-博弈后的自治区域优化运行与所有区域的 VCG 因子密切相关。本节提出了基于 ADMM 算法的区域间 VCG 因子分布式交互更新方法，以 VCG 因子作为衡量合作-博弈是否达到纳什均衡的指标，流程如图 6-40 所示。

在每一轮迭代过程中，各自治区域之间仅交互 VCG 因子取值，假设在其余自治区域的 VCG 因子不变的前提下，求解自治区域优化模型，更新自治区域的聚合决策指令 $\boldsymbol{x}_i$ 及拉格朗日部分式 L_i；基于自治区域优化决策指令，更新本区域的 VCG 因子，并将其发送至其他自治区域。以此交互，直至各区域 VCG 因子的更新偏差小于阈值，认为各区域的 VCG 因子都不再发生变化，即各区域不再改变自身决策，合作-博弈达到纳什均衡。

本章所提基于 ADMM 算法的迭代交互方法不涉及各自治区域隐私，交互信息少，降低了计算压力。

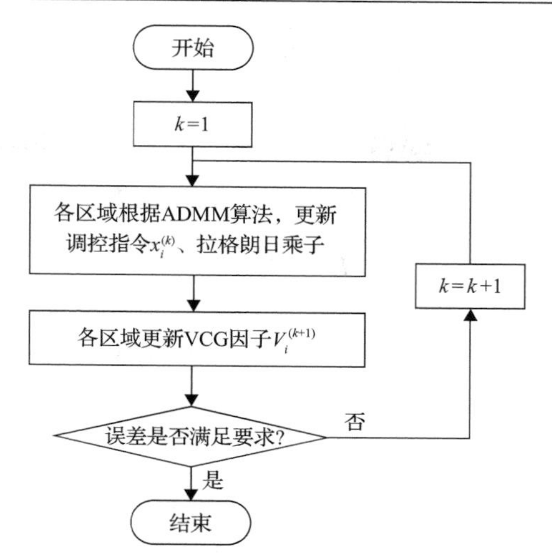

图 6-40　基于 ADMM 算法的自治区域 VCG 分布式更新流程

3. 群智进化模型与算法

上述关于源网荷储资源区域内超前决策与多区域电网合作-博弈均依赖一个决策中心，其负责决策优化并将指令以集中式或分布式方式传达至各区域电网及内部资源，这是一个被动过程。如何使区域电网能够智能、自主地决策，是实现源网荷储资源分布式自主控制的关键。因此，这里采用完全分布式的 MADDPG 训练方法。该方法中的各智能体的环境相互独立，彼此间交互各区域电网的 VCG 因子、拉格朗日部分式 L_i、联络线状态变量 x_{ij}，并根据自治区域内部状态信息及相邻区域电网交互信息，计算该智能体的即时奖励。分布式 MADDPG 训练算法如图 6-41 所示。

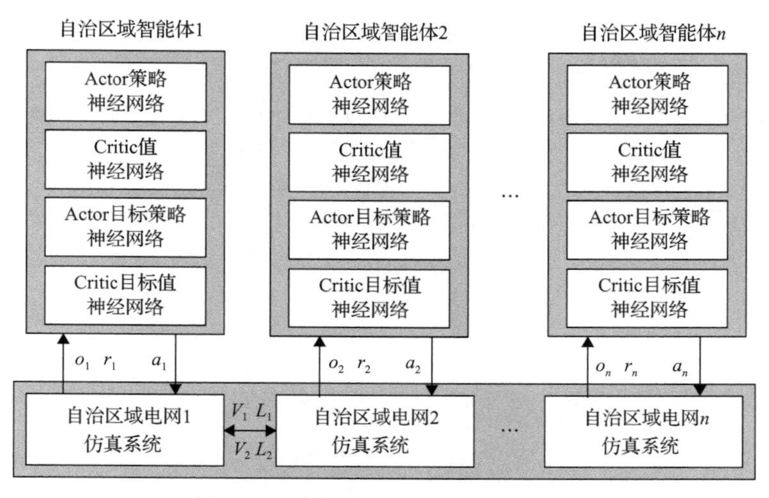

图 6-41　分布式 MADDPG 训练过程

6.3.4 源网荷储协同优化应用算例

1. 源网荷储感知和预测分析

为了分析不同方法在不同风电出力情形中的预测效果，概率预测对比模型包括深度自回归循环(deep autoregressive recurrent, DeepAR)模型、基于全连接高斯混合模型(fully connect network-Gaussian mixture model, FCN-GMM)、全连接贝塔混合模型(fully connect network-Beta mixture model, FCN-BMM)。算例基于高斯分布和贝塔分布构建了两种 DeepAR 模型。FCN-GMM 和 FCN-BMM 采用全连接网络构造 MDN 分别拟合混合高斯分布和混合 Beta 分布的参数。图 6-42 为 6:00 与 9:00 两个时刻的预测概率分布图。6:00 时风电出力较小，由于高斯分布是无界分布，DeepAR-高斯和 FCN-GMM 的预测概率密度分布包含了无效负值预测信息。混合高斯分布具有更强的灵活性，其覆盖的负值预测信息较少。当独立的高斯分布在期望逼近 0 时，其概率密度函数出现明显的概率密度泄漏，并且方差更大。贝塔分布是严格定义在区间[0,1]的有界分布，并能够在有效区间描述风电出力大小，不会出现密度泄漏。因此在概率分布描述的范围上，贝塔分布相比高斯分布具有明显优势。从图 6-43(e)～(h)中可以看出，9:00 时 4 种方法的预测概率密度分布能够较好地包含在有效区间，实测值与概率分布的峰值点较相近。而所提模型预测的概率密度分布的峰值点与实测值最接近。从概率密度峰值可知，所提模型与 DeepAR-高斯的概率密度方差更小。

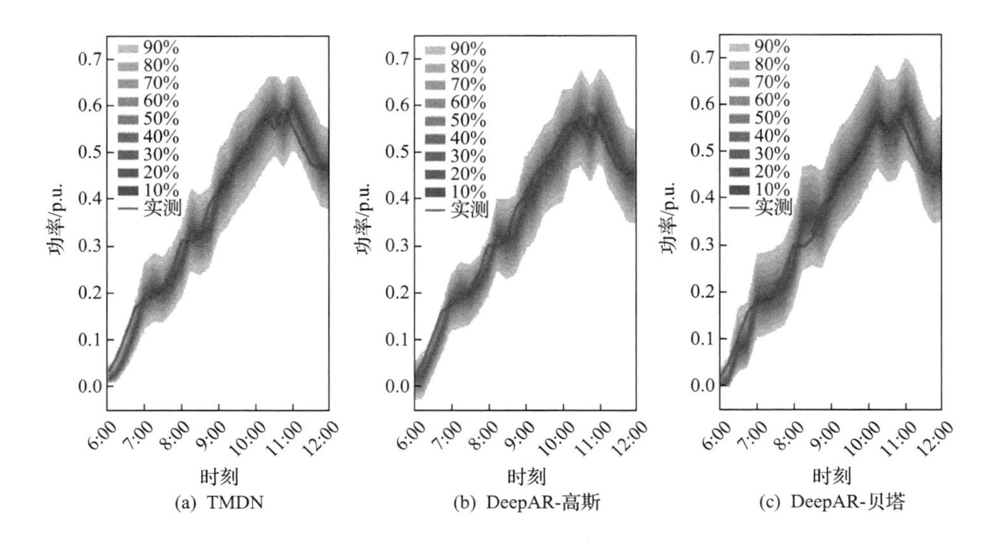

(a) TMDN (b) DeepAR-高斯 (c) DeepAR-贝塔

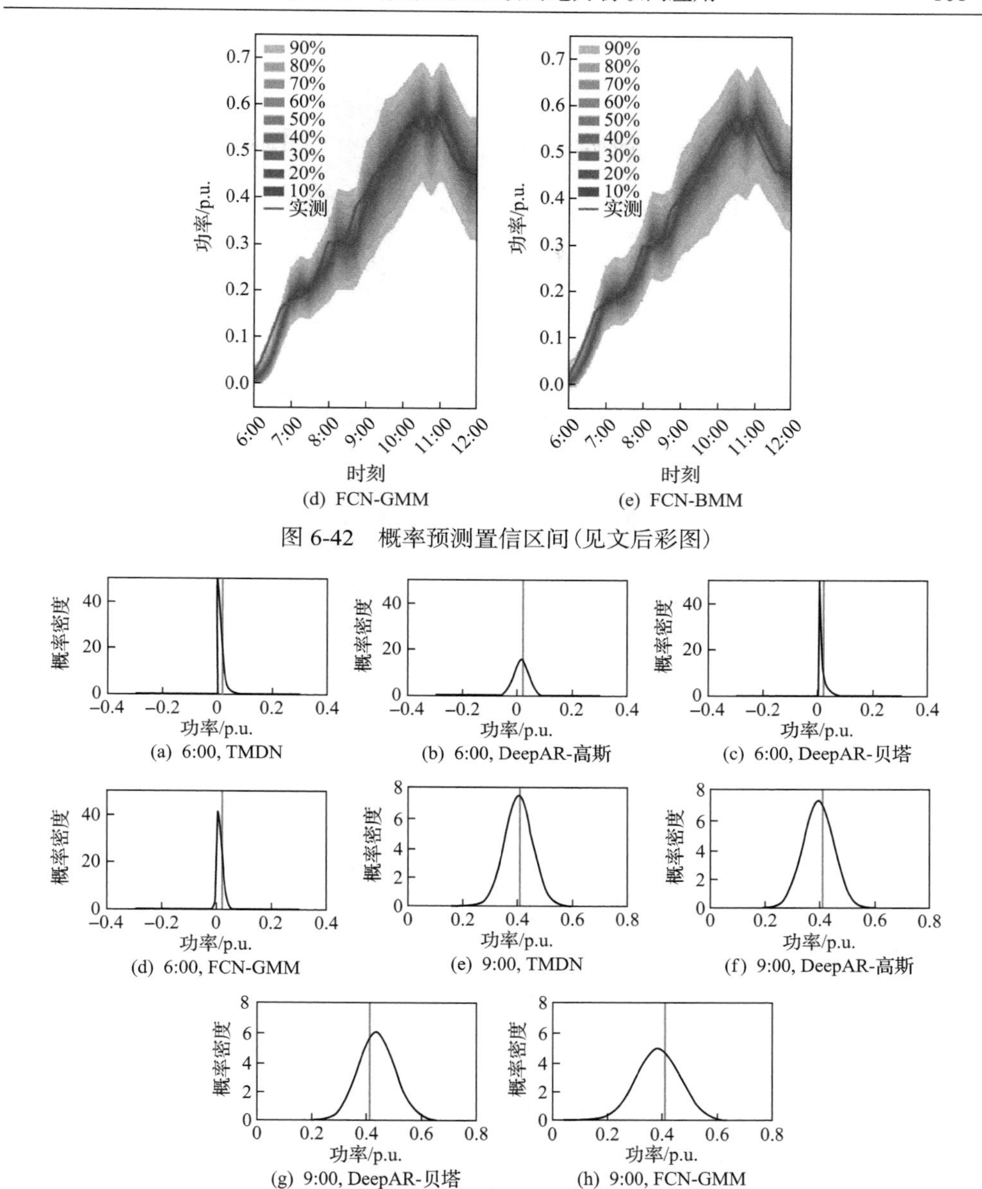

(d) FCN-GMM　(e) FCN-BMM

图 6-42　概率预测置信区间(见文后彩图)

(a) 6:00, TMDN　(b) 6:00, DeepAR-高斯　(c) 6:00, DeepAR-贝塔
(d) 6:00, FCN-GMM　(e) 9:00, TMDN　(f) 9:00, DeepAR-高斯
(g) 9:00, DeepAR-贝塔　(h) 9:00, FCN-GMM

图 6-43　预测概率密度分布

为了进一步对比所提模型的精度，采用某光伏电站(10kV，1.85MW)2022 年全年数据，并与条件生成对抗网络方法进行比较，采用预测误差和区间宽度指标对概率预测结果进行评价。在真实值同等覆盖率下，区间宽度越小，说明生成的场景越集中于真实值附近。从图 6-44 可以看出，相较条件生成对抗网络方法，预测误差指标提升了 38.4%，区间宽度指标提升了 59.0%。

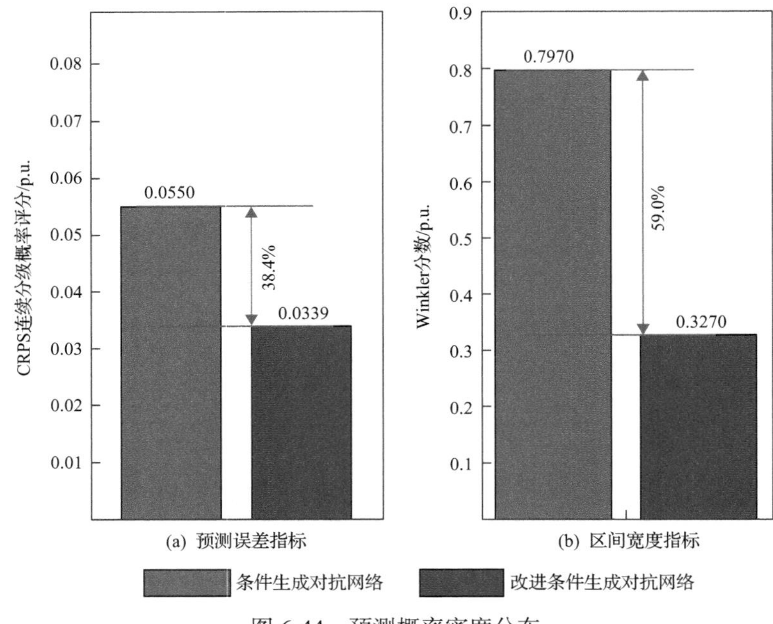

图 6-44　预测概率密度分布

2. 模型/数据交互驱动的源网荷储协同优化

首先，验证强化学习优化加速方法在大规模网络拓扑及更复杂资源接入条件下的要素协同有效性。基于 IEEE123 节点配电网开展算例修正和改进，形成验证标准算例。原始 IEEE123 节点算例仅利用上级电网联络线为系统供给能量。为了使算例充分体现源网荷储多要素协同能力，在系统相关节点加入分布式新能源（光伏、风电）、分布式灵活机组、储能装置及虚拟电厂，其中包括分布式风电节点 5 个、分布式光纤出力节点 5 个、分布式灵活机组 3 个、储能装置 2 个、虚拟电厂节点 3 个，具体配置方案如表 6-3 所示。原始算例包含三相不均衡负载及单相线路，本算例将其等效简化为三相均衡负载和线路。算例考虑了更大的供电电价波动，在新能源大发负荷较小时电价较低，新能源小发负荷高峰时电价较高。相对于分布式灵活机组的电价，高峰电价高于机组运行成本，低谷电价低于机组运行成本，以此鼓励系统随运行方式的变化调整运行策略。

表 6-3　算例灵活资源设置参数

可控要素	数量	接入节点号	总容量/MW
分布式光伏	5	22、250、41、50、39	0.5
分布式风电	5	4、59、46、75、83	0.5
分布式灵活机组	3	24、94、114	2.25

续表

可控要素	数量	接入节点号	总容量/MW
上级电网变压器	1	1	—
虚拟电厂	3	44、90、120	0.6
储能装置	2	20、56	1

采用不同的求解算法对基于强化学习的分支定界加速效果进行测试，得到的对比结果如表 6-4 所示。

表 6-4　标准算例计算时间对比

潮流建模方法	问题类型	求解算法	求解时间/s
分支潮流建模	NLP	粒子群算法	243
分支潮流凸松弛建模	MISOCP	分支定界+内点法	34
分支潮流凸松弛建模	MISOCP	强化学习启发式+内点法	26

其次，利用实际大规模算例进行方法有效性验证。基于某地调实际电网拓扑构建含传统火电机组、燃气机组、分布式灵活机组、分布式新能源机组、虚拟电厂及集中式储能装置的源网荷储协同仿真算例用于技术验证。算例包含计算节点 1216 个，结构如图 6-45 所示，主要资源配置参数如表 6-5 所示。

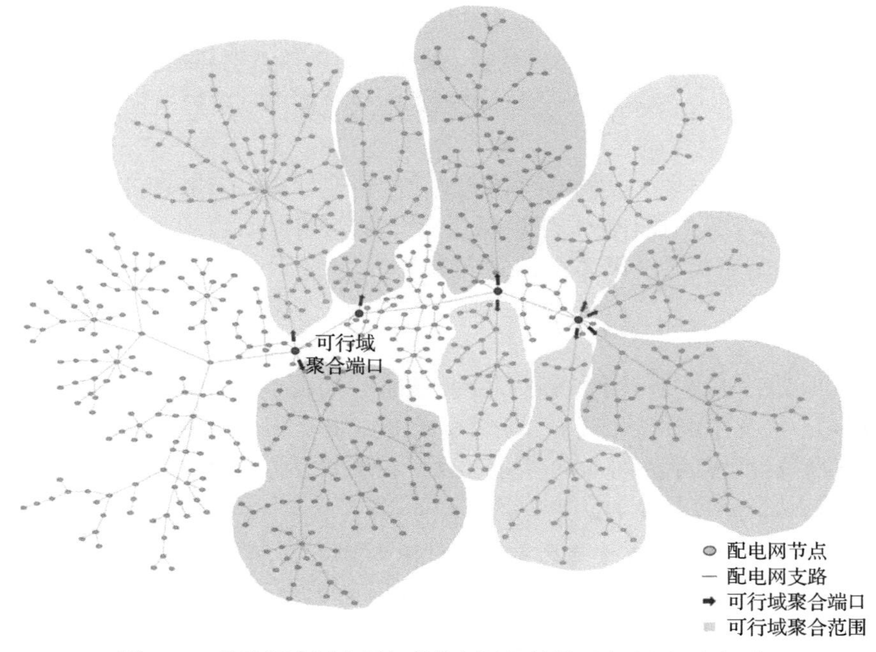

图 6-45　某地调实际电网拓扑算例局部结构示意(见文后彩图)

表 6-5　实际算例资源配置情况

可控要素	数量	总容量/MW
传统机组	10	2000
分布式新能源	8	217
分布式灵活机组	2	50
上级电网变压器	2	600
虚拟电厂	37	140
储能装置	2	50

在算例设定基础上构建日前调度混合整数线性规划模型，该模型具有 155424 个连续变量、192 个整数变量、463192 条线性约束。

首先，基于可行域降维方法对算例中的子区域进行变量降维，如图 6-45 黑色箭头所示，箭头所指方面内的节点被聚合为一个二维可行域表达，经过计算可以得到该区域端口内各时刻的可行域结果，取其中典型区域的聚合结果进行展示，如图 6-46 所示。从图中的多边形包围面积可以看到，日内不同时刻对应的可调资源可行域具有明显的界线变化，这主要与区域内负荷水平及新能源处理水平有关。

其次，对各个子区域分别进行区域内优化计算，得到对应各个设备的调度计划。以某典型日为例进行计算验证，得到主要设备处理计划曲线如图 6-47、图 6-48 所示。所得优化结果满足系统运行约束，综合考虑负荷需求和辅助调峰经济系数，采取不同的机组出力组合方式，同时控制集中式储能以及虚拟电厂实现系统电量削峰填谷。

算法整体可以实现大规模电网调度优化的快速计算，采用数据模型交互算法(其中优化求解部分依托Gurobi求解器完成)与直接将原问题输入主流商业求解器的求解时间进行对比，结果如表 6-6 所示。

3. 源网荷储分布式自主控制

采用 IEEE 3 机 9 节点系统作为主网，在各个负荷点引入配网模型。在保证系统安全稳定运行的前提下，提高了分布式光伏、储能和柔性负荷的渗透率，基于 RTDS 仿真平台形成了如图 6-49 所示的含泛在调频资源的等效直流受端电网拓扑结构，并对协同频率控制方法进行仿真验证。

在仿真过程中，设置功率扰动发生在 t_1 时刻。当系统频率越过调频死区(t_2 时刻)时，分布式光伏、储能及柔性负荷设备将根据不同的控制策略(不响应/定响应系数响应/协同响应)响应系统频率的变化。t_3 时刻，二次调频机组响应指令并动作。

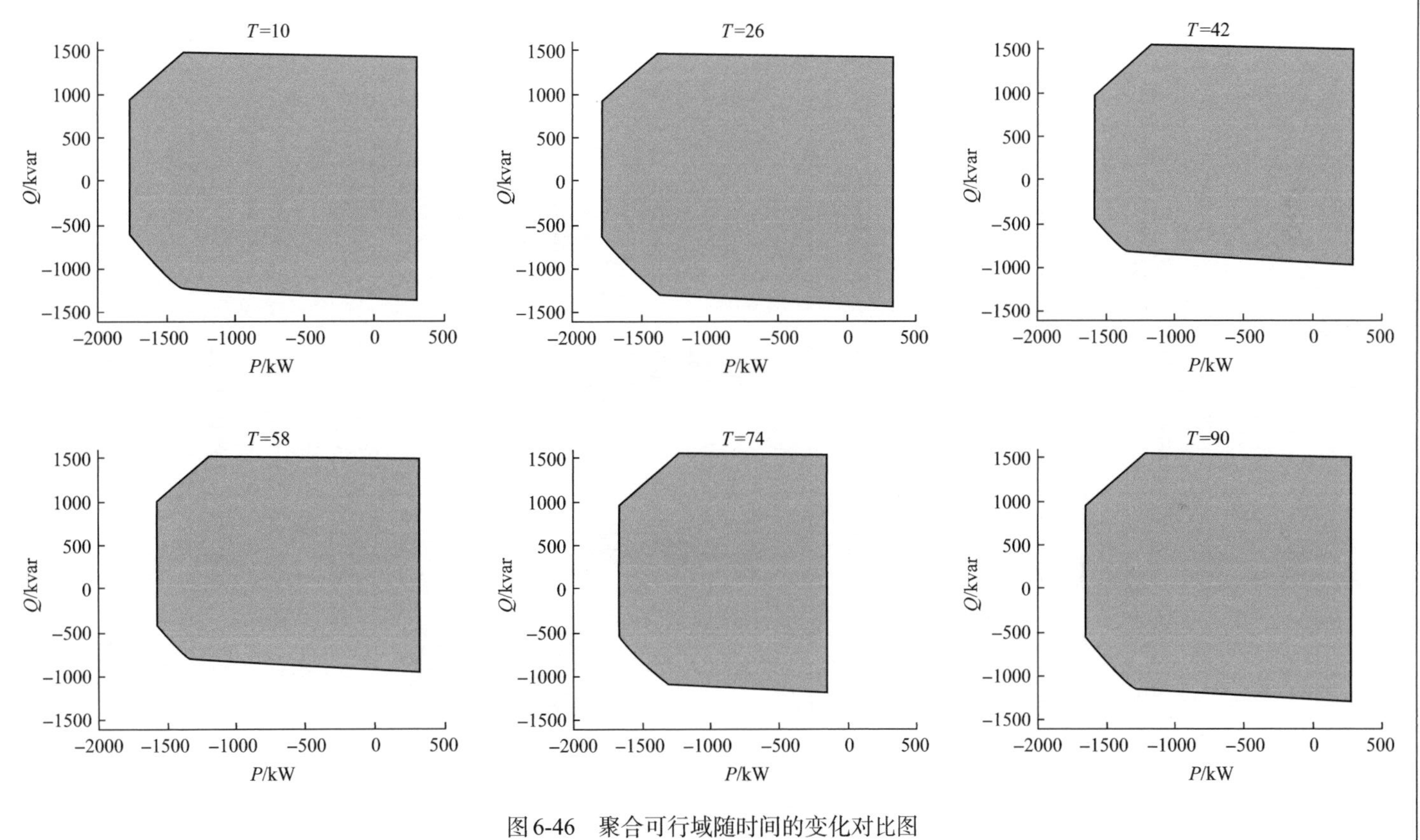

图 6-46　聚合可行域随时间的变化对比图

T为决策断面编号；P为聚合端口有功功率值；Q为聚合端口无功功率值

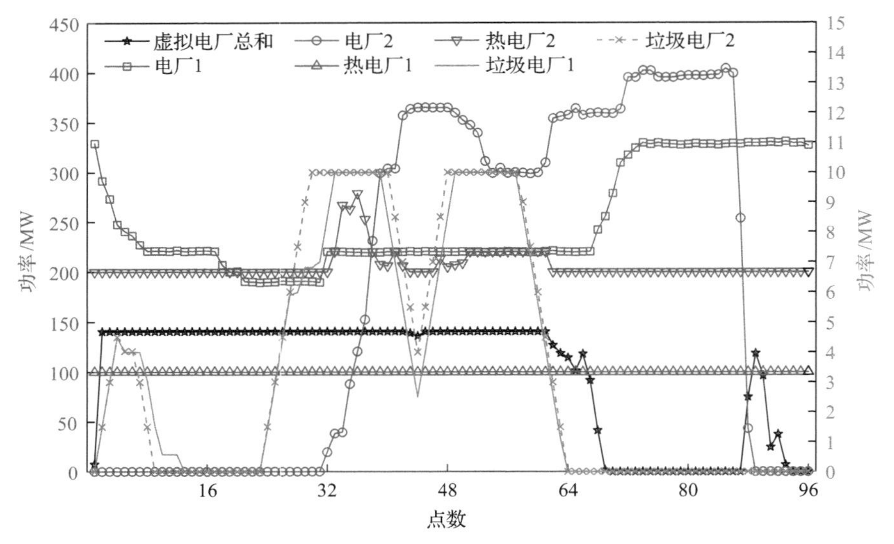

图 6-47　电厂主要设备出力计划优化结果(见文后彩图)

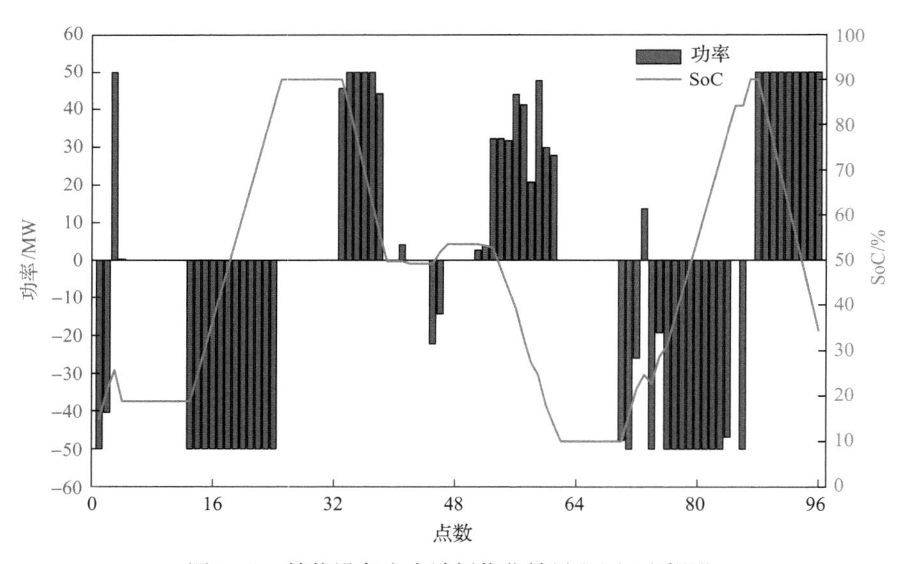

图 6-48　储能设备出力计划优化结果(见文后彩图)

表 6-6　标准算例计算时间对比

算例	求解方法	求解时间/s
1216 节点实际电网	Cplex	>300
	Gurobi	35.17
	数据/模型交互驱动方法	11.68

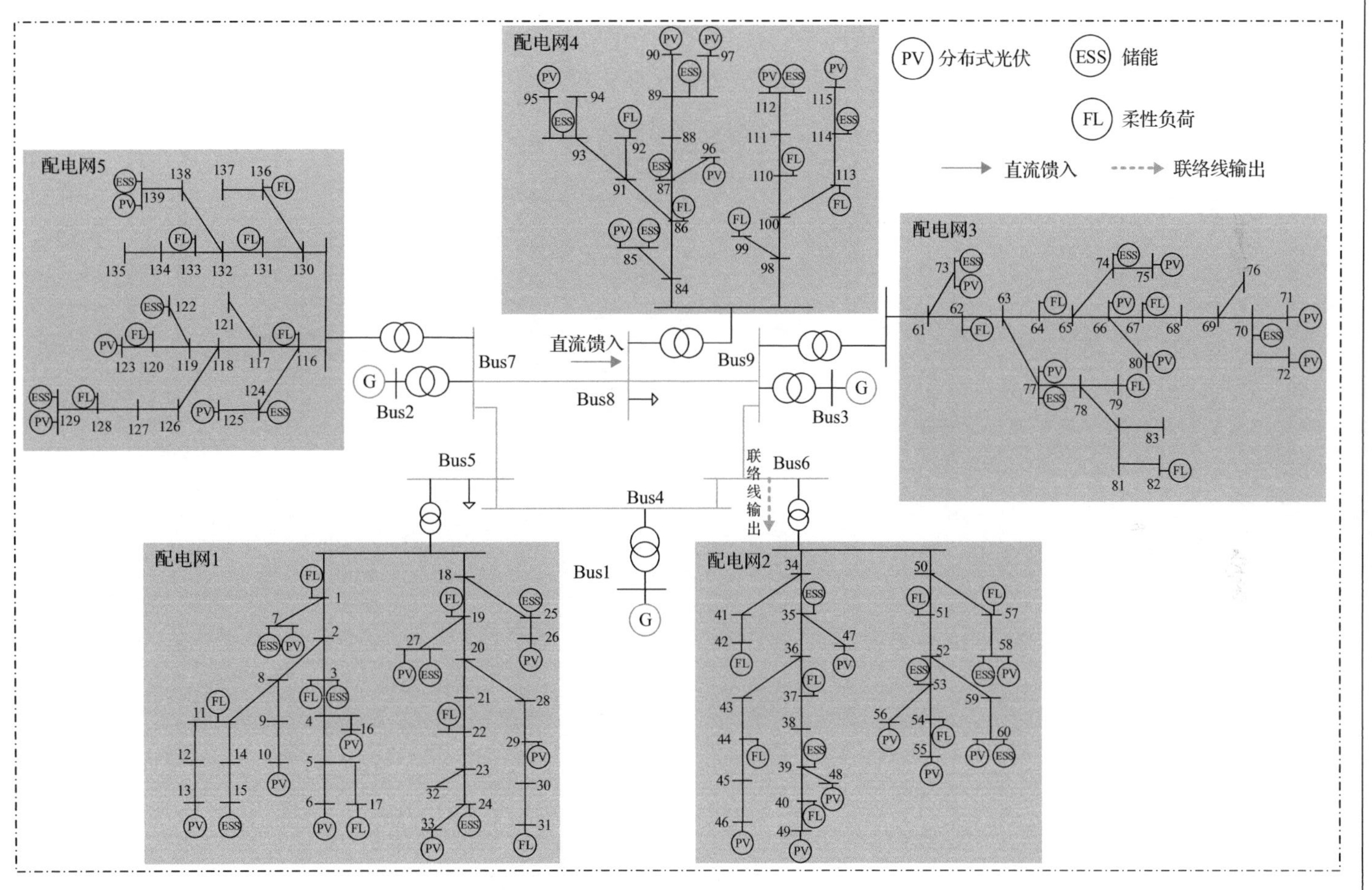

图 6-49　含泛在调频资源的等效直流受端电网仿真拓扑图(见文后彩图)

由于分布式光伏、储能和柔性负荷均可以应对联络线跳闸导致的频率上偏场景，而直流闭锁导致频率下偏时，分布式光伏不参与频率调节，调节资源相对于频率上偏时少，因此在频率上偏场景下验证所提分类迭代算法在调频效果和计算时间上的优势。泛在资源在不同调节方式下的系统频率变化曲线，如图 6-50 所示。

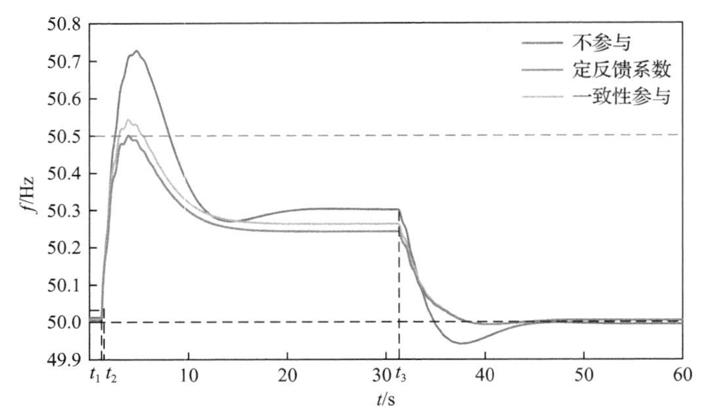

图 6-50　联络线跳闸时不同控制策略下系统频率变化(见文后彩图)

泛在资源未参与系统频率响应时，由于同步机组的调节能力有限，系统频率最高可上升至 50.72Hz，这可能引发高频切机动作。泛在资源下垂系数未经整定的情况下，虽然具有一定的调节效果，但不能将频率极值点约束在理想范围。而基于一致性算法的下垂系数整定方法能够充分利用泛在资源的调节能力，实现调频响应功率在各资源间的合理分配。

图 6-51 和图 6-52 对比了常规迭代和分类迭代方式下的收敛过程。在分类迭代方式下，配电网内各集群分别收敛于单独的一致性指标，体现了不同类型资源的特性：光伏弃光成本高，弃光量小，一致性指标小；储能调频成本低，调节量大，一致性指标大。表 6-7 给出了两种迭代方式下增量更新量 $\Delta k < 0.05$ 所需要的时间，可见所提分群一致性算法的分类迭代收敛速度提升了 70%。

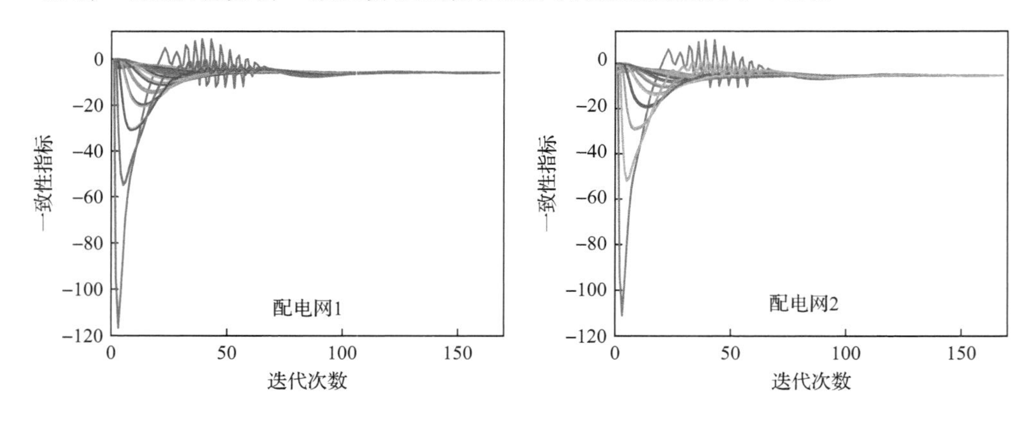

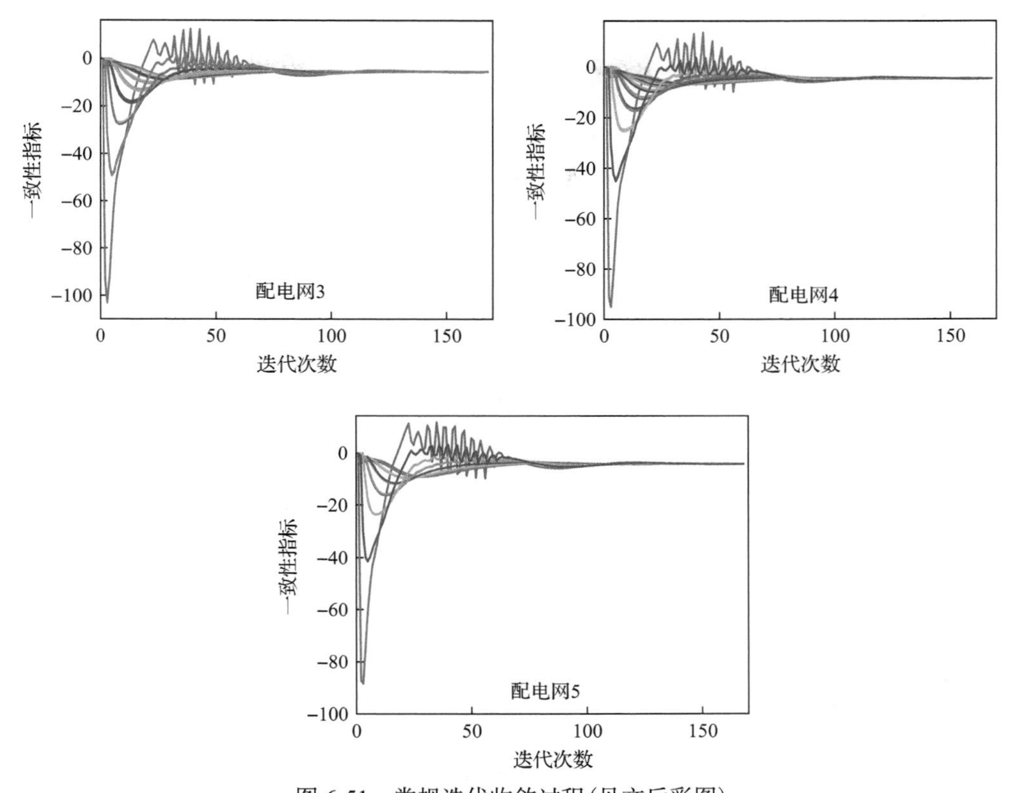

图 6-51　常规迭代收敛过程(见文后彩图)

图中各种不同颜色的线代表该配置中的一个可调资源的一致性变量λ

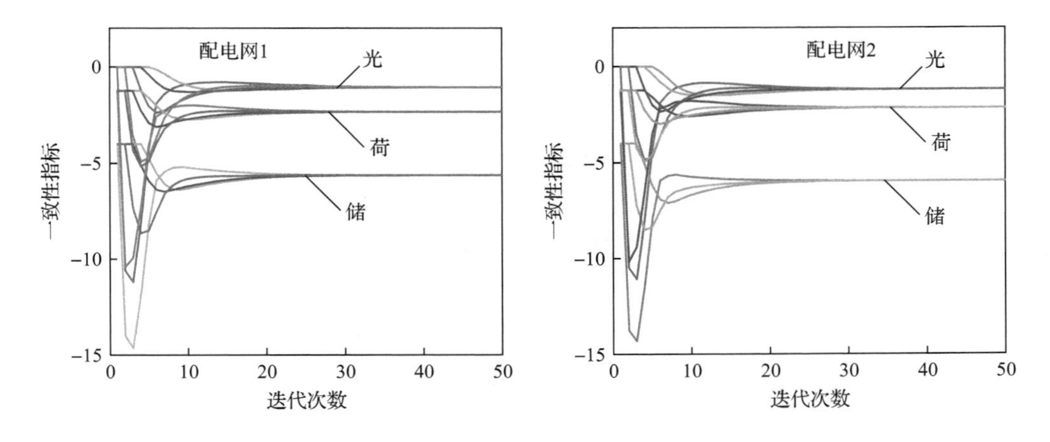

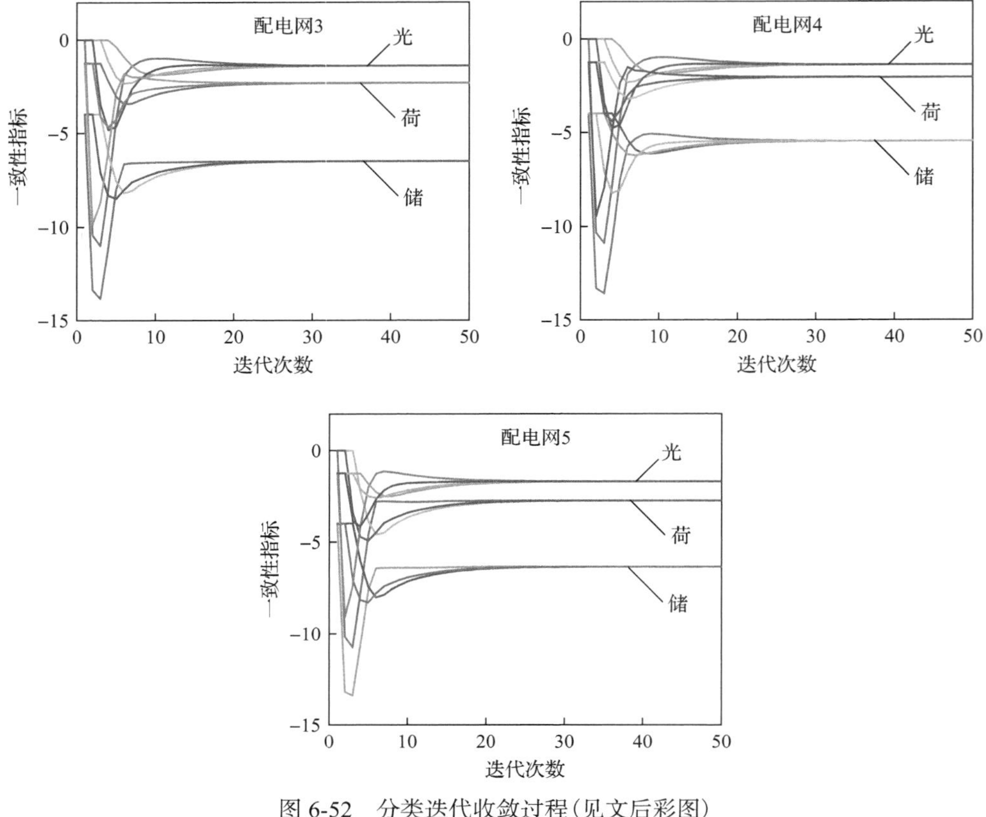

图 6-52　分类迭代收敛过程(见文后彩图)

表 6-7　两种迭代方式下的收敛时间

参数	常规迭代	分类迭代
时间/s	0.265	0.08

6.4　数据机理驱动的综合能源集群博弈优化技术

随着新型电力系统建设的持续推进，光伏、地热、热电联产等分布式电源，电动汽车、电采暖等新兴负荷，用户侧能源系统逐渐演变为电、气、热耦合的综合能源系统[31]。综合能源系统中的多能设备机理精细化建模困难且设备级运行数据采集能力不足，难以精准感知设备运行状态；多能微网内部多能流时空耦合，其运行优化非凸，难以同时满足自治运行策略的快速求解与安全性；同时，综合能源系统中各主体利益诉求多元、决策过程非完全理性，导致博弈互动机制复杂，难以实现其高效协同优化。因此，亟须开展综合能源自治协同技术研究，实现综合能源系统各多能微网内部的自治运行与协同优化，促进各微网运行成本降低，并提升分布式新能源的就地消纳水平。

为了实现综合能源系统的自治运行与协同优化，需要精准感知综合能源内多能设备的运行状态，并利用人工智能等先进数字化技术赋智赋效。电力物联网感知层可提供综合能源细粒度采集数据，平台层可实现细粒度数据的存储及处理，从而为后续自治运行与协同优化策略生成提供基础。综合能源博弈优化主要研究基于非入侵式的综合能源时空特性分析技术、知识引导融合的综合能源自治运行技术及综合能源博弈协同优化技术，如图 6-53 所示。

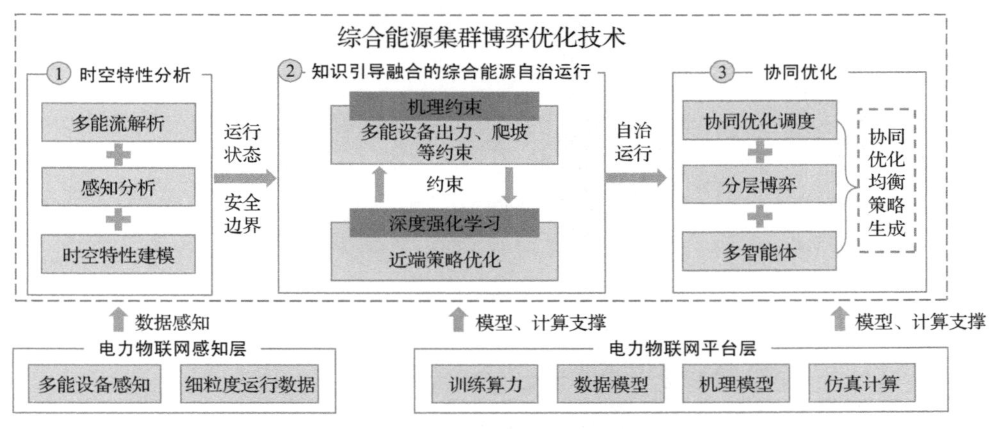

图 6-53　综合能源集群博弈优化核心技术框图

6.4.1　基于非侵入式的综合能源时空特性分析技术

综合能源系统中多能设备的运行状态难以通过直接采集获取，为了准确分析综合能源系统中多能设备的运行状态及安全边界，需要利用非介入式感知分析方法，利用关口用能总数据开展智能分析，从而为后续多能设备智能控制策略生成提供约束条件。

1. 综合能源系统概述

综合能源系统是指一定区域内利用先进的物理信息技术和创新管理模式，整合区域内电能、天然气、热能等多种能源，实现多种异质能源子系统之间的协调规划、优化运行、协同管理、交互响应和互补互济，在满足系统内多元化用能需求的同时，有效地提升能源利用效率，促进能源可持续发展的新型一体化的能源系统。综合能源系统在规划、建设和运行等过程中，通过对能源的产生、传输与分配(能源网络)、转换、存储、消费等环节进行有机协调与优化，形成了能源的产供销一体化。它主要由供能网络(如供电、供气、供热等网络)、能源交换环节(如热电联产机组、燃气锅炉、空调等）、能源存储环节（储电、储气、储热等）和大量终端电力用户共同构成[32]。如图 6-54 所示，综合能源系统是集发-用-储-耦合设备于一体的能源系统，主要包括热电联产（CHP）机组、电储能、光伏发电、燃气锅炉、用能设备等，其中电负荷包括空调、照明、动力等，气负荷和热负荷分别包括居民燃气和居民供暖等。

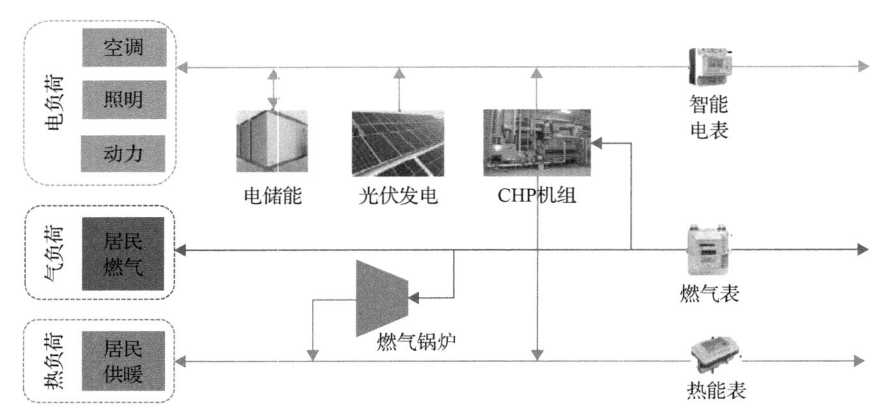

图 6-54　综合能源系统结构图（见文后彩图）

2. 基于非介入式的综合能源系统感知分析方法

综合能源系统结构复杂、运行状态多样，具有较强的非线性和不确定性，因此对能源系统进行建模一直是国内外研究学者的研究重点。基于机理驱动的建模方法，通过研究能源网络和能源设备的物理表征建立模型，这类侵入式建模方法需要已知综合能源内部的所有设备，不仅侵犯了用户隐私，且当用户增加设备时还会影响建模的准确性。为了解决机理建模带来的问题，非介入式感知分析方法采用基于数据驱动的建模方法，通过对量测数据进行拟合，结合机理模型的可解释性优势，建立多种能源的输入与输出模型，相对于侵入式机理建模而言，该方法保护了用户隐私，降低了成本和部署难度，当用户设备增加时能更适应用户用能行为的改变。

以图 6-54 所示的系统为例，智能电表、燃气表及热能表的数据采集周期为 1min，电路能源子系统的基本组成单元主要是电储能、光伏发电、CHP 机组及电负荷（包括空调、照明、动力等），其能量流关系式可表示为

$$P_{EG} + P_{PV} + P_{ECHP} = P_{ES} + P_{EL} \tag{6-21}$$

式中，P_{EG} 为电路能源子系统的端口总功率，表示系统和电网的传输功率；P_{ES} 为储能设备的输出功率，考虑到储能功率的双向流动性，其数值可正可负；P_{PV} 为

光伏电厂的发电功率；P_{ECHP} 为 CHP 机组发电功率；P_{EL} 为系统内部电负荷功率。

气路能源子系统的基本组成单元主要包括燃气锅炉和居民燃气负荷等，其能量流关系式可表示为

$$M_{\text{GL}} + M_{\text{MT}} + M_{\text{CHP}} = M_{\text{GG}} \tag{6-22}$$

式中，M_{GL} 为居民燃气单位时间内的进气量；M_{MT} 为燃气锅炉单位时间内的进气量；M_{CHP} 为 CHP 机组单位时间内的进气量；M_{GG} 为气路能源子系统的端口单位时间内从气网传输的总进气量。

热网能源子系统的基本组成单元主要是 CHP 机组、燃气锅炉以及居民供暖热负荷，其能量流关系式为

$$P_{\text{TL}} = P_{\text{TMT}} + P_{\text{TCHP}} + P_{\text{TG}} \tag{6-23}$$

式中，P_{TL} 为居民供暖热负荷功率；P_{TMT} 为燃气锅炉输出的热功率；P_{TCHP} 为 CHP 机组输出的热功率；P_{TG} 为热网对系统传输的热功率。

考虑到综合能源中可再生能源和储能设备均具有发电特性，其发电行为会抵消部分负荷的用电行为；同时，可再生能源的随机波动也会对其他设备的识别精度造成影响，因此，主要采用多能分类识别的方式对综合能源系统进行非侵入式源荷辨识，如图 6-55 所示，综合能源系统源荷状态联合感知方法技术路线如下所述[33]。

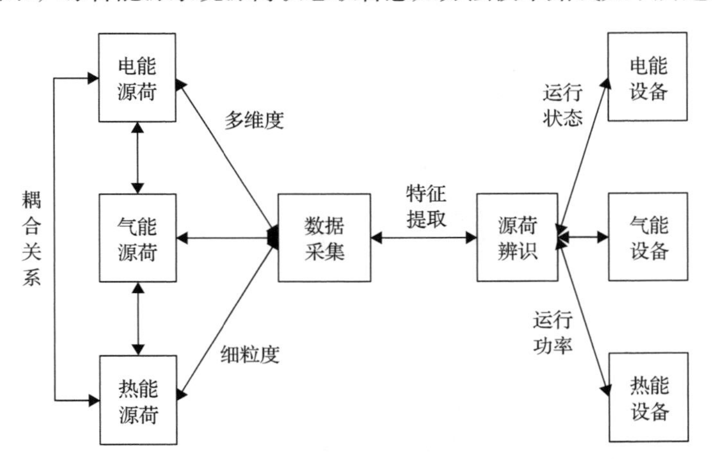

图 6-55　综合能源系统源荷状态联合感知方法技术路线

(1)数据采集：通过多能仪表终端装置采集电端口功率数据、气端口功率数据、热端口功率数据、光照强度、温度等。

(2)数据处理：对采集的数据进行降噪和归一化处理，得到符合负荷监测的数据类型。

(3)特征提取：将滑动的窗口数据输入设定好的深度神经网络模型中进行多能

设备的特征提取。

(4)源荷辨识：根据提取的特征识别多能设备并辨识设备的运行状态及运行功率。

可再生能源发电受天气影响，具有较强的随机性和波动性，在综合能源中其发电行为与用电行为相互抵消，进而造成对其他设备识别难度大、精度低等问题，因此需研究光伏发电特性来对光伏发电功率进行精确识别。光伏特性分析和识别步骤具体如下所述。将光照强度 G、温度 T、总功率数据 P_i 输入神经网络模型中进行训练，判断综合能源系统是否存在光伏发电，如果存在光伏发电，则其发电功率为

$$P_{\mathrm{PV}} = k_1 G^2(t) + k_2 T(t) G(t) + k_3 G(t) \tag{6-24}$$

式中，P_{PV} 为光伏出力；G 为太阳光照强度；T 为温度；k_1、k_2、k_3 为比例系数。

综合能源系统中的储能装置兼具用电和发电特性，同时各综合能源不同的储能策略也会造成不同的充放电行为，故无法通过一个统一的储能策略对所有综合能源进行储能识别。因此，可采用神经网络学习综合能源的储能策略，从而实现对储能行为的识别，判断储能设备的充放电状态并分解得到端口的输出功率。

综合能源系统中的耦合设备主要包括 CHP 机组和燃气锅炉，CHP 机组消耗燃气产生电能和热能，燃气锅炉消耗气能产生热能。CHP 机组是综合能源系统中重要的多能耦合设备，其通过燃烧天然气消耗气能，产生电能和热能，工作时会使电、气、热三种形式的能源数据均产生变化，其能量流动可以分为气-电和气-热两部分，功率关系式可以表示为

$$P_{\mathrm{ECHP}} = \eta_{\mathrm{CHPe}} H_{\mathrm{g}} M_{\mathrm{CHP}} \tag{6-25}$$

$$P_{\mathrm{TCHP}} = \eta_{\mathrm{CHPt}} H_{\mathrm{g}} M_{\mathrm{CHP}} \tag{6-26}$$

式中，P_{ECHP} 和 P_{TCHP} 分别为 CHP 机组的发电功率和热功率；H_{g} 为天然气热值；η_{CHPe} 和 η_{CHPt} 分别为 CHP 机组气转电和气转热的转换效率。

燃气锅炉通过消耗气能产生热能，工作时会使气热两种形式的能源数据均产生变化，其能量流动主要是气-热这一种形式，功率关系式可以表示为

$$P_{\mathrm{TMT}} = \eta_{\mathrm{MTt}} H_{\mathrm{g}} M_{\mathrm{MT}} \tag{6-27}$$

式中，η_{MTt} 为燃气锅炉气转热的转换效率。

在分析综合能源系统多维度细粒度数据的基础上，研究综合能源系统电、气、热设备的非侵入式源荷监测模型，提出基于深度神经网络模型的功率分解方法，并根据电、气、热能路的总信号完成多能设备的运行状态识别和运行功率跟踪，

实现综合能源系统的能流感知和能效分析。本书根据综合能源细粒度采集信息如天气、功率等数据建立了光伏、储能、燃气锅炉等多能设备的源荷识别模型，实现了对系统内多个设备种类的识别。基于深度神经网络模型对电、气、热能路的总信号进行功率分解，实现了对多能设备运行状态的识别和运行功率的跟踪。

3. 综合能源系统源荷时空特性分析与建模技术

以电网作为综合能源系统自治协同中的主要能源形式，其他能流则通过“以气定电”和“以热定电”的方式参与调控。因此，在进行源荷时空特性分析时，考虑参与综合能源系统调控的源荷设备在电网中的运行特性，利用改进小波熵分段和聚类算法对原始细粒度监测数据进行运行模式分割，相较于低频数据或简单聚类的模式划分方法，该方法更完整地保留了已有信息。最后，借助 EM 算法和 GEM 算法统计混合类型的负载运行规律，并以概率形式对此进行表征，利用输入-输出隐马尔可夫模型(input-output hidden Markov model，IOHMM)将源荷负载耦合运行的时空特性进行统一描述。值得注意的是，该模型允许将输入映射于输出中来表征多负载间的相互影响，与递归神经网络具有相似的功能，同时具备更好的可解释性和更简洁的建模过程，便于后续对动态分区场景下的源荷运行特性进行分析，如图 6-56 所示。

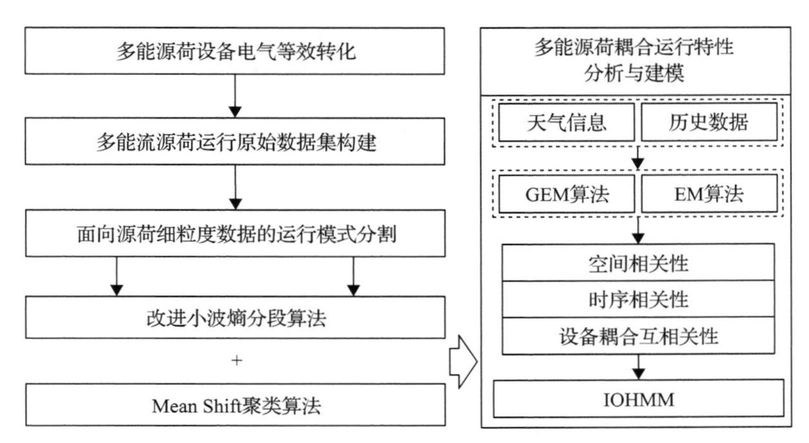

图 6-56　计及耦合运行影响的源荷设备 IOHMM 自主建模方法技术路线

源荷运行时空特性分析的本质是对多维时间序列进行分析，挖掘其内在联系并加以描述。精细化感知数据的时间粒度可以达到秒级。

从图 6-57 不难看出，在实际工程中精细化数据可以更精准地给出目标负载的运行状态，但同时也会因负载运行的强随机性产生运行模式分割的难题。如果简单地对原始数据进行聚类分析，则会因随机性强、数据维度过高等而造成结果不佳。因此，在对比大量时间序列处理技术后，提出利用改进小波熵算法对原始数据进行降维处理，再通过聚类算法对各类负载运行状态进行分割，从而将原始数据转化为易于分析的时间序列。

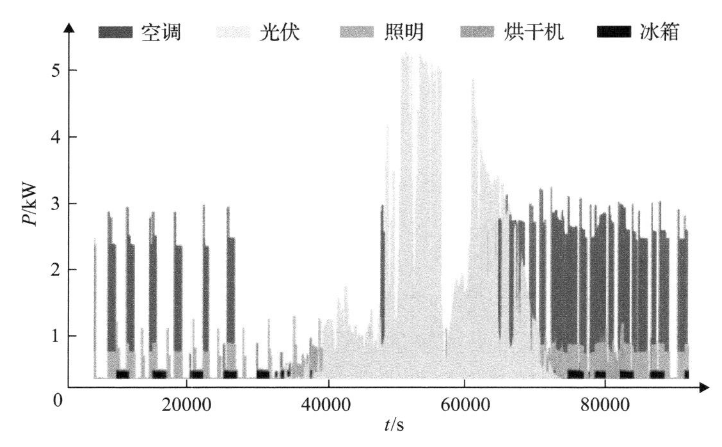

图 6-57 源荷运行细粒度感知数据实例(见文后彩图)

在对多维时间序列完成状态分割后，通过统计分析构建有限状态机模型，对各个状态间及相关变量间的条件概率进行表达，进而构建 IOHMM 及其相关变种，所得结果在状态预测、负荷分解、仿真等领域均有广泛应用。IOHMM 是序列数据的统计模型。如图 6-58 所示，s_K表示的潜变量是离散的，此时将形成一个离散状态的马尔可夫链；观测变量 $\boldsymbol{y}_K$ 可以是离散的，也可以是连续的。

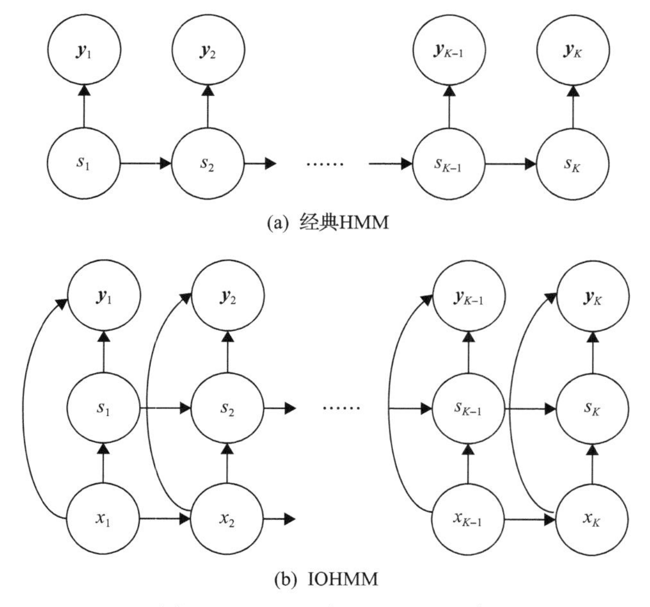

图 6-58 HMM 与 IOHMM 示意

在 IOHMM 中，基于以下状态空间描述考虑一个离散状态动力系统的概率分布：

$$x_t = f\left(x_{t-1}, \boldsymbol{u}_t\right) \tag{6-28}$$

$$\boldsymbol{y}_t = g\left(x_t, \boldsymbol{u}_t\right) \tag{6-29}$$

式中，$\boldsymbol{u}_t \in \mathbb{R}^m$ 为时刻 t 的输入向量，本书对应气象数据、地理数据等相关影响因素信息及混合负载各自的运行状态数据；$\boldsymbol{y}_t \in \mathbb{R}^r$ 为输出向量，即目标场景中各类负载运行状态的估计值；$x_t \in \mathcal{V} = \{1, 2, \cdots, n\}$ 为一个离散状态。

上述方程定义了一个广义的米利(Mealy)有限状态机。$f(\cdot)$ 称为状态转移函数，$g(\cdot)$ 是输出函数。在实际工程中，需要考虑不同负载运行状态间相互影响的情况，即当前输入和当前状态分布将对输出分布和下一个时间步骤的状态分布施加影响，其分布函数形式如下：

$$\boldsymbol{\zeta}_t = \boldsymbol{\Phi}\left(\boldsymbol{u}_t\right)\boldsymbol{\zeta}_{t-1} \tag{6-30}$$

式中，$\boldsymbol{\zeta}_t$ 为定义在一组离散状态上的概率分布；$\boldsymbol{\Phi}\left(\boldsymbol{u}_t\right)$ 对应一个转移概率矩阵。

实际工程中将状态空间中每一维度的信息看作一个动力学系统，这些动力学系统与状态概率向量 $\boldsymbol{\zeta}_t$ 呈线性相关，与输入向量 $\boldsymbol{u}_t$ 呈非线性相关。至此，我们明确了综合能源系统中，多能流混合负载耦合运行时 IOHMM 的形式。进而，将 EM 算法[34]应用到 IOHMM，参照 Viterbi 算法可以实现有监督的模型构建过程。

本节的对比测试以光伏发电设备为例，所用数据除各类设备运行功率数据外，还包括同时期对应地理位置的光照数据，数据采样间隔为 1h。基于 1 周的细粒度数据，采用无监督方式进行 IOHMM 的参数学习，以光照数据为状态变量 s_K，光伏分项数据的状态拟合曲线为输出变量 y_K，同步运行的其他负载设备为输入变量 x_K。HMM 模型作为对照方法，同样以 1 周的细粒度数据为基础，采用无监督方式进行训练。其中状态变量 s_K 和输出变量 y_K 与 IOHMM 保持一致，但不考虑设备间耦合运行特性。

从图 6-59 可以直观地看到，相较于简单的 HMM 模型，IOHMM 的估计结果更准确。在波形较为平稳的虚线框区段，传统方法因在同一状态下的转移概率相对固定，故无法对光伏设备短时间尺度运行的特性进行描述，而所提方案则避免了这一情况。通过分析可知，出现这一现象的主要原因是基于 IOHMM 的运行特性分析过程可以更好地将混合负载间的相互影响加以考虑，当气象、地理等维度的数据较为平稳或无法提供有效信息时，可以借助如照明等设备及与其耦合运行的其他负载状态辅助估计目标设备的运行情况，从而更好地保留数据中的运行特性。

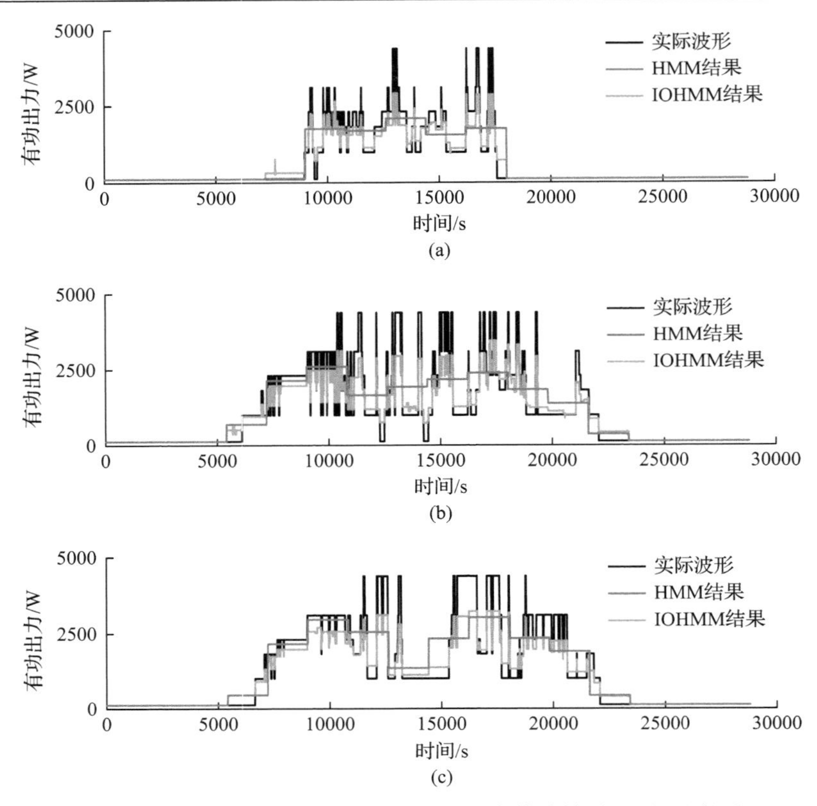

图 6-59 对比测试 IOHMM 光伏运行状态估计效果(见文后彩图)

6.4.2 知识引导融合的综合能源自治运行技术

综合能源系统自治运行主要以降低运行成本为目标，控制热电联产机组、储能装置等可控对象。但由于综合能源系统中的多能流耦合，其运行优化模型呈现出高维非线性非凸特征，采用传统机理优化方法难以直接快速求解[35]。因此，基于非介入式感知分析可实现多能设备的运行边界评估，进一步将其作为安全约束并用于自治运行智能算法模型训练。

针对多能流耦合系统下高维非线性非凸问题，基于环境、状态、动作、奖励等基本要素，建立基于约束策略优化(CPO)的多能流优化调度模型，实现区域自治。

1. 基于能量枢纽的综合能源系统优化模型

基于能量枢纽建立电气热综合能源系统优化模型，将能量枢纽作为主要决策主体，能量枢纽之间通过电网、燃气网和热网相连，每个能量枢纽区域一方面通过分布式能源（主要为光伏、风电），另一方面通过与各网络之间进行能量交互来满足内部区域的负荷需求，这在一定程度上实现了各区域分布的优化，之后分别对能量枢纽、电力系统、热力系统和天然气系统建模。

1）能量枢纽模型

能量枢纽内部转换设备主要包括变压器、热电联产机组（CHP）、热交换器（heat exchanger，HE）和电锅炉（electric boiler，EB），并假设在稳态情况下，能量枢纽中的能量损耗仅发生在转换设备中。将从电力系统、天然气系统和供热系统中交互的电、气、热功率及其自身区域的分布式能源提供的电功率作为能量枢纽的输入，能量枢纽的输出主要为电功率和热功率，以满足区域内部电、热负荷需求。具体模型如下：

$$\begin{bmatrix} L_{\mathrm{e}} \\ L_{\mathrm{h}} \end{bmatrix} = \begin{bmatrix} \upsilon^{\mathrm{new}}\eta_{\mathrm{ee}} & \eta_{\mathrm{ee}} & \upsilon^{\mathrm{CHP}}\eta_{\mathrm{ge}}^{\mathrm{CHP}} & 0 \\ (1-\upsilon^{\mathrm{new}})\eta_{\mathrm{eh}}^{\mathrm{EB}} & 0 & (1-\upsilon^{\mathrm{CHP}})\eta_{\mathrm{gh}}^{\mathrm{CHP}} & \eta_{\mathrm{hh}}^{\mathrm{HE}} \end{bmatrix} \begin{bmatrix} P_{\mathrm{new}} \\ P_{\mathrm{e}} \\ P_{\mathrm{g}} \\ P_{\mathrm{h}} \end{bmatrix} \tag{6-31}$$

式中，L_{e}、L_{h} 分别为能量枢纽区域内的电负荷和热负荷；η 为设备效率因子；υ 为分配因子；下标 e 、 g 、 h 分别为电、气、热能源类型；上标 CHP、HE、EB 分别为热电联产机组、热交换器、电锅炉；P_{new} 为光伏或风电的功率，以下不再赘述。

2）电力系统模型

电力系统模型采用交流模型。对于整个网络而言，从主网获取的功率等于负荷消耗的功率与系统网络损耗之和。

$$\begin{aligned} P_{\mathrm{G},i}^{\mathrm{E}} &= P_{\mathrm{D},i}^{\mathrm{E}} + U_i \sum_{j=1}^{N_{\mathrm{e}}} U_j \left(G_{ij}\cos\theta_{ij} + B_{ij}\sin\theta_{ij} \right) \\ Q_{\mathrm{G},i}^{\mathrm{E}} &= Q_{\mathrm{D},i}^{\mathrm{E}} + U_i \sum_{j=1}^{N_{\mathrm{e}}} U_j \left(G_{ij}\sin\theta_{ij} - B_{ij}\cos\theta_{ij} \right) \end{aligned} \tag{6-32}$$

式中，$P_{\mathrm{G},i}^{\mathrm{E}}$、$Q_{\mathrm{G},i}^{\mathrm{E}}$ 分别为从主网获取的有功功率、无功功率；$P_{\mathrm{D},i}^{\mathrm{E}}$、$Q_{\mathrm{D},i}^{\mathrm{E}}$ 分别为负荷消耗的有功功率、无功功率；N_{e} 为电力系统网络节点数；U 为电压幅值；G、B 分别为电导、电纳；θ_{ij} 为节点 i 与节点 j 的相角差；上标 E 表示电力系统。

3）热力系统模型

热力系统采用集中供热的方式，主要包括热源、传输管道和热负荷。

节点 i 处热功率的计算如下：

$$P_i^{\mathrm{H}} = C_{\mathrm{p}} m_{\mathrm{q},i} \left(T_{\mathrm{s},i} - T_{\mathrm{o},i} \right) \tag{6-33}$$

式中，C_{p} 为水的比热容；$m_{\mathrm{q},i}$ 为节点 i 的水流量；$T_{\mathrm{s},i}$ 、$T_{\mathrm{o},i}$ 分别为注入节点 i 前后的温度。

管道始末温度关系的计算如下：

$$T_j = \left(T_i - T_{\mathrm{a}} \right) \cdot \mathrm{e}^{-\frac{\lambda L_{ij}}{C_{\mathrm{p}} m_{ij}}} + T_{\mathrm{a}} \tag{6-34}$$

式中，T_i 、T_j 分别为管道始末端温度；T_{a} 为环境温度；m_{ij} 为节点 i 到节点 j 的流量；L_{ij} 为节点 i 到节点 j 的管道长度；λ 为热传导系数。

管道节点处的关系计算如下：

$$\left(\sum_{j \in i} m_{\mathrm{in},j} \right) T_{\mathrm{in},j} = \left(\sum_{k \in i} m_{\mathrm{out},k} \right) T_{\mathrm{out},k} \tag{6-35}$$

式中，$m_{\mathrm{in},j}$ 为节点 j 流入节点 i 的流量；$m_{\mathrm{out},k}$ 为节点 i 流向节点 k 的流量；$T_{\mathrm{in},j}$ 为节点 j 流入节点 i 时的温度；$T_{\mathrm{out},k}$ 为节点 i 流向节点 k 时的温度。

综上所述，热力系统的功率平衡方程如下：

$$P_{\mathrm{s},i}^{\mathrm{H}} = \sum_{i=1}^{N_{\mathrm{h}}} P_i^{\mathrm{H}} + P_{\mathrm{D},i}^{\mathrm{H}} \tag{6-36}$$

式中，$P_{\mathrm{s},i}^{\mathrm{H}}$ 为热源点供热功率；P_i^{H} 为节点 i 的供热功率；$P_{\mathrm{D},i}^{\mathrm{H}}$ 为热负荷功率；N_{h} 为热力系统网络节点数。

4）天然气系统模型

天然气网络主要包括气源、传输管网、压缩机及气负荷等。

传输管网的流量计算如下：

$$f_{ij}^{\mathrm{G}} = K_{ij} s_{ij} \sqrt{s_{ij} \left(\pi_i^2 - \pi_j^2 \right)} \tag{6-37}$$

式中，f_{ij}^{G} 为天然气管道稳态流量；π_i 、π_j 分别为节点 i 、j 的气压；s_{ij} 为符号向量，表示天然气在管道内的流向；K_{ij} 为管道常数。s_{ij} 和 K_{ij} 的计算公式分别如下：

$$s_{ij} = \begin{cases} +1, & \pi_i > \pi_j \\ -1, & \text{其他} \end{cases} \tag{6-38}$$

$$K_{ij} = \mu \frac{C_0 D_K^{5/2}}{\sqrt{\mathrm{MC} \cdot Z_K \cdot G \cdot L_K \cdot T_K}} \tag{6-39}$$

其中，μ 为天然气管道效率参数；MC 为摩擦系数；Z_K 为气体压缩因子；G 为天然气相对密度；L_K 为管道常数；T_K 为管道内气体平均温度；D_K 为管道内径；C_0 为常数。

压缩机模型如图 6-60 所示。

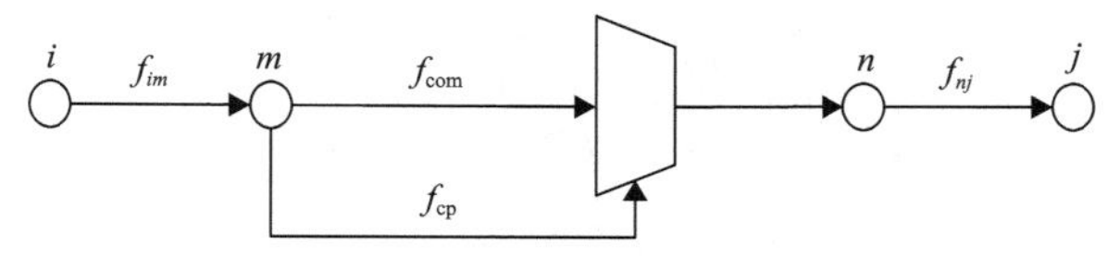

图 6-60　压缩机模型示意图

图 6-60 中，f_{com} 为流入压缩机的流量，f_{cp} 为压缩机消耗的流量，f_{im} 为压缩机入口的流量，f_{nj} 为压缩机出口管道流量，具体计算如下：

$$\begin{cases} f_{\mathrm{com}}^{\mathrm{G}} = f_{nj}^{\mathrm{G}} = K_{nj}\sqrt{\left(\pi_n^2 - \pi_j^2\right)} \\ f_{\mathrm{cp}}^{\mathrm{G}} = \dfrac{k_{\mathrm{cp}} \cdot f_{\mathrm{com}}^{\mathrm{G}} \cdot T_{\mathrm{gas}}}{q_{\mathrm{gas}}}\left(k_{\mathrm{cp}}^{\frac{a-1}{a}} - 1\right) \\ f_{im}^{\mathrm{G}} = f_{\mathrm{cp}}^{\mathrm{G}} + f_{\mathrm{com}}^{\mathrm{G}} \\ f_{im}^{\mathrm{G}} = K_{im}\sqrt{\left(\pi_i^2 - \pi_m^2\right)} \end{cases} \tag{6-40}$$

式中，上标 G 表示气；k_{cp} 为压缩机压缩比；q_{gas} 为天然气热值；T_{gas} 为天然气温度；a 为多变系数。将含压缩机管道的流量经过上述方法计算后可等效为相邻节点的负荷量 $f_{c,i}^{\mathrm{G}}$。

综上所述，天然气系统的流量平衡方程如下：

$$f_{\mathrm{s},i}^{\mathrm{G}} = \sum_{j=1}^{N_{\mathrm{g}}} f_{ij}^{\mathrm{G}} + f_{c,i}^{\mathrm{G}} + f_{\mathrm{D},i}^{\mathrm{G}} \tag{6-41}$$

式中，$f_{\mathrm{s},i}^{\mathrm{G}}$ 为气源点供气量；$f_{\mathrm{D},i}^{\mathrm{G}}$ 为气负荷耗气量；N_{g} 为天然气系统网络节点数。

5) 目标函数

以每个能量枢纽所在区域的经济性为优化目标，将每个区域的成本设置为能量枢纽并分别与电力系统、热力系统和天然气系统能量交互的成本计算如下：

$$F = \min\left(c_{\mathrm{e}} P_{\mathrm{e}} + c_{\mathrm{g}} P_{\mathrm{g}} + c_{\mathrm{h}} P_{\mathrm{h}}\right) \tag{6-42}$$

式中，c_e、c_h、c_g分别为能量枢纽与电力系统、热力系统和天然气系统能量交互的成本系数。

6) 约束条件

除上述电力系统、热力系统和天然气系统网络模型中的等式约束外，为了保证系统运行的安全稳定，还需要满足以下不等式约束：

$$\begin{aligned}
&P_{G,i}^{E,\min} \leqslant P_{G,i}^{E} \leqslant P_{G,i}^{E,\max}, \quad \forall i \in N_e \\
&Q_{G,i}^{E,\min} \leqslant Q_{G,i}^{E} \leqslant Q_{G,i}^{E,\max}, \quad \forall i \in N_e \\
&P_{ij}^{E,\min} \leqslant P_{ij}^{E} \leqslant P_{ij}^{E,\max}, \quad \forall i \in N_e \\
&U_{i}^{\min} \leqslant U_{i} \leqslant U_{i}^{\max}, \quad \forall i \in N_e \\
&f_{s,i}^{G,\min} \leqslant f_{s,i}^{G} \leqslant f_{s,i}^{G,\max}, \quad \forall i \in N_g \\
&f_{ij}^{G,\min} \leqslant f_{ij}^{G} \leqslant f_{ij}^{G,\max}, \quad \forall i \in N_g \\
&\pi_{i}^{\min} \leqslant \pi_{i} \leqslant \pi_{i}^{\max}, \quad \forall i \in N_g \\
&P_{s,i}^{H,\min} \leqslant P_{s,i}^{H} \leqslant P_{s,i}^{H,\max}, \quad \forall i \in N_h \\
&T_{i}^{\min} \leqslant T_{i} \leqslant T_{i}^{\max}, \quad \forall i \in N_h
\end{aligned} \tag{6-43}$$

式中，$P_{G,i}^{E,\max}$、$P_{G,i}^{E,\min}$分别为从主网获取的有功功率的上限和下限；$Q_{G,i}^{E,\max}$、$Q_{G,i}^{E,\min}$分别为从主网获取的无功功率的上限和下限；$P_{ij}^{E,\max}$、$P_{ij}^{E,\min}$分别为电力系统支路功率的上限和下限；$U_i^{\max}$、$U_i^{\min}$分别为电力系统网络节点电压的上限和下限；$\pi_i^{\max}$、$\pi_i^{\min}$分别为天然气网络节点气压的上限和下限；$f_{s,i}^{G,\max}$、$f_{s,i}^{G,\min}$分别为气源点供气量的上限和下限；$f_{ij}^{G,\max}$、$f_{ij}^{G,\min}$分别为天然气系统管道流量的上限和下限；$P_{s,i}^{H,\max}$、$P_{s,i}^{H,\min}$分别为集中供热网络热源点供热量的上限和下限；$T_i^{\max}$、$T_i^{\min}$分别为集中供热网络中节点温度的上限和下限；N为节点个数。

2. 基于约束强化学习的综合能源系统优化模型

约束型策略优化(constrained policy optimization, CPO)遵循约束马尔可夫决策过程(constrained Markov decision process, CMDP)，即在传统强化学习的马尔可夫决策过程(Markov decision process, MDP)的基础上进行了改进，MDP 表示元组$(S_t, \pi_t, a_t, R_t, S_{t+1})$。其中，$S_t$为智能体在$t$时刻的状态；$\pi_t$为智能体在$t$时刻的控制策略；$a_t$为智能体根据控制策略$\pi_t$执行的动作；$R_t$为智能体在状态$S_t$执行动作$a_t$后获得的奖励；$S_{t+1}$为智能体在状态$S_t$执行动作$a_t$后转移到下一时刻的状态。在状态$S_t$中，各智能体根据控制策略$\pi_t$执行动作$a_t$，获得环境反馈的奖励$R_t$，并使状态转移

到 S_{t+1}，如此循环得到从起始时刻 t 到终止时刻 $t+T$ 的奖励集合 $\{R_t,\cdots,R_{t+T}\}$，进而计算奖励价值函数 $J_R(\pi_t)=\mathbb{E}\left(\gamma^t R_t+\gamma^{t+1}R_{t+1}+\cdots+\gamma^{t+T}R_{t+T}\right)$，并以最大化总累积奖励作为更新策略 π_t 的依据。但在最大化奖励的同时需要考虑实际系统的约束条件，而基于 MDP 的强化学习算法将约束条件作为惩罚项合并到奖励 R_t 中，并不能严格满足约束。因此，CPO 引入 CMDP 并表示为 $(S_t,a_t,R_t,C_t,S_{t+1})$，在 MDP 的基础上新增一项与约束条件相关的回报值 C_t，同时设置与 $J_R(\pi_t)$ 相同的约束价值函数 $J_C(\pi_t)$，从而在考虑约束条件的前提下最大化总累积奖励。

基于约束策略优化算法构建了综合能源系统优化调度问题的训练与执行框架，将传统优化问题转化为强化学习模型，如图 6-61 所示。

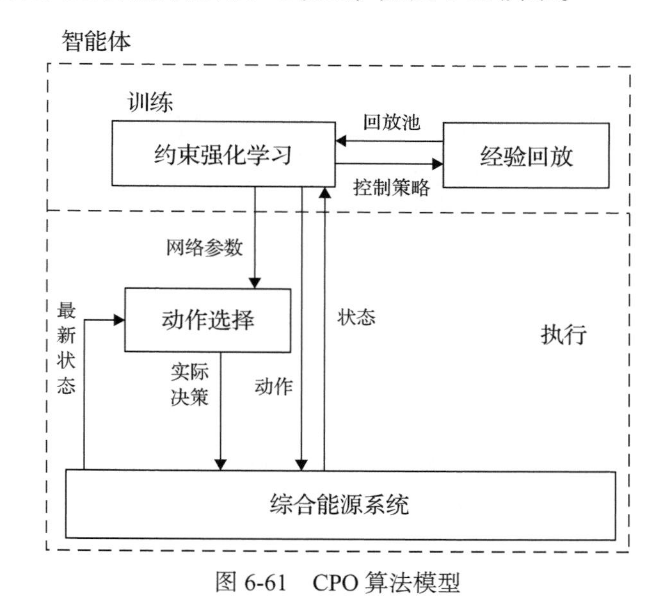

图 6-61　CPO 算法模型

1) 状态空间

系统的状态空间主要包括各个智能体区域内可再生能源的出力 P_{new}（包括风电 P_{wt} 或光伏 P_{pv}）、电负荷 L_{e}、热负荷 L_{h}、电价 c_{e}、气价 c_{g}、热价 c_{h}、电力系统节点电压 U^{E}、天然气系统节点气压 π^{G}、热力系统节点温度 T^{H}，即

$$S=\left\{P_{\text{pv}},P_{\text{so}},L_{\text{e}},L_{\text{h}},c_{\text{e}},c_{\text{g}},c_{\text{h}},U^{\text{E}},\pi^{\text{G}},T^{\text{H}}\right\} \tag{6-44}$$

2) 动作空间

动作空间变量包括能量枢纽与电力系统的交互功率 P_{e}、能量枢纽与热力系统的交互功率 P_{h}，以及能量枢纽与天然气系统的交互功率 P_{g}，即

$$A=\left\{P_{\mathrm{e}},P_{\mathrm{h}},P_{\mathrm{g}}\right\} \tag{6-45}$$

3) 环境设计

将综合能源系统模型作为环境，每个时刻每个智能体采取动作后进行一次综合能源系统潮流计算，反馈电力系统、热力系统和天然气系统节点的相关状态量并用于计算奖励函数，同时转移到下一时刻，如此循环进行。

4) 奖励函数

将综合能源系统模型目标函数的相反数作为每个智能体的即时奖励，再根据约束条件，如果相应变量不满足约束，则设置惩罚值 r_{push} ，并与即时奖励一起作为智能体最终的奖励函数，即

$$R=F+r_{\text{push}} \tag{6-46}$$

综上所述，基于 CPO 的 IES 分布式优化模型的整体算法流程见表 6-8。

表 6-8　基于 CPO 的 IES 分布式优化模型的整体算法流程

求解流程
for episode=1 to M do
a) 初始化随机过程 $\mathbb{N}$ 用于动作探索，观测初始状态 $\boldsymbol{x}$
for 优化周期中每个优化时段 do
b) 对智能体，选择动作： $a=\mu_{\theta}(s)+\mathbb{N}_t$
c) 智能体动作 a 与环境进行交互，环境反馈相应状态量，计算奖励 r ，观测下一时刻状态 $\boldsymbol{x}'$
d) 将 $(\boldsymbol{x},a,r,c,\boldsymbol{x}')$ 存入经验回放单元 D
e) $\boldsymbol{x}\leftarrow\boldsymbol{x}'$
end for
f) 从回放单元 D 随机采样 k 策略下 $\left(\boldsymbol{x}^{(k)},a^{(k)},r^{(k)},c^{(k)},\boldsymbol{x}'^{(k)}\right)$
g) 近似计算梯度值 $\boldsymbol{g}_n,\boldsymbol{b}_n$
h) 通过最小化损失函数更新 Critic 参数
if $2\delta-{J_{C_n}}^2/s<0$ and $J_{C_n}>0$ do
i) 更新神经网络参数 $\boldsymbol{\theta}_n$
else do
j) 更新对偶变量 λ_n
k) 更新对偶变量 ν_n

续表

```
  1)更新神经网络参数 θn
 end if
end for
```

6.4.3 综合能源博弈优化技术

综合能源系统博弈优化主要以实现运营商与各区域的利益均衡为目标，在实现运营商收益提升的同时，降低各区域运行成本。因此，可在园区自治运行的基础上，运营商以电价引导各区域协同优化，促进区域间能量共享及分布式新能源就近消纳。

1. 区域综合能源系统优化调度模型

针对多方利益决策冲突问题，建立不平衡功率下基于演化博弈的集群协同优化模型，提出在有限理性假设下的综合能源系统多主体博弈架构[36]。通过园区内部的多能转化，实现各园区自治优化运行；再在此基础上基于演化博弈进行多个园区间的能量互补，进而实现多主体利益均衡下的协同优化。技术路线如图 6-62 所示。

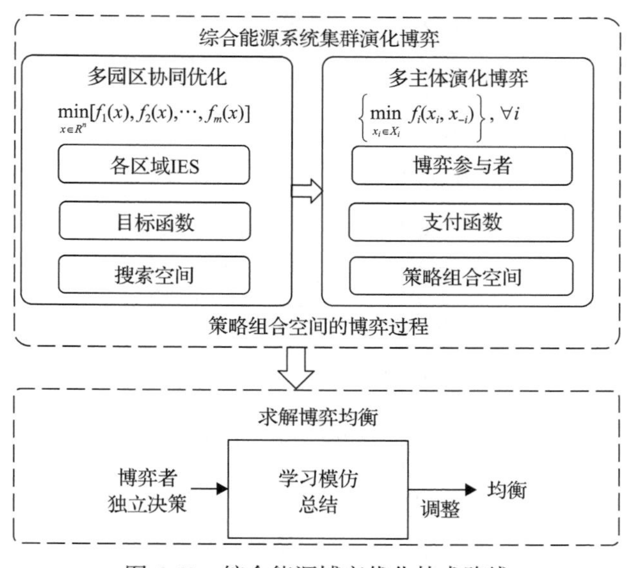

图 6-62　综合能源博弈优化技术路线

单个区域综合能源系统主要包含的设备有光伏、风力发电机、微型燃气轮机、燃气锅炉、余热锅炉、吸收式制冷机、电锅炉、电制冷机和储能设备，各区域与配电网通过联络线进行电能交互。

区域内部优化的目标函数为最小化运行成本，表达式如下：

$$\begin{aligned}
&\min C_{\text{RIES}}^{i} = \sum_{t=1}^{N_T}\left(C_{\text{gas},t}^{i} + C_{\text{om},t}^{i} + C_{\text{ele},t}^{i} + C_{\text{en},t}^{i}\right) \\
&C_{\text{gas},t}^{i} = \frac{c_{\text{gas}}}{\text{LHV}}\left(\frac{P_{\text{MT},t}^{i}}{\eta_{\text{MT}}^{i}} + \frac{P_{\text{GB},t}^{i}}{\eta_{\text{GB}}^{i}}\right)\Delta t \\
&C_{\text{om},t}^{i} = \sum_{k=1}^{N_{\text{m}}} c_{mk}\left|P_{k,t}^{i}\right|\Delta t \\
&C_{\text{ele},t}^{i} = \left(\pi_t^{\text{b}} P_{\text{ex},t}^{i,\text{b}} - \pi_t^{\text{s}} P_{\text{ex},t}^{i,\text{s}}\right)\Delta t \\
&C_{\text{en},t} = \sum_{k=1}^{n}\left\{\sum_{e=1}^{N_{\text{e}}}\left|P_{k,t}^{i}\right| D_k^{e}\left(V_e + Y_e\right)\right\}\Delta t
\end{aligned} \tag{6-47}$$

式中，$C_{\text{gas},t}^{i}$、$C_{\text{om},t}^{i}$、$C_{\text{ele},t}^{i}$、$C_{\text{en},t}^{i}$分别为燃料成本、运维成本、交易成本和环境污染惩罚成本；c_{gas}为燃气费用；$P_{\text{MT},t}^{i}$、η_{MT}^{i}、LHV 分别为 t 时段区域 i 燃气轮机的发电功率、发电效率和天然气低热值；$P_{\text{GB},t}^{i}$、η_{GB}^{i} 分别为 t 时段区域 i 燃气锅炉的发电功率和发电效率；c_{mk} 为第 k 种设备的单位功率运维成本；$P_{\text{ex},t}^{i,\text{b}}$、$P_{\text{ex},t}^{i,\text{s}}$、$\pi_t^{\text{b}}$、$\pi_t^{\text{s}}$ 分别为 t 时段区域 i 的购、售电功率及其电价；D_k^{e} 为第 k 个微源单位电量第 e 项污染物排放量；V_e、Y_e 为第 e 项污染物的单位环境价值及其所受罚款。

区域综合能源系统内部单元出力所受的相关约束如下：

$$\begin{aligned}
&P_{\text{WT},t}^{i} + P_{\text{PV},t}^{i} + P_{\text{MT},t}^{i} + P_{\text{dis},t}^{i} - P_{\text{ch},t}^{i} + P_{\text{ex},t}^{i} = P_{\text{L},t}^{i} + P_{\text{EB},t}^{i} + P_{\text{ER},t}^{i} \\
&H_{\text{GB},t}^{i} + H_{\text{WB},t}^{i} + H_{\text{EB},t}^{i} + H_{\text{dis},t}^{i} - H_{\text{ch},t}^{i} = H_{\text{L},t}^{i} \\
&C_{\text{EC},t}^{i} + C_{\text{AC},t}^{i} = C_{\text{L},t}^{i} \\
&P_{\text{MT,min}}^{i} \leqslant P_{\text{MT},t}^{i} \leqslant P_{\text{MT,max}}^{i} \\
&-r_{\text{d}}^{i}\Delta t \leqslant P_{\text{MT},t}^{i} - P_{\text{MT},t-1}^{i} \leqslant r_{\text{u}}^{i}\Delta t \\
&0 \leqslant P_{\text{ch},t}^{i} \leqslant \eta_{\text{ch},t}^{i}\gamma_{\text{ES,ch}}^{i}\text{Cap}_{\text{ES}}^{i} \\
&0 \leqslant P_{\text{dis},t}^{i} \leqslant \eta_{\text{dis},t}^{i}\gamma_{\text{ES,dis}}^{i}\text{Cap}_{\text{ES}}^{i} \\
&\eta_{\text{ch},t}^{i} + \eta_{\text{dis},t}^{i} \leqslant 1 \\
&\delta_{\text{ES,min}}^{i}\text{Cap}_{\text{ES}}^{i} \leqslant E_{\text{ES},t}^{i} \leqslant \delta_{\text{ES,max}}^{i}\text{Cap}_{\text{ES}}^{i} \\
&E_{\text{ES},0}^{i} = E_{\text{ES},N_T\Delta t}^{i} \\
&0 \leqslant P_{\text{ex},t}^{i} \leqslant P_{\text{ex,max}}
\end{aligned} \tag{6-48}$$

式中，$P_{\mathrm{L},t}^{i}$、$H_{\mathrm{L},t}^{i}$、$C_{\mathrm{L},t}^{i}$为 t 时段区域 i 的电负荷、热负荷、冷负荷；$P_{\mathrm{WT},t}^{i}$、$P_{\mathrm{PV},t}^{i}$分别为风电和光伏的预测电功率；$P_{\mathrm{ch},t}^{i}$、$P_{\mathrm{dis},t}^{i}$分别为蓄电池的充电和放电功率；$P_{\mathrm{EB},t}^{i}$、$P_{\mathrm{ER},t}^{i}$分别为电锅炉和电制冷机的耗电功率；$H_{\mathrm{GB},t}^{i}$、$H_{\mathrm{WB},t}^{i}$、$H_{\mathrm{EB},t}^{i}$、$H_{\mathrm{ch},t}^{i}$、$H_{\mathrm{dis},t}^{i}$分别为燃气锅炉、余热锅炉、电锅炉的制热功率和储热设备的充电和放热功率；$C_{\mathrm{EC},t}^{i}$、$C_{\mathrm{AC},t}^{i}$分别为电制冷机和吸收式制冷机的制冷功率；$P_{\mathrm{MT,max}}^{i}$、$P_{\mathrm{MT,min}}^{i}$、r_{d}^{i}、r_{u}^{i}分别为区域 i 微型燃气轮机的出力上下限和上下爬坡速率。在储能蓄电池的相关约束中，$\mathrm{Cap}_{\mathrm{ES}}^{i}$为储能总容量；$\gamma_{\mathrm{ES,ch}}^{i}$、$\gamma_{\mathrm{ES,dis}}^{i}$分别为蓄电池的最大充、放电倍率；$\delta_{\mathrm{ES,min}}^{i}$、$\delta_{\mathrm{ES,max}}^{i}$分别为蓄电池的最小和最大荷电状态；$\eta_{\mathrm{ch},t}^{i}$、$\eta_{\mathrm{dis},t}^{i}$分别为蓄电池的充电和放电状态。储热设备同样作为一种储能设备，与蓄电池的约束条件类似，这里不再赘述。

2. 基于多主体博弈的多区域协同优化模型

引入配网运营商，建立配网运营商与多区域的博弈优化模型，研究配网运营商定价与区域综合能源系统（regional integrated energy system，RIES）运行策略的影响。考虑如下博弈结构：配电网运营商充当领导者，汇总各 RIES 上报的购售电量，结合上网电价和电网电价，以最大化自身收益为目标制定交易电价；各 RIES 充当跟随者，以最小化运行成本为目标合理安排内部各分布式电源出力，制定交易电量，构成主从博弈；为了协调区域间电能的交互，考虑不同区域的竞合关系，通过演化博弈模拟行为演化，如图 6-63 所示。

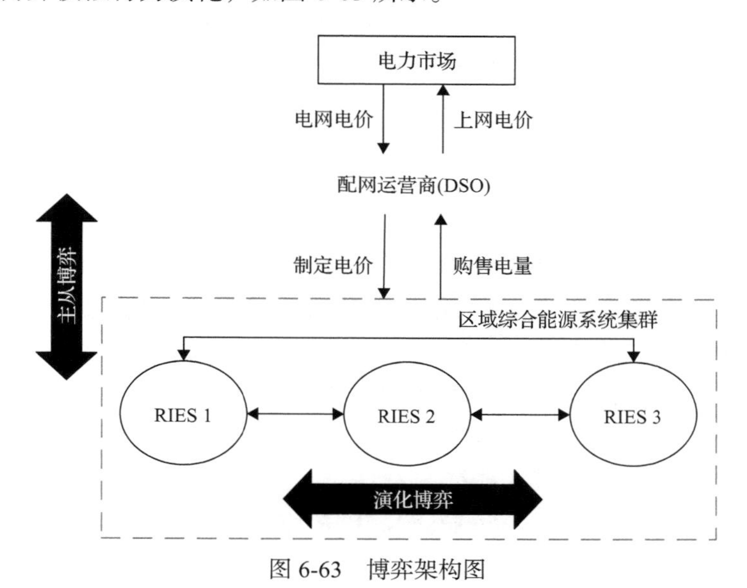

图 6-63　博弈架构图

1) 配网运营商的效益模型

配网运营商以最大化其净利润为目标，效益函数包括与区域综合能源系统及电力市场的购售电成本和收益两部分，如下式所示。

$$\max I_{\text{DSO}}=\sum_{t=1}^{T}\left(\lambda_t^{\text{s}}P_t^{\text{DSO,s}}-\lambda_t^{\text{b}}P_t^{\text{DSO,b}}+\pi_t^{\text{b}}P_{\text{ex},t}-\pi_t^{\text{s}}P_{\text{im},t}\right) \tag{6-49}$$

$$\Omega_{\text{DSO}}=\left\{\lambda_t^{\text{s}}\leqslant\pi_t^{\text{s}}\leqslant\pi_t^{\text{b}}\leqslant\lambda_t^{\text{b}}\right\} \tag{6-50}$$

式中，λ_t^{b}、λ_t^{s}分别为 t 时刻电力市场的购电价和售电价；π_t^{b}、π_t^{s}分别为配网运营商制定的购电价和售电价，即配网运营商的博弈策略，记为$\pi=\left\{\pi_t^{\text{b}},\pi_t^{\text{s}}\right\}$，$\forall t\in N_T$。

2) 区域综合能源系统的效益模型

区域综合能源系统需要合理安排设备出力计划及购售电量，其博弈策略记为P^i，以最小化其运行成本为目标，效益函数如式(6-49)所示，策略空间Ω_{RIES}^i由式(6-50)所示约束条件构成。

3) 博弈模型

(1) 主从博弈模型。

将配网运营商的定价和 RIES 的响应问题描述为主从博弈。首先，配网运营商作为领导者，以最大化自身收益为目标设定面向集群的价格。其次，RIES 作为跟随者，对价格做出反应，并以最小化运行成本为目标安排内部设备出力，调整购售电量，不断重复，直到获得博弈均衡。该主从博弈模型可以表示为

$$G=\left\{(\text{DSO}\cup\text{RIES}),\pi^{\text{b}},\pi^{\text{s}},P^i,u_{\text{DSO}},u_{\text{RIES}}\right\} \tag{6-51}$$

式中，u_{DSO}为配网运营商收益函数；u_{RIES}为 RIES 收益函数。主要包括三部分。

①参与者：配网运营商和 RIES 集群为博弈双方。

②策略：配网运营商的决策变量为购售电价；RIES 的决策变量为购售电量，但由于各时段燃气轮机出力、储能设备充放电量等均和购售电策略息息相关，因此将设备出力也视为决策变量共同参与博弈。

③收益函数：配网运营商收益函数u_{DSO}和 RIES 的收益函数u_{RIES}分别为最大化净利润I_{DSO}和最小化运行成本C_{RIES}。

基于前述收益模型，建立配网运营商和 RIES 的主从博弈模型：

$$\max I_{\text{DSO}} = \left(\pi_t^{\text{b}}, \pi_t^{\text{s}}, P_t^i\right)$$
$$\text{s.t.}\begin{cases} \pi_t^{\text{b}}, \pi_t^{\text{s}} \in \Omega_{\text{DSO}} \\ \begin{cases} P_t^i = \arg\min C^i\left(\pi_t^{\text{b}}, \pi_t^{\text{s}}, P_t^{i*}\right) \\ \text{s.t.} \quad P_t^{i*} \in \Omega_{\text{RIES}}^i \end{cases}, \forall i \end{cases} \tag{6-52}$$

(2)演化博弈模型。

不同 RIES 之间存在竞争或合作的博弈关系，可由演化博弈模拟。对于每个 RIES，其内部分布式电源可能无法满足自身负荷需求或存在过剩功率。根据对外呈现的功率盈亏即可分为生产型和消费型，而不同时刻的身份也可能不同。同时存在生产型与消费型 RIES，即博弈存在。经典博弈论一般要求参与者具备完全理性和掌握双方完全信息两个假设条件，由于假设过强而缺乏现实意义。因此，一般在完全理性的强假设下主要关注博弈参与者如何在完全不合作的情况下寻找自身的纳什均衡点，个体理性最优下的均衡并非系统的帕累托(Pareto)均衡，甚至恰好相反。基于有限理性，引入轻微利他偏好模拟适度合作行为，轻微利他支付函数如下：

$$u_i = \omega_{ii}\frac{C_i}{\overline{C}_i} + \sum_{\substack{j=1 \\ j\neq i}}^{3}\omega_{ij}\frac{C_j}{\overline{C}_j} \tag{6-53}$$

式中，u_i 为第 i 个博弈者的支付函数；C_i 和 C_j 均为效益函数；$\overline{C}_i$ 和 $\overline{C}_j$ 均为效益函数初值；ω_{ii} 和 ω_{ij} 分别为自身因子和利他因子，表示对其他博弈方的关注程度。

假设参与博弈的双方为有限理性人，并且跟随者 RIES 在领导者 DSO 给定的策略下能够同时独立决策，只分享其交易电量信息。在同时存在生产型和消费型 RIES 的有效博弈时刻，上层配电网电价优化采用差分进化启发式算法，在优化中调用下层博弈结果，并针对交易电价和电量进行博弈。下层各 RIES 以运行成本最小为目标，进行日前自治优化调度，确定储能的充放电行为，将购售电量决策反馈给配网运营商。每轮博弈的迭代过程如下：

$$x_i^k = \arg\min_{x_i} u_i\left(x_i, x_{-i}^{k-1}\right) \tag{6-54}$$

式中，x_i^k 为第 i 个博弈方在第 k 轮的策略；x_{-i}^{k-1} 为其他博弈方在第 k–1 轮博弈中得到的结果。

具体流程如下：

(1)输入可再生能源出力及负荷预测数据。

(2)初始化内部电价种群，通过 RIES 进行预调度，并发布初始交易电量。

(3)DSO 选取电价策略并公布给 RIES 集群，同时调用下层模型求解交易电量。

(4) 重复步骤(3)，直到遍历所有策略，并计算目标函数值，更新最优解。

(5) 采用 DE 算法进行种群进化，执行选择、变异、重组操作得到新一代种群。

(6) 收敛判断，若收敛则输出均衡解，否则转至步骤(3)。

6.4.4 综合能源集群博弈优化应用算例

1. 基于非侵入式的综合能源时空特性分析技术

以天津某园区综合能源系统为例，各能源子系统设备功率的变化曲线如图 6-64 所示，基于电、气、热能计量装置的总信号进行辨识可以得到多个多能设备的功率变化曲线，进而验证了所构建模型的有效性。

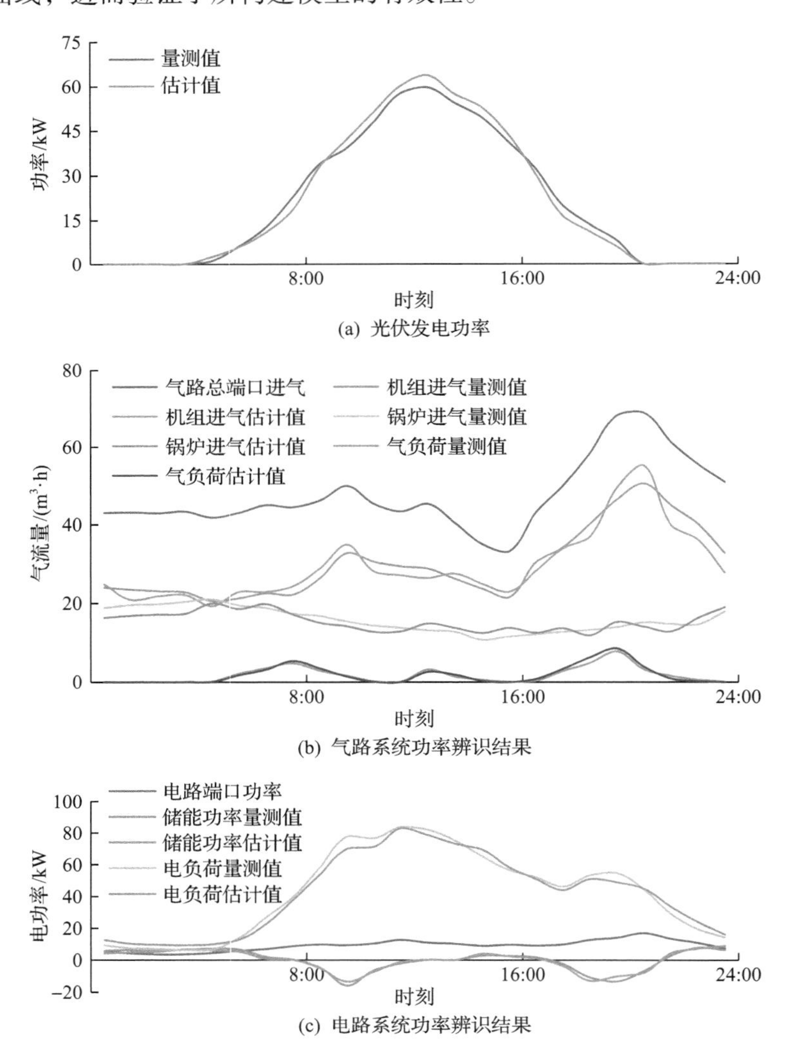

(a) 光伏发电功率

(b) 气路系统功率辨识结果

(c) 电路系统功率辨识结果

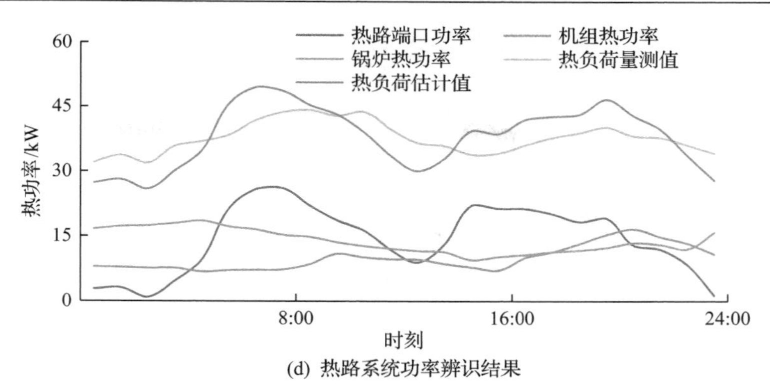

(d) 热路系统功率辨识结果

图 6-64　各能源子系统的设备功率分解图(见文后彩图)

为了对辨识算法进行全面评价，选取平均相对误差作为评价算法的指标，具体表达式如下：

$$\mathrm{ARE}=\frac{1}{n}\sum_{i=1}^{n}\frac{\left|x_i-x_i'\right|}{\max\left(x_i,x_i'\right)} \tag{6-55}$$

式中，x_i 为设备功率的量测值；x_i' 为设备功率的估计值；ARE 为功率的平均相对误差。

经过计算，该园区综合能源系统中电路系统、气路系统及热路系统的平均相对误差分别为 20.80%、25.50%和 30.20%，即准确率分别为 79.20%、74.50%和 69.80%。

2. 综合能源自治运行

为了验证所提算法的有效性，基于某自治园区实际算例进行仿真验证，如图 6-65 所示。园区包含 CHP、光伏和储能，其调度指令由智能体控制。调度周期为 24h，以 15min 为调度时段将一天划分为 96 个时间断面。

知识引导融合训练结果如图 6-66 所示。由图 6-66(a)的训练过程中的总成本变化曲线可见，随着训练的进行总成本逐渐收敛，通过观察购电成本和发电成本曲线可知，每个调度时刻优先通过购电满足功率需求，而燃气价格较高的 CHP 机组基本处于出力的下限。由图 6-66(b)的训练过程中的电压幅值变化曲线可见，本书所提方法能够在全部训练回合中满足电压约束，为智能体训练构建了安全的动作空间，允许智能体在训练过程中自由探索，提高了收敛速度并确保最终的调度策略满足电力系统安全运行的约束。

用训练好的模型进行实时优化调度，所得调度结果如图 6-67 所示。在假设可再生能源和储能的调度成本为 0 且上级电网购电成本低于 CHP 机组燃气成本的基础上，由于负荷需求大于光伏出力，因此系统优先通过光伏发电满足负荷，并通过储能和购电弥补功率缺额，此时 CHP 机组出力基本维持在输出功率的下限。此外，为了降低总运行成本，当购电电价较低时，智能体倾向于从上级电网购电以供给储能充电，并在电价较高时控制储能放电。

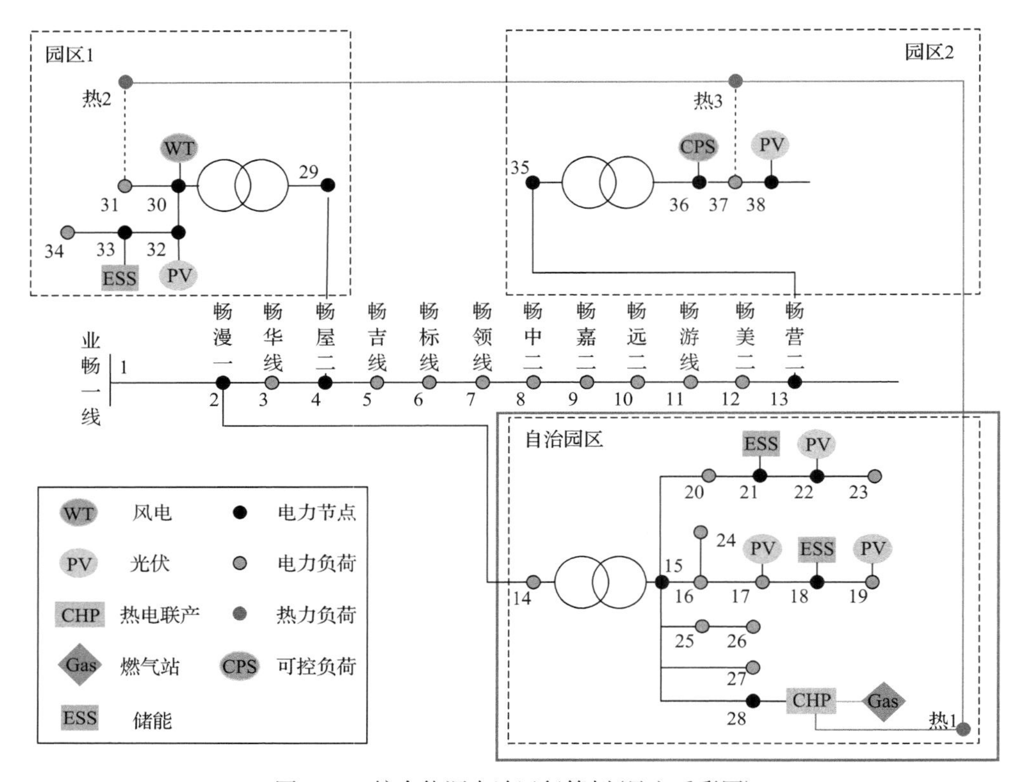

图 6-65　综合能源自治运行算例(见文后彩图)

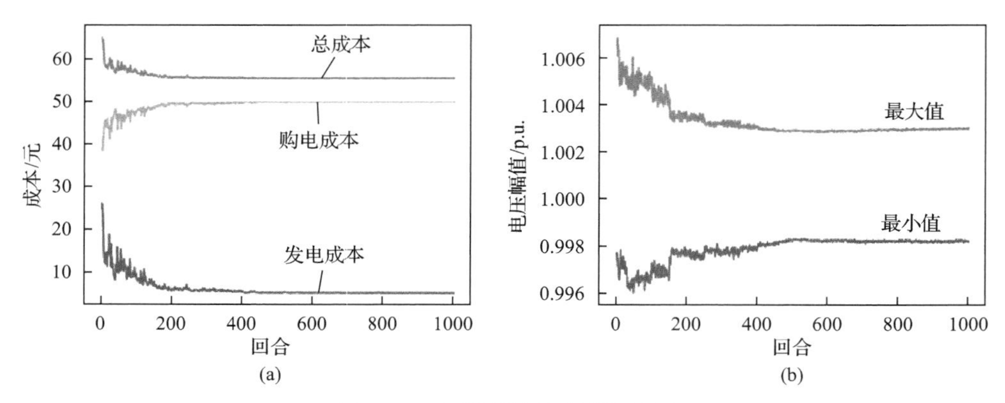

图 6-66　知识引导融合训练结果

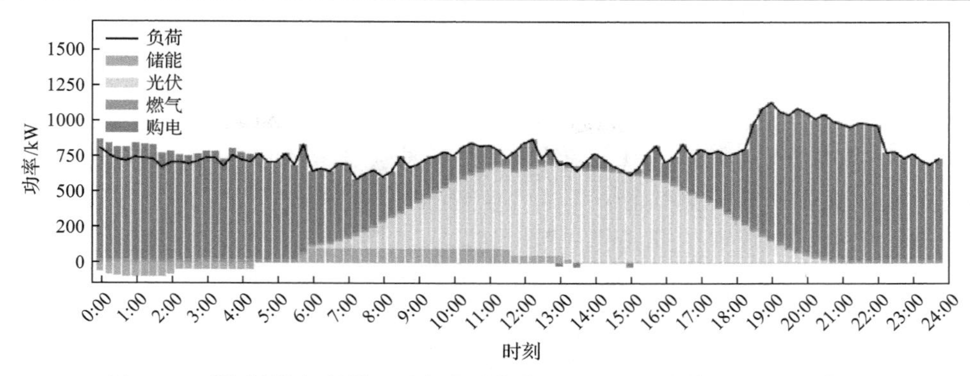

图 6-67　利用训练好的模型进行实时优化调度的日调度结果(见文后彩图)

将 CPO 算法与 CPLEX 集中求解器进行对比，结果如表 6-9 所示。可见，虽然优化成本存在 0.4%的误差，但求解时间大幅缩短，可以满足实时决策的需求。

表 6-9　CPO 算法与 CPLEX 集中求解器算法对比

参数	CPO 算法	CPLEX
15min 成本/元	55.2919	55.5347
日成本/元	5308.02	5331.33
求解时间/s	0.960	0.006

综上所述，通过 CPO“离线训练”所得模型，在测试时“在线执行”，智能体可以根据自身区域的可再生能源和负荷数据，自适应学习得到优化策略，实现实时区域自治。

3. 综合能源博弈优化

本节算例是由三个 RIES 组成的多区域综合能源系统，并且同属于一个配电网，如图 6-68 所示。每个 RIES 包含源荷储在内，内部同类型设备的参数相同，不同区域的电热冷负荷需求不同。

1) 园区 1 的资源情况

园区 1 为科技产业园区，主要建筑负荷包括：主楼为 1953kW，02-01 号楼为 811kW，02-02 号楼为 1113kW，02-03 号楼为 1139kW。由能源站担负园区内集中供冷、供热的任务，内有高压地源热泵机组 2 台、高压电制冷机组 2 台、电制冷机组冷冻泵、冷却塔和补水泵等。能源站内负荷随季节变化，其中，在供冷、供热季节负荷相对较大，非供冷、供热季节(即平时季节)负荷相对较小。

2) 园区 2 的资源情况

园区 2 为政府办公单位，占地面积 8000m^2，建筑面积 3467m^2。建有屋顶分布式建筑一体化光伏发电系统，装机容量 366.8kW，年度总发电量 23.4 万 kW · h。周边布设有 44 口深 120m 的地热井，从地下土壤中提取地热能，夏季系统向土壤中放热，冬季从土壤中取热，通过热交换为建筑提供冷量和热量。将地源热泵与屋顶太阳能热水系统结合，以太阳能热量的回补进行土壤源冷热平衡。利用高效锂电池，实现对光伏发电和市政供电的存储，“并网”时削峰填谷，“孤岛”时稳定供电，满足建筑用电的经济性和可靠性。

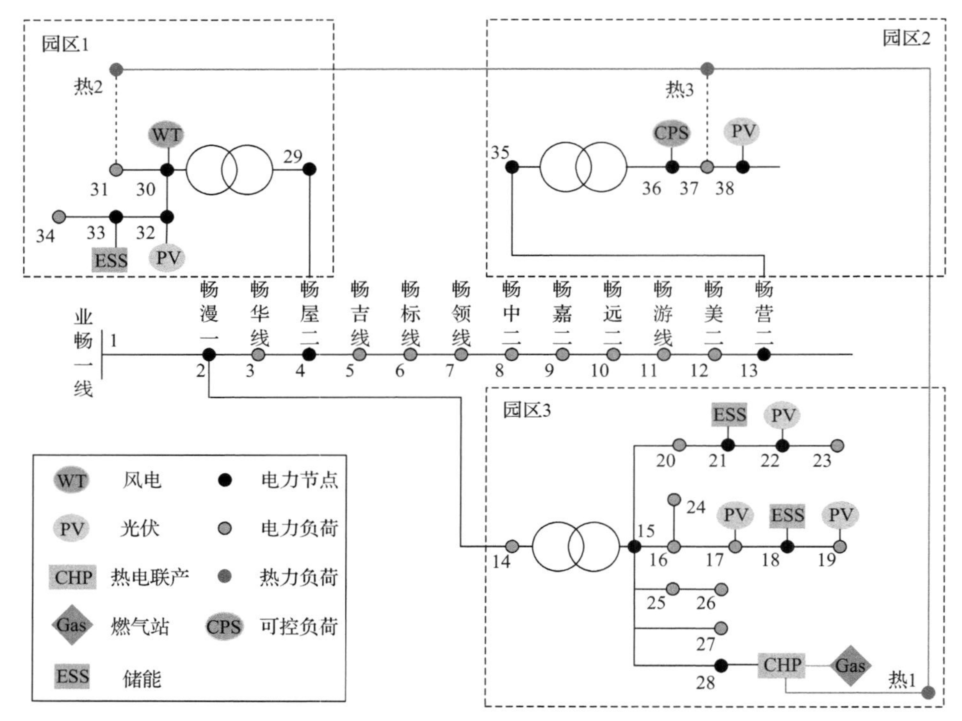

图 6-68 综合能源博弈优化算例(见文后彩图)

3) 园区 3 的资源情况

园区 3 为新型光伏光热建筑一体化示范工程。基于光伏光热一体化(PV/T)组件、耦合蓄能水箱、热泵等能源设备，建成了国内首个电-光-热建筑一体化供能系统示范工程，安装 PV/T 组件 148 块(含 8 块对比 PV 组件)，装机容量约 46kWp，太阳能综合利用效率最高达到 65%，有效地满足了园区用电、供生活热水等多类型用能需求。

每个区域既可向配电网购售电，也可与其他邻近区域交易。选取调度时间步长 $\Delta t = 1\text{h}$ ，可再生能源预测出力与负荷预测曲线如图 6-69 所示。

配网运营商作为领导者，考虑 RIES 的价格响应行为，以最大化自身利益为目标制定交易电价，其电价优化结果及博弈收益曲线如图 6-70 所示。

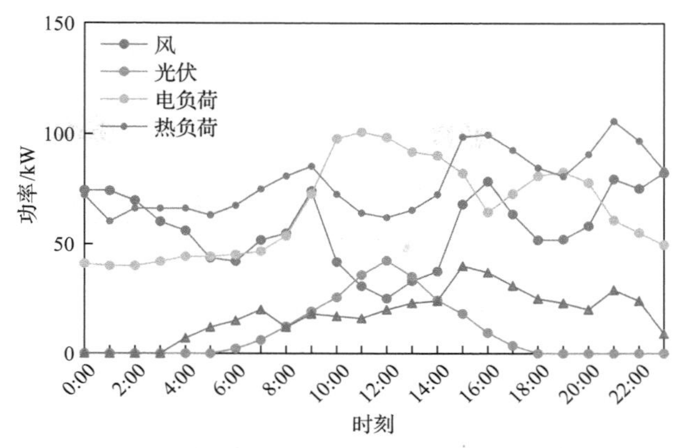

图 6-69　可再生能源出力与负荷预测曲线(见文后彩图)

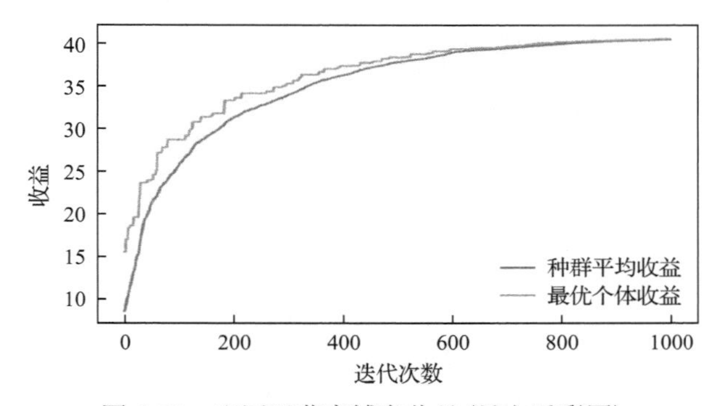

图 6-70　配网运营商博弈收益(见文后彩图)

从图 6-70 中可以看出，经过 200 轮迭代，最优个体收益达到了种群平均收益，是一个演化稳定策略。通过博弈，电价在电力市场批发电价和上网电价之间，在追求收益的同时，提高了 RIES 参与度，在总体供大于求时，配网降低购电价，吸引了微网多购买电能；在总体供不应求时，配网提高售电价，引导微网出售更多电能，进而提高了综合能源集群的能量共享水平。

以 RIES1 为例，其内部出力情况如图 6-71 所示。其他区域内部出力情况与此类似。

为保持区域系统电力平衡，在 4:00～6:00，没有光照，当风电出力也不足以支撑负荷需求时，从外部购电；反之，在 19:00～次日 2:00 和 10:00～14:00，风、光等可再生能源的发电功率大于负荷功率，向外售电。在电价低时储能设备选择充电，同时存储过剩功率，电价高时选择放电。热负荷主要由燃气锅炉和电锅炉供给，冷负荷全部由电制冷机供给。冷-热-电三联供(CCHP)能同时提供部分电、热、冷负荷需求，并且不同能源类型可以通过电锅炉等能量转换设备进行转化，实现多能协同互补。

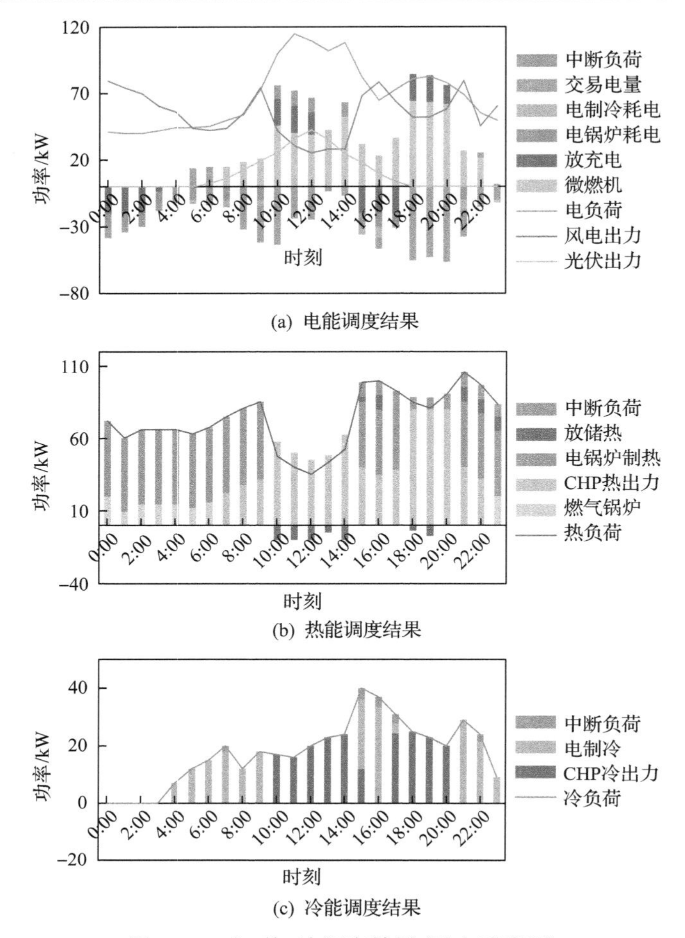

(a) 电能调度结果

(b) 热能调度结果

(c) 冷能调度结果

图 6-71　电-热-冷调度结果(见文后彩图)

博弈前后某区域的出力变化如图 6-72 所示。

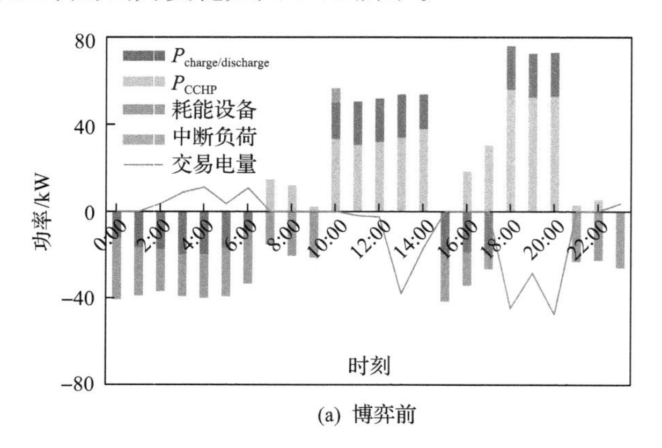

(a) 博弈前

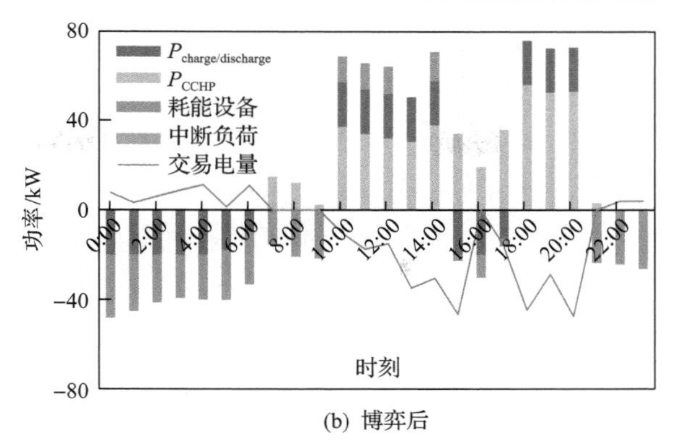

(b) 博弈后

图 6-72　博弈前后出力变化(见文后彩图)

0:00～2:00 和 22:00，由于博弈后的购电价降低，其充电功率增大，微燃机出力减小，电热泵、电制冷机等设备的耗电量增加，因此购电量有所增加。0:00～1:00，更是由平衡型 RIES 转化为消费型 RIES。10:00～12:00 和 14:00～17:00，由于博弈后的售电价升高，个别时刻微燃机出力增加，电热泵、电制冷机等设备的耗电量减小，充电功率减小，放电功率增大，所以选择中断部分负荷，减少需求，故售电量显著增加。10:00 和 15:00，更是由平衡型 RIES 转化为生产型 RIES。因此，RIES 可以通过响应内部交易电价决策，调整其内部分布式能源出力，优化能源需求，从而进一步降低自身的运行成本。

6.5　小　　结

数据机理融合的建模与分析方法是实现电力人工智能安全、可信、有效应用的重要手段之一。本章首先介绍了数据机理融合建模的典型结构和技术框架，进而分别介绍了设备、系统、用户三类主要对象的数据机理融合智能应用案例。

本章总结了数据机理融合建模的五种典型结构，包括串行、嵌入、引导、反馈和并行等五类模式。融合建模能够充分发挥数据驱动建模与机理驱动建模各自的优势，通过引入先验知识，提升了人工智能模型应用的可解释性、鲁棒性与可泛化性。

以电力设备故障诊断为例，采用数据机理融合的嵌入/引导模式，提出了基于内嵌领域知识的电力设备可视缺陷检测、基于内嵌注意力机制的变压器机械故障诊断及基于知识引导的绝缘油发热性故障诊断等电力设备故障智能感知与诊断技术，有效解决了由故障样本稀缺导致的数据驱动设备故障模型鲁棒性低、泛化性不高、可解释性不足的问题，实现了准确及时地对电力设备运行状态与故障情况进行智能分析，提升了电网的智能化管理水平。

以电网源网荷储协同优化为例，采用数据机理融合的嵌入/并行模式，提出了基于注意力机制和时序混合密度网络的源荷预测方法、基于变分自编码器的场景生成技术及深度强化学习引导加速的源网荷储协同调度方法，大幅提升了电网优化问题的求解速度，有效解决了传统优化求解器求解难且计算时间长的难题，实现了对源网荷储大规模异构调控对象的实时控制，提高了系统运行效率与新能源消纳能力。

以综合能源博弈优化为例，采用数据机理融合的引导模式，提出了基于约束强化学习的自治运行策略生成方法与基于多主体博弈的协同优化策略生成方法，有效解决了多能微网园区内部自治与区间协同问题，使园区运行成本下降，提升了分布式新能源就地消纳的水平。

参考文献

[1] 蒲志强, 易建强, 刘振, 等. 知识和数据协同驱动的群体智能决策方法研究综述[J]. 自动化学报, 2022, 48(3): 627-643.

[2] 张东霞, 苗新, 刘丽平, 等. 智能电网大数据技术发展研究[J]. 中国电机工程学报, 2015, 35(1): 2-12.

[3] 李峰, 王琦, 胡健雄, 等. 数据与物理联合驱动方法研究进展及其在电力系统中应用展望[J]. 中国电机工程学报, 2021, 41(13): 4377-4389.

[4] 蒲天骄, 乔骥, 赵紫璇, 等. 面向电力系统智能分析的机器学习可解释性方法研究(一): 基本概念与框架[J/OL]. 中国电机工程学报, 2023,(18): 7010-7029.

[5] 闫书佳, 刘新伯, 熊桓仟, 等. 基于多模态算法的电力设备智能检测方法研究[C]//中国自动化学会. 2020 中国自动化大会(CAC2020), 上海, 2020.

[6] Duan X, Zhao T, Li T, et al. Method for diagnosis of on-load tap changer based on wavelet theory and support vector machine[J]. The Journal of Engineering, 2017, 2017(13): 2193-2197.

[7] Liu J, Wang G, Zhao T, et al. Fault diagnosis of on-load tap-changer based on variational mode decomposition and relevance vector machine[J]. Energies, 2017, 10(7): 946-959.

[8] 张宝辉. 红外与可见光的图像融合系统及应用研究[D]. 南京: 南京理工大学, 2013.

[9] Rudsari F N, Kazemi A, Shoorehdeli M A. Fault analysis of high voltage circuit breakers based on coil current and contact travel waveforms through modified SVM classifier[J]. IEEE Transactions on Power Delivery, 2019, 34(4): 1608-1618.

[10] Peng X, Yang F, Wang G, et al. A convolutional neural network based deep learning methodology for recognition of partial discharge patterns from high voltage cables[J]. IEEE Transactions on Power Delivery, 2019, 34(4): 1460-1469.

[11] Tong J, Tan Y, Zhang Z, et al. Non-intrusive temperature rise fault-identification of distribution cabinet based on tensor block-matching[J]. Global Energy Interconnection, 2023, 6(3): 324-333.

[12] 魏星, 舒乃秋, 崔鹏程, 等. 基于改进 PSO-BP 神经网络和 D-S 证据理论的大型变压器故障综合诊断[J]. 电力系统自动化, 2006,(7): 46-50.

[13] Geng S, Wang X, Sun P. State estimation of 500kV sulphur hexafluoride high-voltage CBs based on Bayesian

probability and neural network[J]. Generation, Transmission & Distribution, IET, 2019, 13(19): 4503-4509.

[14] 禹建丽, 卞帅. 基于 BP 神经网络的变压器故障诊断模型[J]. 系统仿真学报, 2014, 26(6): 1343-1349.

[15] Zarkovic M, Stojkovic Z. Artificial intelligence SF6 circuit breaker health assessment[J]. Electric power systems research, 2019, 175(Oct.): 105912.1-105912.9.

[16] Ji T, Yi L, Tang W, et al. Multi-mapping fault diagnosis of high voltage circuit breaker based on mathematical morphology and wavelet entropy[J]. CSEE Journal of Power and Energy Systems, 2019, 5(1): 130-139.

[17] Tang Y, Jiao F, Mo W, L, et al. Tansmission towrer detection in optical remote sensing images based on oriented object detection[J/OL]. CSEE Journal of Power and Energy Systems: 1-10[2022-08-18]. DOI: 10.17775/CSEEJPES. 2021.05730.

[18] Vaswani A, Shazeer N, Parmar N, et al. Attention is all you need[J]. Advances in Neural Information Processing Systems, 2017, 30(1): 6000-6010.

[19] Carion N, Massa F, Synnaeve G, et al. End-to-end object detection with transformers[C]//European Conference on Computer Vision, 16th European Conference, Glasgow, 2020.

[20] Liu Z, Lin Y, Cao Y, et al. Swin transformer: Hierarchical vision transformer using shifted windows[C]//Proceedings of the IEEE/CVF International Conference on Computer Vision, Montreal, 2021.

[21] Dosovitskiy A, Beyer L, Kolesnikov A, et al. An image is worth 16×16 words: Transformers for image recognition at scale[J]. 2020. DOI: 10. 48550/arXiv.2010.11929.

[22] 尹金良. 基于相关向量机的油浸式电力变压器故障诊断方法研究[D]. 北京: 华北电力大学, 2013.

[23] Ma S, Chen M, Wu J, et al. High-voltage circuit breaker fault diagnosis using a hybrid feature transformation approach based on random forest and stacked auto-encoder[J]. IEEE Transactions on Industrial Electronics, 2019, 66(12): 9777-9788.

[24] 董骁翀, 张姝, 李烨, 等. 电力系统中时序场景生成和约简方法研究综述[J]. 电网技术, 2023, 47(2): 709-721.

[25] Ruan G, Zhong H, Zhang G, et al. Review of learning-assisted power system optimization[J]. CSEE Journal of Power and Energy Systems, 2021, (2): 7.

[26] 蒲天骄, 杜帅, 李烨, 等. 面向隐私保护基于联邦强化学习的分布式电源协同优化策略[J]. 电力系统自动化, 47(8): 62-70.

[27] 董骁翀, 孙英云, 蒲天骄, 等. 基于时序混合密度网络的超短期风电功率概率预测[J]. 电力系统自动化, 2022, 46(14): 93-100.

[28] Dong X, Sun Y, Li Y, et al. Spatio-temporal convolutional network based power forecasting of multiple wind farms[J]. Journal of Modern Power Systems and Clean Energy, 2022, 10(2): 388-398.

[29] He Y, Zhong H, Tan Z, et al. Optimal high-level control of building HVAC system under variable price framework using partially linear model[J]. IET Energy Systems Integration, 2021, 3: 213-222.

[30] 武艺, 姚良忠, 廖思阳, 等. 一种基于改进 K-means++算法的分布式光储聚合调峰方法[J]. 电网技术, 2022, 46(10): 3923-3931.

[31] 蒲天骄, 陈盛, 赵琦, 等. 能源互联网数字孪生系统框架设计及应用展望[J]. 中国电机工程学报, 2021, 41(6): 2012-2029.

[32] 贾宏杰, 王丹, 徐宪东, 等. 区域综合能源系统若干问题研究[J]. 电力系统自动化, 2015, 39(7): 198-207.

[33] 张睿祺, 刘博, 韦尊. 非侵入式综合能源系统源荷状态联合感知方法[J/OL]. 中国电机工程学报: 1-13[2024-04-07]. https://doi.org/10.13334/j.0258-8013.pcsee.223339.

[34] Zhang X, Li Y, Lu S, et al. A solar time based analog ensemble method for regional solar power forecasting[J]. IEEE Transactions on Sustainable Energy, 2019, 10(1): 268-279.

[35] Dong L, Wei J, Lin H, et al. Distributed optimization of integrated electricity-gas-heat energy system with multi-agent deep reinforcement learning[J]. Global Energy Interconnection, 2022, 5(6): 604-617.

[36] Dong L, Li M T, Hu J J, et al. A hierarchical game approach for optimization of regional integrated energy system clusters considering bounded rationality[J]. CSEE Journal of Power and Energy Systems, 2023, 10(1): 302-313.

第 7 章　电力物联网工程实例

电力物联网技术已在电力领域中开展了大量示范应用，可有效地支撑电能生产、传输、消费各环节的系统状态全感知、业务全穿透，实现电力基础设施与国家政策、行业管理、能源用户及企业内部的全时空连接，提升以信息资源共享为特征的开放水平，创新业务模式，构建电力公司新业态。

本章介绍国家重点研发项目“电力物联网关键技术”中的示范应用工程情况。该示范工程以天津市滨海新区为示范应用基地，结合区域能源供需特性，建设部署了电力物联网传感器及通信组网，搭建了电力物联网支撑平台，实现了电力物联网海量异构终端高并发接入、数据高性能存储计算及智能化管控，并基于边云协同的人工智能技术研发了输变配电设备故障智能感知与诊断模块、源网荷储自主智能调控应用模块与综合能源集群博弈优化应用模块，提升了新型电力系统可观、可测、可控的能力。

7.1　系统建设背景

天津市滨海新区资源禀赋优越，负荷需求旺盛，发展潜力巨大，同时也在一定程度上存在一次能源对外依存度高、二次能源供需矛盾突出、能耗强度偏高等问题。因此，需要通过电力物联网示范工程建设，提升滨海电力系统智能感知、分析、调度、诊断的水平，推动滨海能源系统数字化转型升级，提高系统整体运维管控水平，助力新能源的高效消纳利用，为用户提供更加安全可靠、清洁低碳、经济高效和智能互联的能源电力服务。

1. 电力物联网架构

针对多类型终端接入、异构网络通信、海量数据共享、新业务拓展等电力系统的新变化、新需求，构建了示范区电力物联网体系架构，包括平台层、网络层、边缘层及感知层等层级(图 7-1)；设计了智-云-管-边-端的分层技术架构，为电力物联网的高性能传感、全景智慧感知、设备自组网、物联平台建设及业务智能化应用奠定了基础。

2. 电力物联网建设示范

电力物联网示范工程围绕设备侧、电网侧、用户侧数据融合应用的要求，引入智-云-管-边-端融合体系设计理念，对电力物联网的大量新技术进行整体示范验证。

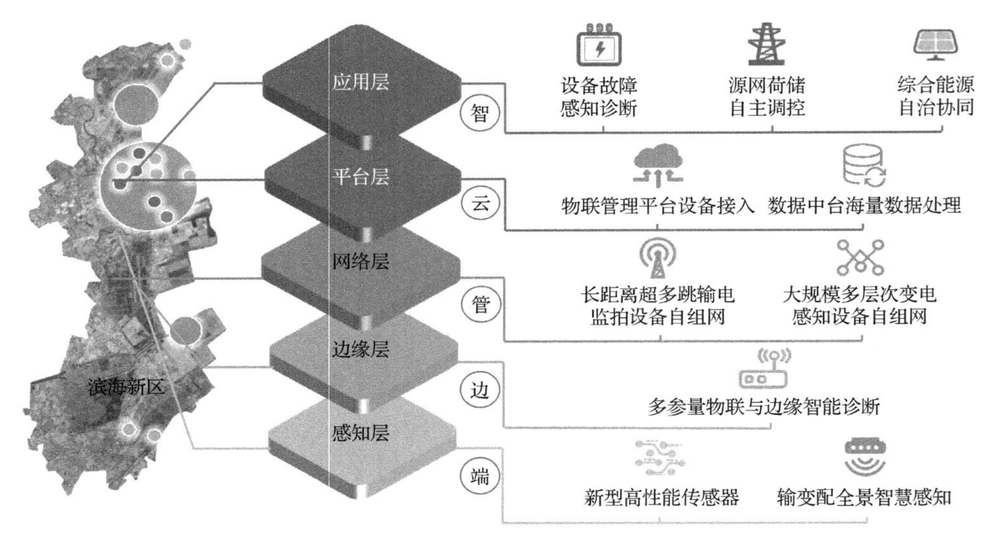

图 7-1　电力物联网示范工程架构图

示范工程在 5 座变电站、3 条输电线路、4 座配电站房开展传感能力提升建设，部署了 4 种高性能传感器和多参量物联终端；在天津电力数据中心建设电力物联网支撑平台，并在此基础上实现输变配电力设备故障智能诊断、源网荷储自主智能调控及综合能源自治协同与多元服务。

7.2　电力物联网基础技术工程实例

1. 新型电力精准感知技术应用

本部分针对第 3 章介绍的 4 种新型传感器在电力工程的应用，开展了现场部署实例情况介绍。本部分工程应用为“端”侧各类传感器及终端感知的应用实现，通过在变电站现场部署高频局部放电传感器、超声波局部放电传感器、微机电系统(MEMS)振动传感器、多参量光学传感器，将局部放电信号、振动信号、光学信号等物理量上传，实现向数字量转变的第一步。本部分工程应用是后续工程应用的基础与媒介，通过本节应用部署实例介绍，可以使读者对电力物联网智能感知关键技术有更充分的理解与更加翔实的认知。同时，也可为后续有序推动输变电设备物联网规模应用、提升设备状态管控力和运检管理穿透力、继承和发扬智能运检体系建设成果、逐步建立开放共享的物联网生态系统提供技术参考。

现场部署实例位于天津某 220kV 变电站，实施布局图如图 7-2 所示。

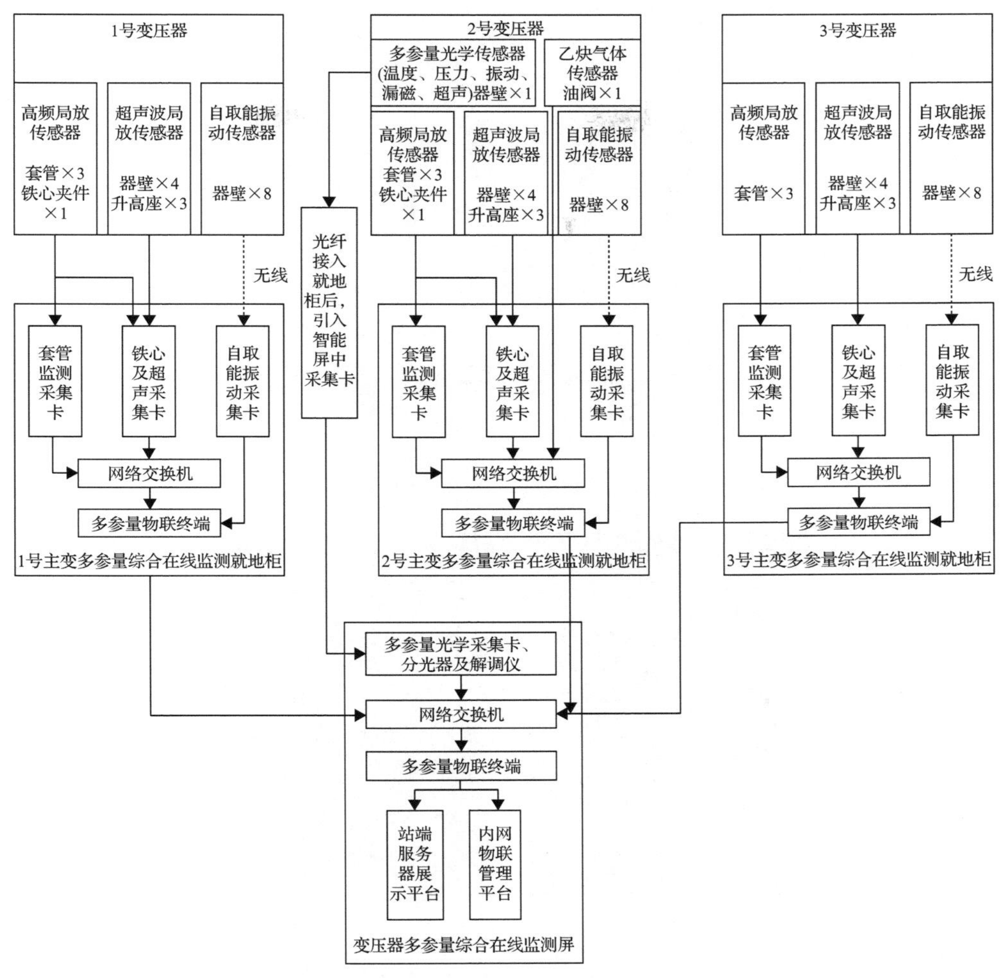

图 7-2　新型电力精准感知现场应用实施布局图

1) 高频局部放电传感器

安装三套主变高频局部放电传感器，分别加装在 1 号、2 号、3 号变压器的 A、B、C 三相套管末屏引出线和铁心接地线处，具体部署情况见表 7-1 和图 7-3。

表 7-1　主变高频局部放电传感器安装位置

区域	具体位置	数量
套管	套管末屏引出线（A、B、C 三相）	3
铁心接地	铁心接地线	1
升高座	升高座 CT 二次出线	1

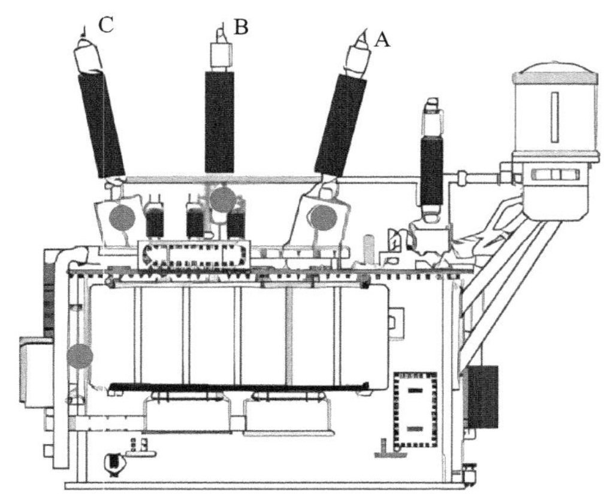

(a) 主变高频局部放电传感器安装点位

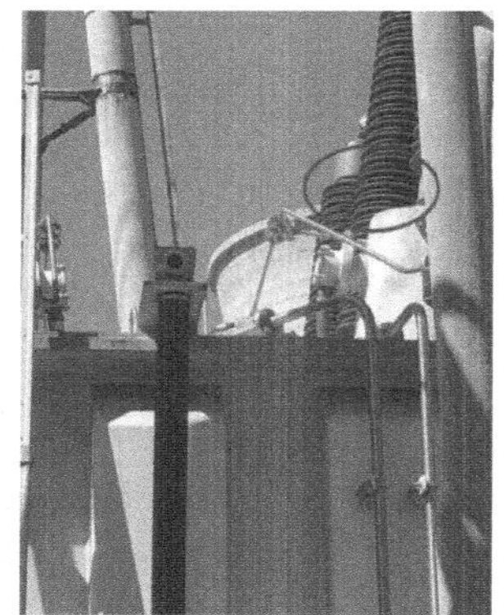

(b) 主变高频局部放电传感器安装实物图

图 7-3　主变高频局部放电传感器安装示意图

2) 超声波局部放电传感器

安装三套主变超声波局部放电传感器，分别加装在 1 号、2 号、3 号变压器的套管升高座和油箱上，具体部署情况见表 7-2 和图 7-4。

表 7-2　主变超声波局部放电传感器安装位置

区域	具体位置	数量
油箱	油箱表面	4
套管	升高座	3

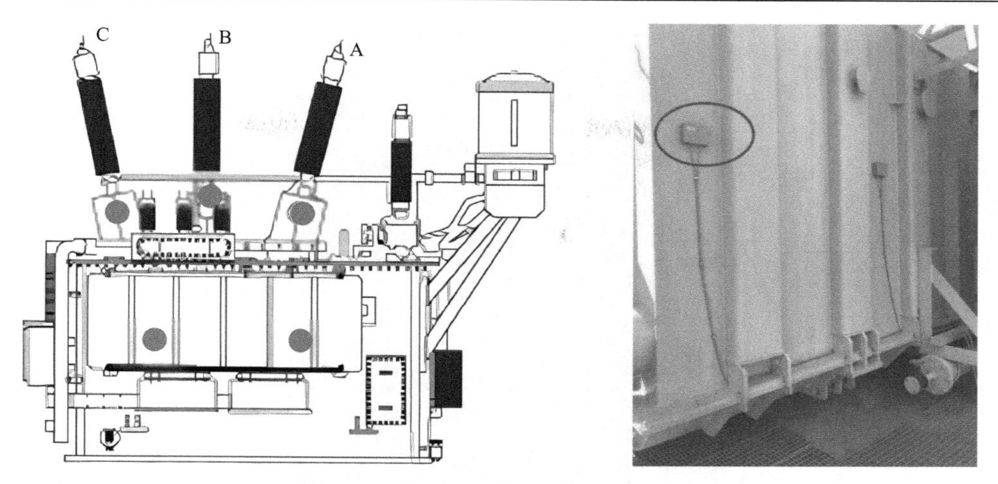

(a) 主变超声波局部放电传感器安装点位(背面箱体再安装两个)　(b) 主变超声波局部放电传感器安装实物图

图 7-4　主变超声波局部放电传感器安装示意图

3) MEMS 振动传感器

安装三套自取能 MEMS 振动传感器，分别加装在 1 号、2 号、3 号变压器，具体布点情况如图 7-5 所示。

图 7-5　自取能 MEMS 振动传感器安装示意图

4) 多参量光学传感器

在1号变压器上加装一套变压器多参量光学传感器,具体布点情况如图 7-6 所示。

通过开展数据光纤敷设、就地柜与中控室智能屏柜线缆整理，实现了对各传感器采集信号的收集与调试，并与远端系统后台实现信号传输，最终实现在物联管理平台对传感器的远程数据监测、存储与可视化。基于以上新型传感器的实例

图 7-6　多参量光学传感器安装示意图

应用，可以及时准确掌握设备状态，积极推进设备状态由离线、定期、停电、部分状态的掌控向在线、实时、动态、全面状态掌控的转变，夯实状态检修管理基础，提高设备检修的科学性、针对性和有效性，推动设备管理的高质量发展。

2. 终端边缘物联技术应用

终端边缘技术采用网络、计算、存储、应用核心能力为一体，在实现数据采集、云端平台交互的基础上，可以为电力物联网中的终端设备提供更便捷、丰富的弹性资源。同时将应用程序下沉至边缘侧执行，在节省带宽的情况下能够提供更快的网络服务响应，满足电力场景在实时业务、应用智能、安全与隐私保护等方面的需求。多参量物联终端及其配套边缘计算框架、边缘智能算法是终端边缘技术的组成部分，在天津滨海新区的输变配电环节进行了应用，涉及变压器多参量综合在线监测系统、配电台区立体感知系统。

1) 变压器多参量综合在线监测系统

系统装置组网拓扑图如图 7-2 所示。各类传感器经过各自的数据采集转换装置生成数字信号，通过网线或 RS485 线传输至多参量物联终端。多参量物联对异构传感数据进行标准化接入、过滤、聚合、转换、压缩、加密等处理，然后将数据上传至变电站站端服务器展示平台和内网物联管理平台，从而为数据展示和上层云计算提供数据支撑。

变压器各类传感器部署实物图如图 7-7 所示，多参量物联终端部署在就地柜中(图 7-8)，采集上述传感数据并上传至服务器端。

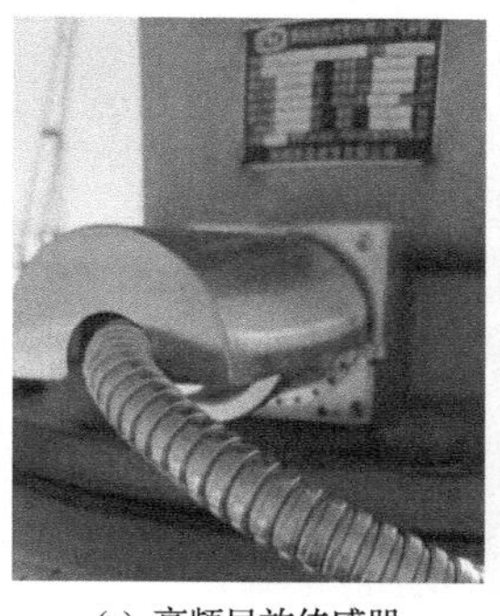

(a) 高频局放传感器

(b) 超声波局放传感器

(c) MEMS振动传感器

(d) 多参量光学传感器

图 7-7　变压器各类传感器部署实物图

图 7-8　变压器就地柜内部实物图

2）配电台区立体感知系统

针对处于电力系统神经末梢的配电设备存在业务监管手段不足、决策缺乏数据支持、运营效率有待提高的问题，需提升配网运营管理效率，提高配网智能化水平。现已在天津滨海10kV配电站点进行设备改造（改造示意图如图7-9和图7-10所示），基于现代信息通信、物联网、人工智能、智能传感和边缘计算等技术，部署多种新型传感器，进而为配电设备全景感知、故障研判和预测运维提供支撑。

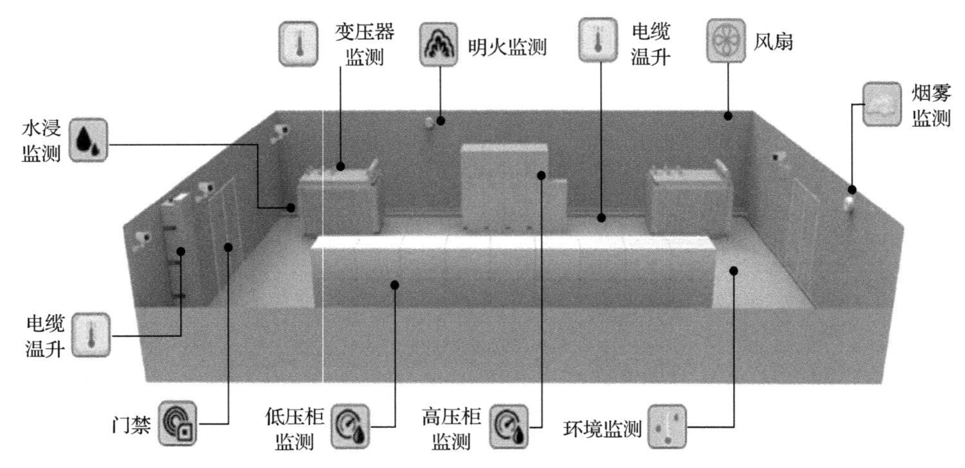

图7-9　配电站房改造传感器部署示意图

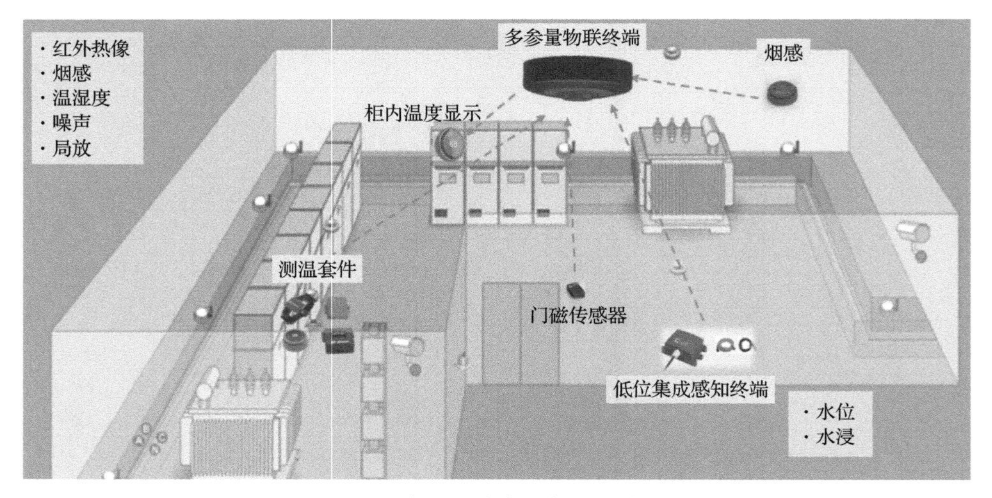

图7-10　配电站房改造多参量物联终端应用示意图

在四座配电站房内，针对站房环境，安装了烟感传感器、门磁传感器、水浸传感器；针对高压环网柜，安装了非接触式测温传感器、无源无线温湿度一体化传感器、上下触头/电缆接头温度传感器、除湿机、局部放电传感器等；针对配电变压器，安装了桩头温度传感器、无线温湿度传感器、变压器声纹传感器、MEMS振动传感器、小型热成像双视装置等。这里，共部署了 15 类 314 套(个)传感器实现对配电台区的立体感知。上述传感器生产于不同厂家，通信接口包含网口、RS485、蓝牙、LoRa 等。多参量物联终端能够实现一对多的传感器标准接入、本地存储，并在多参量物联终端部署了压缩感知算法，进而实现对开关柜温度场的边缘侧计算。现场安装实物图如图 7-11 和图 7-12 所示。

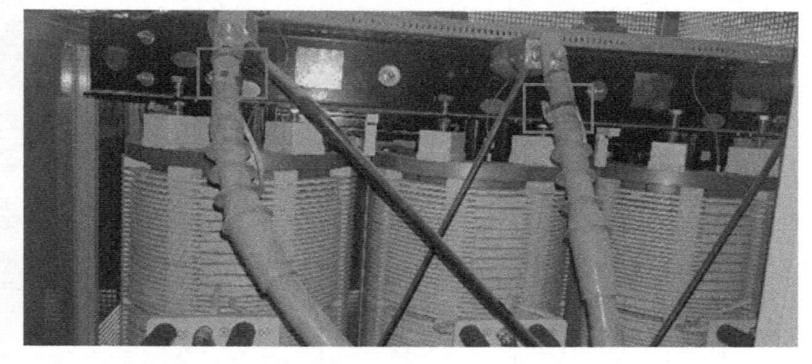

图 7-11　配电站房各类传感器安装实物图(见文后彩图)

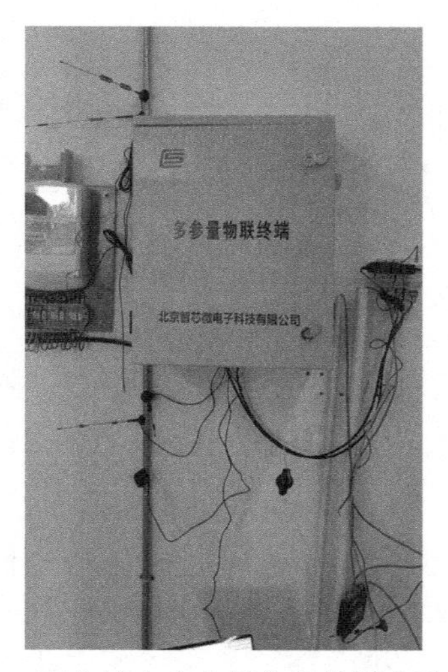

图 7-12　配电站房多参量物联终端安装实物图

通过以上四种新型电力精准传感器和多参量物联终端的应用，实现了站域级“声-光-机-电”多参量联合感知，并形成了高灵敏、自取能、低功耗、自主可控的良好感知生态示范应用，实现了数据收集、状态监控、就地分析、协同计算、传感器即插即用五种功能，处理时延低至 7.44ms，并实现了 41 种协议适配。

3. 自组网高效通信技术应用

1) 长距离超多跳输电监拍装置自组网示范工程

长距离超多跳输电监拍装置自组网示范工程依托超多跳自组网设备研究成果。该装置由自组网通信模块、监拍设备和供电模块组成，超多跳自组网设备工作在 ISM (industrial scientific medical) 5.8GHz 开放频段，51 套装置沿天津某 220kV 高压输电线路铁塔部署并实现无线互联，在汇聚节点通过以太网接口与边缘智能终端(网关设备)连接；边缘智能终端(网关设备)将超多跳自组网协议转换为广域传输协议，并通过以太网接口与站端上位机连接。

超多跳自组网示范工程系统框图如图 7-13 所示。

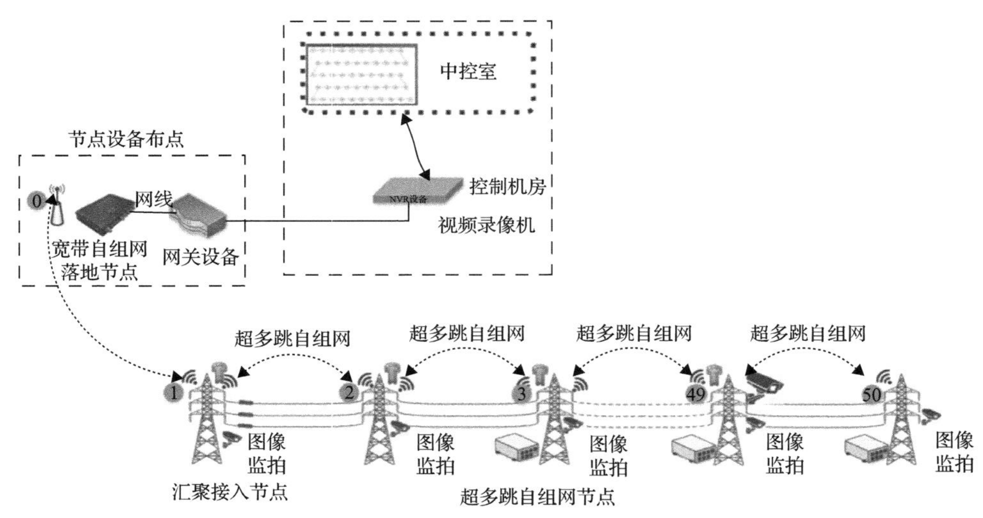

图 7-13　超多跳自组网示范工程施工方案示意图

数字为落地节点的编号

2) 实施效果

该系统形成了一条 50 跳无线传输，速率不低于 3Mbit/s 的宽带超多跳数据链路。将每个铁塔上采集的视频、图片信息分时回传到控制室进行监控，降低高压输电线路的运维负担，提高运维效率。长距离超多跳自组网技术的应用将为边远地区无公网覆盖的工作场景提供一种低成本、高效率的通信解决方案。

4. 高并发接入与海量数据管理技术应用

高并发接入与海量数据管理技术的应用属于电力物联网架构的“云”层工程，旨在实现电力物联网支撑平台建设，涵盖云化的物联管理平台和数据中台。高并发接入与海量数据管理采用虚拟化、容器技术、并行计算等技术，以软件定义方式实现物联管理平台对边缘层物模型管理、存储、网络资源的统一调度和弹性分配；采用云计算、大数据、人工智能等先进技术，实现数据中台在物联网架构下的全面云化，最终具备跨专业数据智能适配、融合共享的能力，为电力物联网智能应用与示范验证提供数据服务和计算服务技术支撑。高并发接入与海量数据管理技术应用分为物联管理平台能力优化与提升和数据中台智能融合分析与共享服务两个重点示范。其中，物联管理平台能力优化与提升重点示范包括物联管理平台和软件定义智能终端及其高性能接入管理系统两个子系统，数据中台智能融合分析与共享服务重点示范包括电力图数据引擎及计算分析服务平台与元数据智能盘点系统两个子系统。目前，四个子系统工程均完成了设计开发和实施工作，并已在示范区成功上线试运行。

1) 物联管理平台

物联管理平台主要用于实现各专业、各类型终端设备的统一接入、管理和应用，并向企业中台、业务系统以开放接口方式提供标准化的数据和平台能力，主要包括连接管理、设备管理、消息处理、北向服务及平台管理等功能(其中，设备管理功能如图 7-14 和图 7-15 所示)。

本书通过示范工程建设，完成物联管理平台海量异构终端高并发接入和智能管控的改造提升，采用全异构分布式架构，扩展物联管理平台 698、I1、IEC104 等协议的适配能力，进而实现支持千万级并行连接的终端连接管理模块，解决物

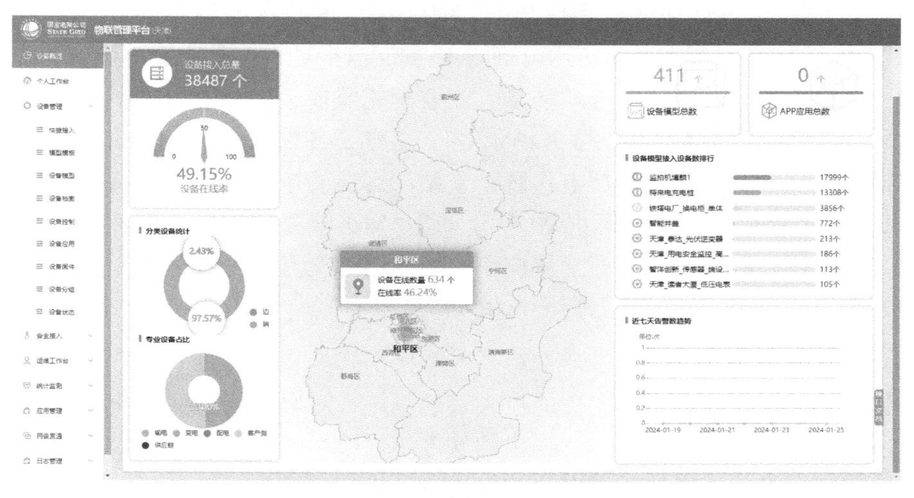

图 7-14　物联管理平台-设备概览

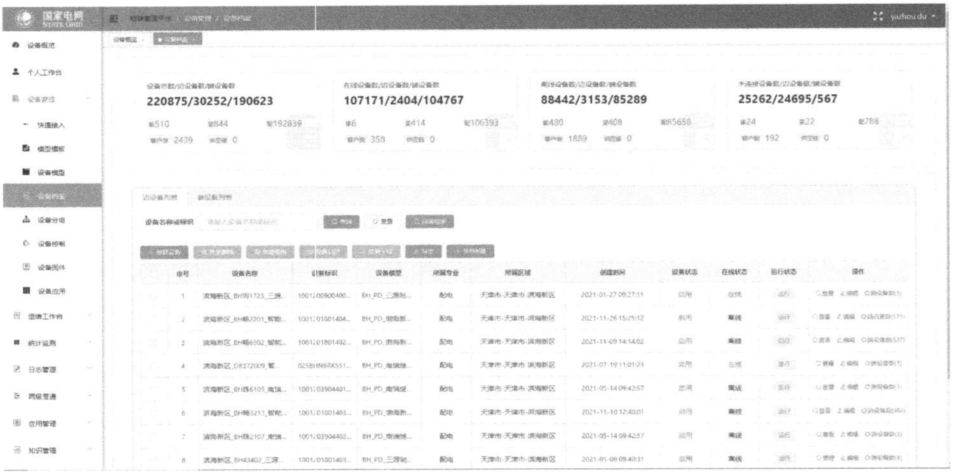

图 7-15　物联管理平台-设备档案

联网中海量设备接入效率有限的问题，支撑输变配用电、综合能源服务等相关即时处理和区域能源自治业务的开展。

数据支撑方面，物联管理平台支撑各专业在线采集三大类型 392 种数据(包括电压、电流、有功功率等电力结构化数据 216 种，温度、湿度、热量、风力等非电力结构化数据 174 种，图片、短视频非结构化数据 2 种)，随着物联体系建设的推广，数据采集、消费量逐年递增，当前日均采集数据 8700 万余条，日均支撑主站消费数据 8400 万余条，数据有效消费率达到 96.5%，累计交互数据 115.8TB，为各类设备上报数据并提供多维度查询、统计、分析、展示功能。业务支撑方面，物联管理平台全面支撑输电、变电、配电、综合能源、安监、后勤、物资、基建等八大业务领域 14 个场景应用(配电云主站场景、输电架空线路场景、地下管廊场景、无人机场景、智能巡检场景、油色谱重症监护场景、避雷器重症监护场景、检储一体化场景、后勤车载终端场景、安监智能监控、智慧能源小镇、一体化计量装置、负控场景、CPS 辅助服务场景等)，支撑了各领域 10 个业务应用系统(主要包括输电全景智慧平台、配电Ⅳ区云主站、运检管控平台、电缆精益化管控平台、省级智慧能源服务平台等主站应用)。通过对各类采集数据进行统一汇聚和分发，并以接口和服务方式支撑上层应用与感知层的交互，形成了跨专业数据共享共用的生态，充分发挥了数据资产价值。

2) 软件定义智能终端及其高性能接入管理系统

软件定义智能终端及其高性能接入管理系统针对电力物联网多业务领域设备类型多、可扩展性不足等问题，提出的软件定义柔性统一的设备融合建模方法，构建了软件定义的多属地统一电力物模型设计模板，实现了对图状、树状电力系统模型的统一建模和物联服务，支持了异构新型物联设备的模型扩展配置。

系统功能包括物联设备模型管理、设备系统状态特征模型管理、工业物联系统影子服务等。其中，物联设备模型管理用于工业物模型的基本智能体服务，以便在此基础上支持建立支持网状模型及树状模式的工业物模型，并提供物联采集、控制、影子服务等服务；设备系统状态特征模型管理包括系统设备工况信息、系统设备状态特征模型、状态特征与工况的关联模型等；工业物联系统影子服务包括影子服务属地、系统访问授权管理、属地组织管理模型和接口服务等功能。主要功能界面如图 7-16 所示。

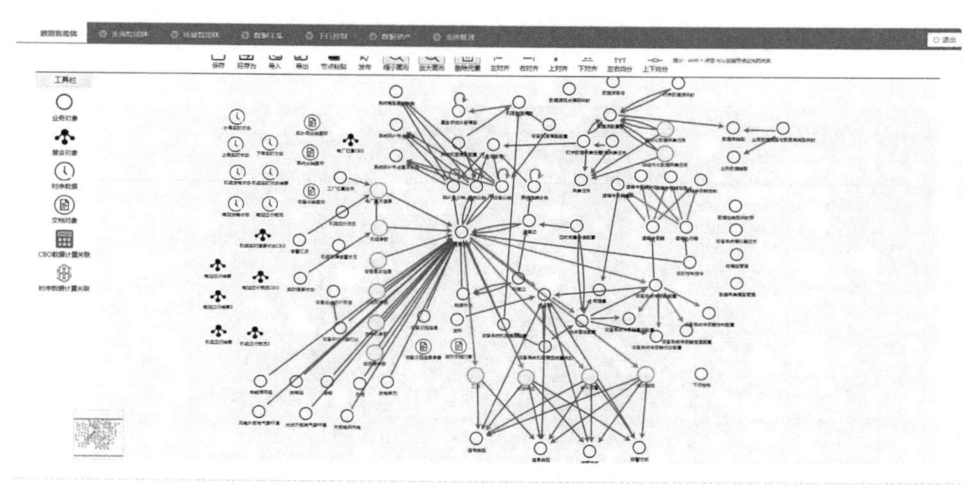

图 7-16　软件定义智能终端及其高性能接入管理系统

软件定义智能终端及其高性能接入管理系统实施后可支撑亿级异构物联设备模型管理，按照用户电表、微网设备等系统仿真 1.5 亿条设备模型数据，并通过具备 CNAS 和 CMA 资质的国家应用软件产品质量监督检验中心严格权威地检测。经测试验证多属地统一物模型管理组件符合测试指标内容的要求，其中在物模型数量上共计达到 1.5 亿个。

7.3　电力物联网智能应用系统

1. 电力设备故障智能感知与诊断应用

1) 变电设备故障智能感知与诊断模块

针对变电设备故障判断规则复杂、监测数据信息密度低导致的故障诊断可靠性低的问题，构建变电设备故障智能感知与诊断模块，促进变电设备故障诊断精度的提升。该模块包含变电设备监测信息总览、多源数据融合、状态评价与故障诊断等功能，其中变电设备监测信息总览包括变电设备台账信息、传感器接入信息、变电设备实时状态信息、传感监测实时数据展示、数据统计、告警统计、故障记录等。多源数据融合包括多源数据综合展示、数据查询、状态分析等。状态评价与故障诊断包含设备状态评级、故障分类、故障统计、人工核验等。通过对变电设备多源数据进行融合分析，为运维人员提供设备异常状态的及时告警，从而实现变电设备高效运检。

图 7-17 为变电设备状态监测信息总览功能页面，该页面包含变电设备实时监测数据、运行状态、实时缺陷告警、历史故障事件、监测数据统计等功能，可为设备运维人员提供设备的全景监测信息，实现设备实时运行状态的综合展示、故障事件的实时预警。

图 7-17　变电设备状态监测信息总览

图7-18 为基于多源数据融合分析的变电设备状态评价功能页面，该页面包含变电设备高频局部放电、超声波局部放电、振动、多光学参量等多源高质量传感数据展示功能，并集成了基于业务知识引导的变电设备故障诊断模型，通过对系统实时接入数据进行智能分析，实现了针对变压器、断路器、避雷器三类变电设备八种典型故障的智能诊断，辅助设备运维人员快速精准掌握设备的运行状态，及时排除风险隐患。

通过构建变电设备故障智能感知与诊断模块，基于知识引导的故障诊断模型，对变电设备实时监测的海量多源数据进行智能分析，实现对变电设备绝缘、放电、机械等典型故障诊断的准确率不低于 85%，为设备运维人员提供了设备检修决策的可靠支撑（表 7-3）。

2）输电设备故障智能感知与诊断模块

针对设备巡检目标角度、尺寸不一、缺陷形状不规则导致的缺陷识别准确率

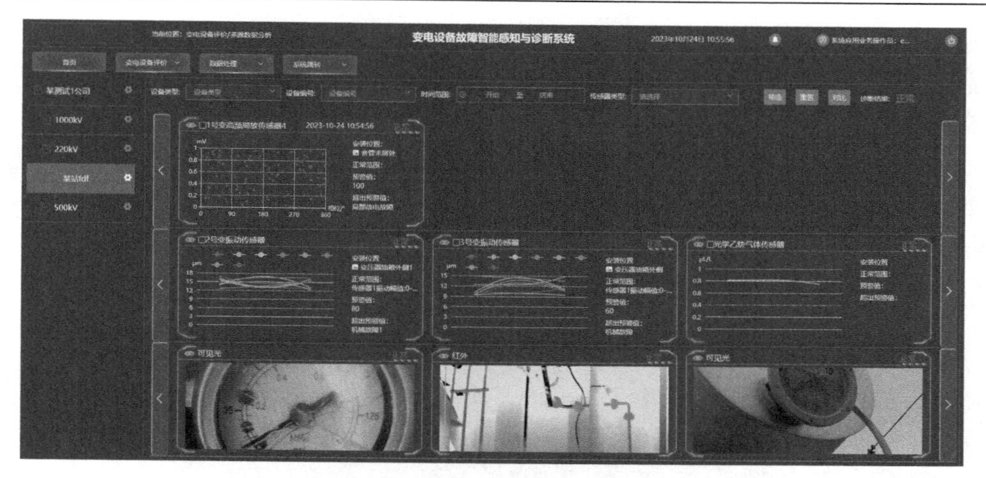

图 7-18　基于多源数据融合分析的变电设备状态评价

表 7-3　变电设备故障诊断准确率指标

场景	具体缺陷类型	准确率/%	召回率/%
变电可视缺陷	变压器渗漏油	96.41	93.99
	变压器锈蚀	98.36	95.23
	变压器表计异常	94.94	94.94
	呼吸器硅胶变色	93.52	97.14
	绝缘子破损	95.46	94.86
	绝缘子污秽	94.52	94.49
	绝缘子(套管)表计异常	94.00	92.10
	断路器渗漏油	99.09	91.67
	变压器发热异常	97.04	94.35
	绝缘子发热异常	97.35	94.63
	断路器发热异常	97.04	94.35
变电非可视缺陷	直流偏磁	99.61	99.20
	组件松动	99.80	99.20
	变压器绝缘油发热	91.21	100.00
	变压器悬浮放电	97.08	97.64
	变压器内部放电	96.95	96.99

低的问题，构建输电设备故障智能感知与诊断模块，促进输电设备故障诊断可靠性的提升。该模块包含输电设备多源数据分析、状态评估、故障诊断等功能。其中，多源数据分析包括数据台账管理、数据融合分析、分析报告生成等。状态评估包括杆塔评估、线路评估、金具评估等功能。故障诊断包括图像样本管理、诊

断算法管理、故障诊断、缺陷识别等功能。通过对输电设备多源数据进行分析，及时发现设备缺陷与故障，进而为运维人员提供异常状态及时告警，降低输电设备巡检的成本。

图 7-19 为基于多源感知数据的输电设备故障诊断页面，该页面具有线路故障评估、线路故障预警、数据管理、系统管理等功能。其中，线路故障评估包括杆塔状态评估、导地线状态评估、金具状态评估功能。这里，可以选择评估数据、新增及运行评估算法，查看评估结果。

图 7-19　基于多源感知数据的输电设备故障诊断

图 7-20 为基于多源感知数据的输电设备可视缺陷识别功能页面，该页面具有输电设备可视图像样本管理、缺陷识别、算法管理、结果核验等功能。通过部署

图 7-20　基于多源感知数据的输电设备可视缺陷识别

基于无锚框内嵌的可视缺陷识别、多源信息融合的故障诊断算法模型，实现了对输电设备角度多样性、小尺寸缺陷的可靠辨识，实现针对输电线路、杆塔、金具三类输电设备 21 种典型故障的智能诊断。

通过构建输电设备故障智能感知与诊断模块，基于知识内嵌的缺陷辨识与故障诊断模型，以及对输电设备实时监测的海量可视图像与传感监测数据进行智能分析，实现了对输电设备金具破损、杆塔倾斜、绝缘子破损等典型故障诊断的准确率不低于 85%，进而辅助输电设备运维人员提升巡检效率(表 7-4)。

表 7-4　输电设备故障诊断准确率指标

场景	具体缺陷类型	召回率/%	准确率/%
输电可视缺陷	杆塔倾斜	98.86	93.58
	塔头变形	94.00	93.07
	倒塔	94.09	98.86
	导地线弧垂过大	98.53	96.57
	导地线异物悬挂	94.25	93.41
	导线断线	96.65	97.73
	导线断股	95.47	93.54
	金具脱落	96.06	96.65
	金具磨损	92.29	93.95
	金具变形	95.84	98.30

3) 配电设备故障智能感知与诊断模块

针对配电设备运行监控手段不足、配电设备状态评估精度不足、配电设备智能感知有待提升等问题，构建配电设备故障智能感知与诊断模块，促进配电设备运行状态精准感知。该模块包括配电设备感知层数据可视化监控、配电设备资产管理和配电设备故障智能感知诊断等功能。其中，配电设备感知层数据可视化监控功能包括综合总览、统计分析、实时监控总览、告警数据、历史数据分析等功能；配电设备资产管理包括设备远程盘点、设备异动监控与报警、状态信息集成共享等功能；配电设备故障智能感知诊断包括配电设备状态数据感知、健康状态评价模型、生理健康曲线绘制、配电设备故障预测诊断等功能。通过对配电设备的海量监测数据进行智能分析，有助于提升配电设备的状态感知精度与运维效率。

图 7-21 为配电设备状态监测信息总览功能页面，该页面包含配电设备实时监测数据、运行状态、配电设备分布位置等功能，为设备运维人员提供设备的全景监测信息，实现对设备实时运行状态的综合展示、故障事件的实时预警。通过部署基于特征分布聚类的配电设备健康状态评价算法模型，实现对配电设备运行状

态的可靠评估。

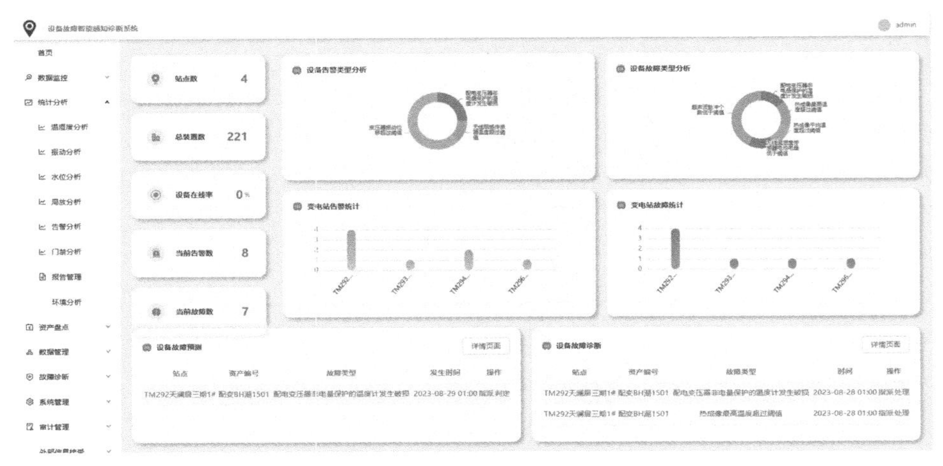

图 7-21　配电设备状态监测信息总览

图 7-22 为基于多源感知数据的配电设备故障诊断，该页面包含配电设备多源数据融合、故障诊断、实时预警等功能，为设备运维人员提供设备的全景监测信息，实现对设备实时运行状态的综合展示、故障事件的实时预警。基于多元时序数据的配电设备温升故障预警算法模型，实现对配电设备温升故障的准确辨识。

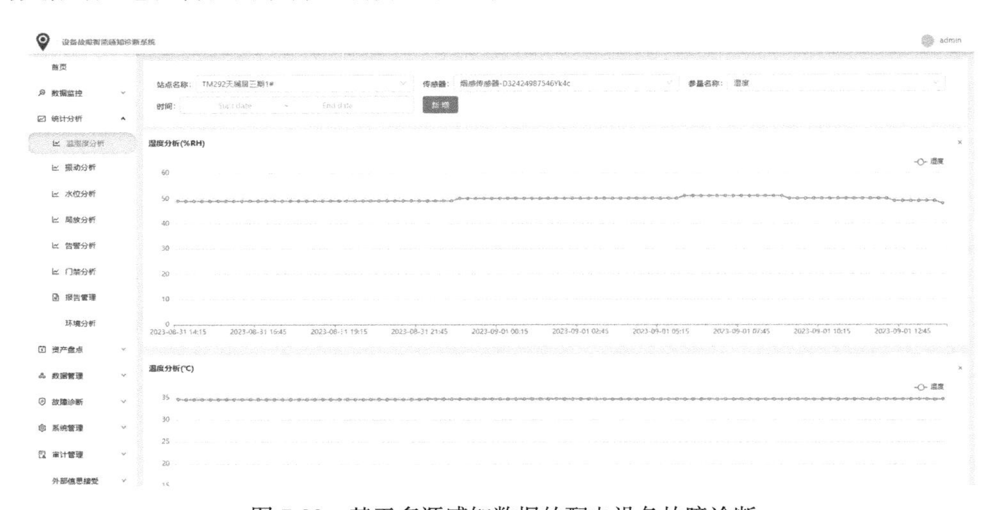

图 7-22　基于多源感知数据的配电设备故障诊断

通过构建配电设备故障智能感知与诊断模块，基于多源时序预测的温升故障诊断模型，对配电设备的在线监测数据进行诊断与预警，实现对配电设备发热等典型故障诊断的准确率不低于 85%，辅助运维人员提升配电设备的运检质效（表 7-5）。

表 7-5　配电设备故障诊断准确率指标

场景	具体故障类型	准确率/%	召回率/%
配电设备故障	开关柜温升故障	100.00	88.32

4) 保护设备故障智能感知与诊断模块

针对继电保护设备故障诊断准确率低、故障类型难以厘清等问题，基于设备缺陷知识图谱推理技术，通过构建继电保护设备缺陷智能诊断模块，促进保护设备故障智能推理与诊断。该模块包含继电保护设备台账管理、历史缺陷记录、故障推理、故障诊断等功能。该模块结合设备缺陷部位历史概率，实现继电保护典型故障诊断准确率的提升，为设备运维人员提供设备故障诊断辅助分析服务。

图 7-23 为保护设备故障诊断模块功能页面，该页面包含保护设备台账文本、知识图谱故障推理、故障诊断结果信息的汇总展示，从而为设备运维人员提供保护设备的故障链路信息，实现对保护设备缺陷信息的综合展示、故障链路的可视化展示。

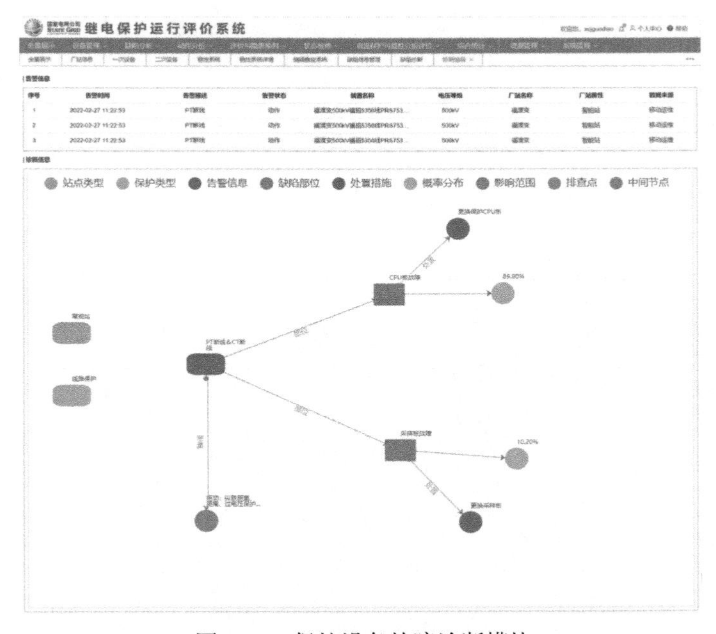

图 7-23　保护设备故障诊断模块

通过构建保护设备故障智能感知与诊断模块，以及基于缺陷知识图谱智能推理的故障诊断模型，对保护设备的日志文本记录进行缺陷分析与诊断，实现保护设备软件、通道、硬件、二次回路等典型故障诊断准确率不低于 85%，为设备运维人员的检修决策提供可靠支撑(表 7-6)。

表 7-6 保护设备故障诊断准确率指标

场景	具体故障类型	准确率/%	召回率/%
保护设备故障	硬件故障	99.20	100.00
	通道故障	96.20	100.00
	二次回路故障	94.60	99.60
	软件故障	92.20	100.00

2. 源网荷储自主智能调控应用

某地风电、光伏等新能源及电动汽车等多元负荷的大量接入，造成源荷双侧不确定性日益提升，因此传统调度模式只能根据日前的源荷预测结果得到日前调度指令，难以通过源网荷储的联动来最大限度地消纳可再生能源，更无法在系统紧急情况下调动可用资源来支撑系统安全稳定运行。基于此，为了提升某地源网荷储多主体调度策略的安全性、实时性和经济性，本书建设了源网荷储自主智能调控应用系统，系统整体界面如图 7-24 所示。该系统包括源荷预测、场景生成、优化调度三个功能模块，接入储能电站 10MW，可再生能源 1444MW，该地区可再生能源装机占最大负荷的 10%。通过该系统实现了该地区至少 95% 的发电量就地消纳，可再生能源预测的平均误差降低 38.4%，运行成本平均降低 3.2%，为运行人员提供了准确可靠的量化评估结果，有效提升了电网的可控性和能控性。

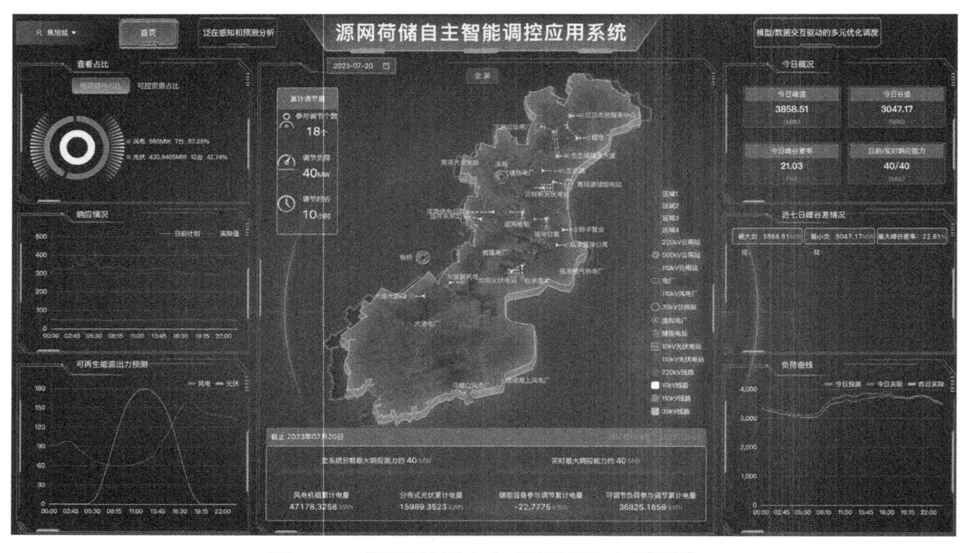

图 7-24 源网荷储自主智能调控应用系统

在源荷预测模块中，针对源荷的不确定性、波动性预测的难题，搭建了基于注意力机制的短期概率预测模型，结合时空卷积网络实现了对多时间尺度的空间相关性特征提取，有效地提高了源荷的预测精度。本书采用基于改进条件生成对抗网络的源网荷储运行场景生成方法，并在此基础上通过时序卷积网络改进生成器与判别器网络结构提高了生成对抗网络的拟合精度。场景生成用于学习多源荷数据之间的相关性及时序相关性为后续基于数据驱动的优化调度提供了训练数据和运行边界，展示界面如图 7-25 和图 7-26 所示。

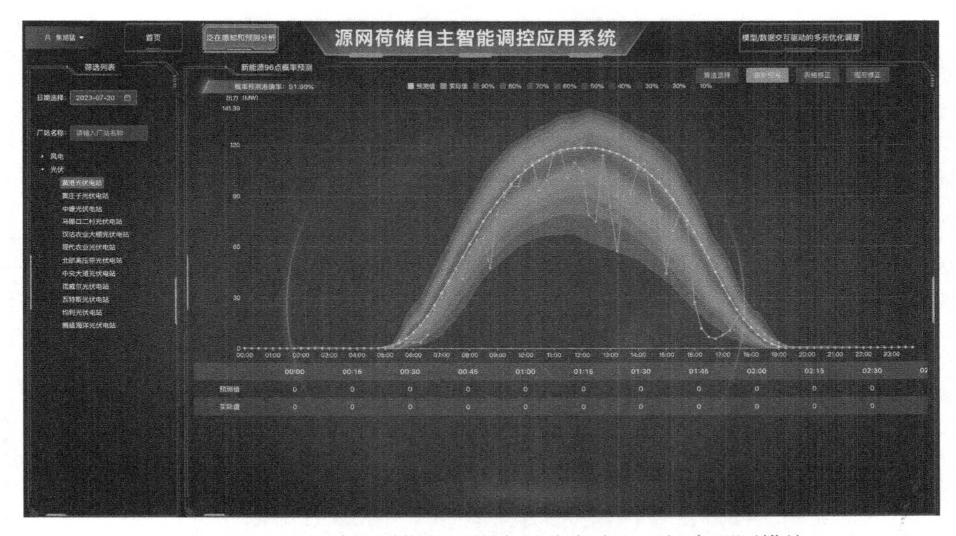

图 7-25　源网荷储协同优化系统中的分布式电源概率预测模块

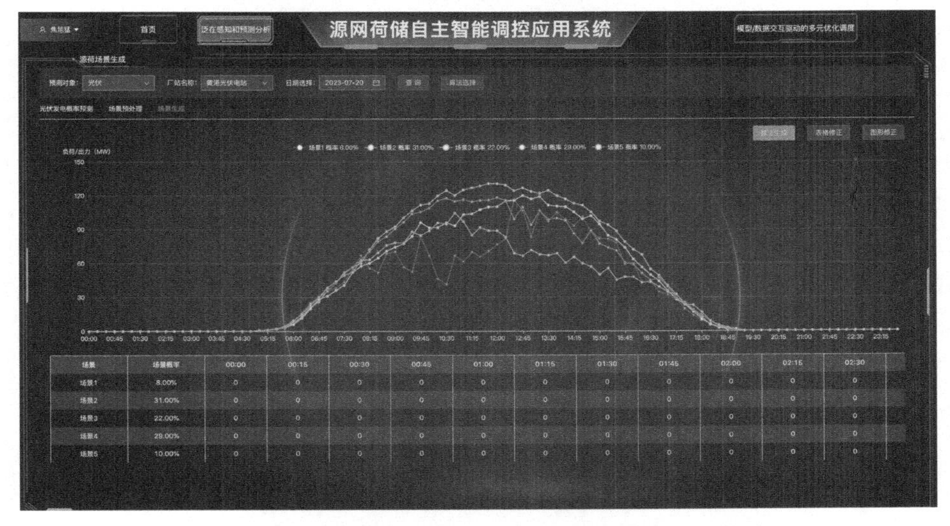

图 7-26　源网荷储协同优化系统中的源荷典型场景模块

在优化调度模块中，针对源网荷储的协调调控，基于模型/数据交互驱动的协同优化调度架构。首先，基于可行域降维投影，将该配网划分为四个区域，区域内异构资源自主聚合为统一模型，降低了模型维度。在此基础上，采用机理嵌入数据模式，通过深度强化学习加速传统优化求解器进行求解，降低搜索空间，大幅提升了大规模源网荷储优化调度的计算速度，解决了传统基于模型求解的调度策略难以适应源荷的不确定性，优化效果难以实现的问题。针对某地 2000 节点的实际算例，计算耗时约为 15s。该模块的展示界面如图 7-27 所示。

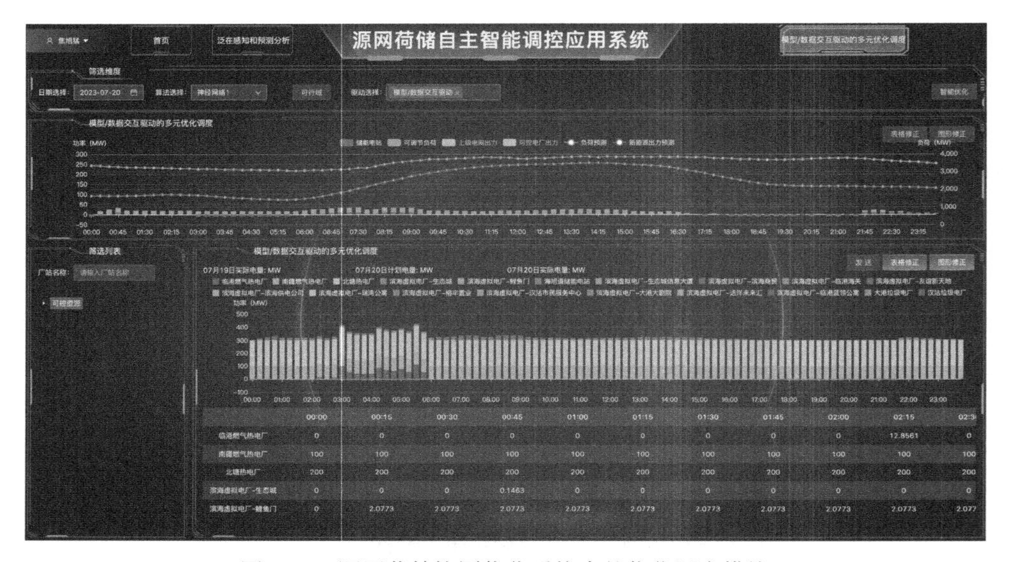

图 7-27　源网荷储协同优化系统中的优化调度模块

3. 综合能源集群博弈优化应用

某示范区综合能源系统包含三个多能微网，含有电、气、热等多种能源形式，设备繁杂，包含用能、储能、分布式发电等多种类型，系统内部能源网络的耦合关系复杂，多种能源形式运行及使用规律各不相同。因此，现有的综合能源监测与感知系统数据获取能力不足，对网络运行态势分析的准确性及效率还有待提升，故限制了其作为综合能源系统主体的自治协同及管理服务能力。同时，综合能源系统可聚合多方资源参与电力辅助服务市场。基于此，为了提升分布式新能源随机下的综合能源系统的自治运行能力，以及聚合资源参与电力调峰辅助服务市场的灵活性，建设了综合能源自治协同与多元服务应用系统，系统界面如图 7-28 所示。

该系统包括综合能源网运行监控、优化运行、评估分析与能源服务四个功能模块，并通过第三方测试，实现了试点应用，接入电、气、热三种能源形式，园区运行成本平均降低了 5.8%，降低电力峰谷差 12.6%，提升了新能源就地消纳率 14.3%。

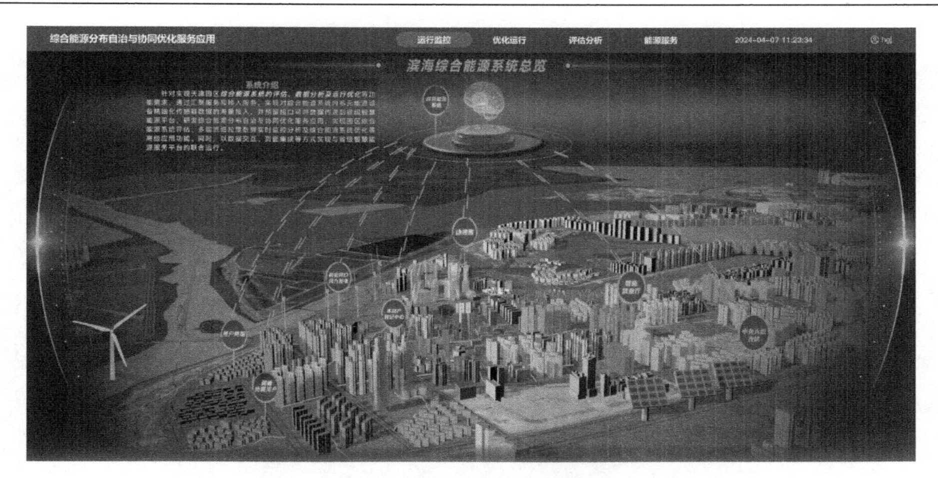

图 7-28　综合能源自治协同与多元服务应用系统

1）综合能源系统评估

该模块能够对综合能源系统开展装备水平、运行安全性、运行可靠性、运行灵活性、综合能效及污染物排放和碳减排方面的评估计算，并能够对评估结果进行报表和图表展示，同时能够对多个评估结果进行雷达图对比，如图 7-29 所示。

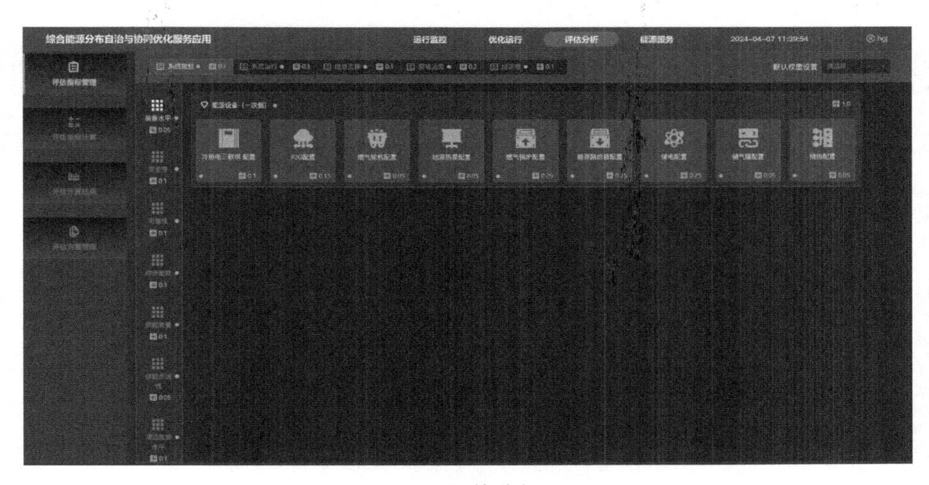

图 7-29　评估分析界面

2）多能流细粒度数据的实时监控分析

该模块提供了秒级+设备级的实时感知及历史信息多层级分析功能，可以对实时数据和历史数据进行可视化处理，如图 7-30 所示。

3）综合能源系统优化

针对综合能源系统的时空特性和多主体运行特性，实现优化策略生成。基于

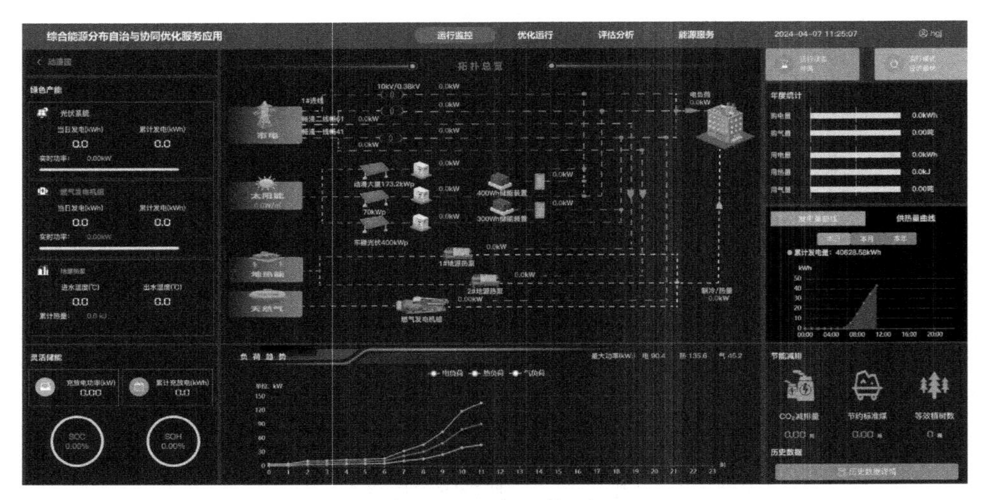

图 7-30　运行监控页面

深度强化学习模型的分布自治控制方法、多主体行为模式、信息交互方法、多主体博弈机制及演化规律等，实现综合能源系统的分布式自治控制与协同优化，如图 7-31 所示。

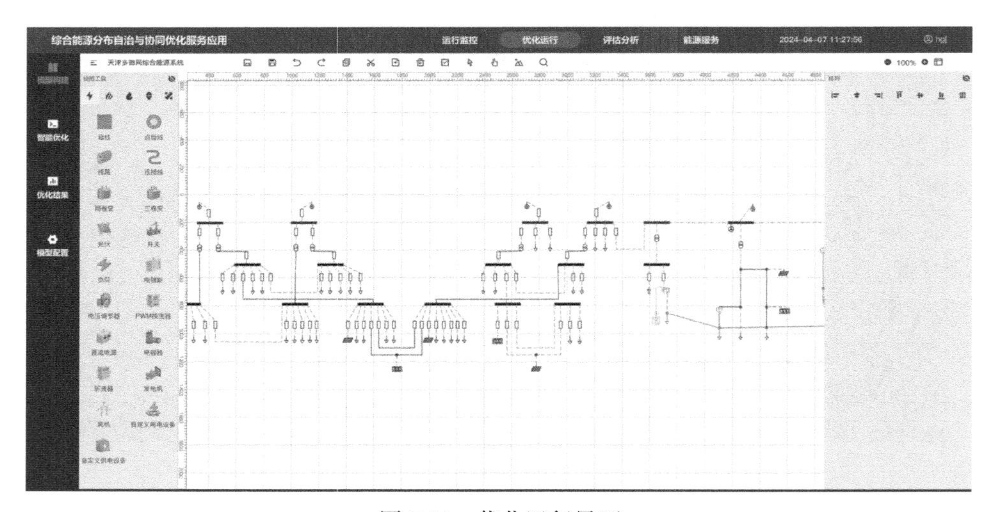

图 7-31　优化运行界面

4）综合能源增值服务

本书集成提供了多能协同、智慧能源概览、能源大数据、电力需求侧管理、能效管理、档案管理、能源生态共 7 类 37 种综合能源增值服务，如图 7-32 所示。

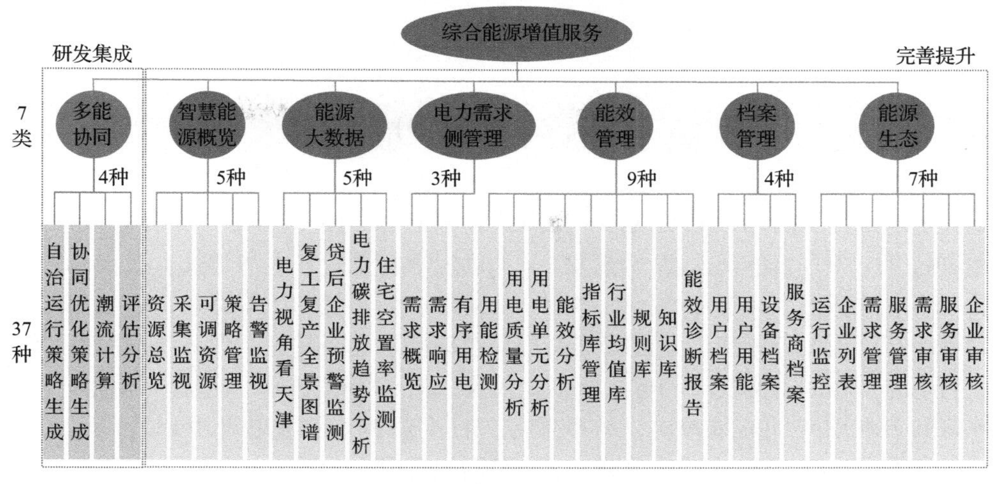

图 7-32　7 类 37 种综合能源增值服务

7.4　小　　结

本章首先以天津滨海新区电力物联网体系化示范工程为例，阐述电力物联网关键技术的系统化工程应用，并对设备运检、优化调控与用能服务等多领域进行数字化、智能化升级。通过结合天津滨海新区电网发展和新业务拓展的需求，围绕区域能源供需的特性，分析区域资源禀赋和负荷的特点，设计全景全域感知、全天候无缝覆盖、全流程数据管理、全方位数据应用、典型业务支撑的电力物联网工程架构，给出新型电力精准感知技术应用、终端边缘物联技术应用、自组网高效通信技术应用、高并发接入与海量数据管理技术应用等电力物联网基础技术工程实例。结合数据机理融合的智能应用技术的实际应用，给出电力设备故障智能感知与诊断应用、源网荷储自主智能调控应用、综合能源集群博弈优化应用等智能应用系统的部署情况及应用效果。

第8章 未来展望

未来可再生能源、电动汽车、分布式能源的广泛接入与用户的互动参与，将导致新型电力系统的随机性、波动性、不确定性与复杂性不断增强。在电源侧，将呈现电源多样性、遍布性、时移性、负荷移动性、互动性等特点；在电网侧，大量终端监控设备的接入、数据的高采集频率要求电网具有柔性和自适应能力，以满足送受端的时空变异和方式的多重复杂；在用户侧，分布式能源大规模并网、政策和市场引导的需求响应、售电业务向社会资本开放使电网由封闭式稳定系统逐步演变为开放式不确定系统，电网需要不间断地面对来自外界各方的冲击和挑战。

面向未来电网在物理形态上不断向能源互联网与新型电力系统升级转型，本章进一步展望了电力物联网在感知、通信、平台与应用等的发展方向，如何更加有效地应对电力系统不断增强的随机性、波动性、不确定性与复杂性，构建与新型电力系统同步共生的数字镜像系统，并与物理电网实体不断地进行交互反馈，最终引导新型电力系统趋优进化。

8.1 感知技术

电力物联网感知连接技术的发展是电力物联网基础设施建设中最重要的环节之一。未来，基于电力物联网发展的巨大体量，感知连接技术具有极大的发展空间和潜力。面对当前电力物联网的战略发展目标，感知技术领域仍需大量的技术创新，如基于新原理与新机制、新材料与新工艺的传感技术创新等[1]。这些技术创新将在智能感知的关键性、基础性、前瞻性技术研发中发挥重大作用，促进传感器进一步实现高性能、高可靠性、低功耗、低成本、微型化与多参量集成，并带动整个传感产业发展，使其向高度智能、开放架构、多形态化、多层次化方向发展。电力物联网感知技术将以信息流和数据流融合的方式促进能量获取、传输与使用。

与此同时，电力物联网智能感知技术的未来发展也面临诸多挑战，如微型化、集成化、多参量等智能感知技术难题，由于重要核心知识产权支撑薄弱，芯片级传感等“卡脖子”技术难题仍然存在；面向新应用场景的交直流电流、弱磁场、空间电场、射频标识等智能传感器技术标准不明确，核心技术研发滞后；先进传感研发试验基地、个性化测试等实验研究平台共享机制等有待进一步开发应用；

同时，基于数据驱动的设备状态智能感知理论与评价方法研究有待加强，以有助于形成智能感知应用闭环，助力电力物联网数字化转型、智能化升级。

此外，由于各类业务对海量数据进行实时分析需求的不断增长，基于软件管理控制节点和应用的传感器对系统采集数据的低延迟有较高要求，因此，需提高泛在连接能力，实现能源电力基础设施与政府行业机构、能源客户、供应商、内部用户的全时泛在连接，积极发展“泛在网络”和“背景感知网络”，以满足业务低时延、高可靠性的需求。泛在网络的出现可以支持数据的分析处理在工业现场的边缘侧进行，大幅降低了关键业务信息的传输成本，边缘计算、软件定义终端、站端协同等关键技术可以实现配电网设备的灵活接入、互联互通和就地智能决策。

电力物联网感知技术的发展将带动许多新兴市场的发展，如无人驾驶、智慧储能、智能家居、微能量管理、环保装备、智慧城市物联网等，并带动相关产业发展，包括设备制造、汽车工业、半导体、软件、通信等[2]。我国发布的《关于推进“互联网+”智慧能源发展的指导意见》《关于加快推进能源数字化智能化发展的若干意见》等政策性文件为感知连接技术的产业生态提供了良好环境。在国家产业政策的支持主导下，感知连接技术的产业发展基础将为电力物联网提供更好的基础支撑，更好地助力电力物联网产业化技术落地，并呈现出产业跨国交流合作的发展趋势，进一步提升传感技术与应用的深层融合与发展。

在整个电力物联网架构下，感知连接技术的智能化发展与多样化应用也将间接推动我国能源转型、促进能源体系的可持续发展、推动能源技术的进步，实现能源经济的高效发展，进而对整个经济社会产生深远影响。

8.2　通信技术

电力物联网是以通信技术为基础发展而来的新型物联网体系，通信技术是其核心技术内容之一，也是实现电力互联基本的组成单元，电力通信技术的快速发展将推动电力物联网的进一步发展[3]。针对电力业务传输通信网覆盖不全、需求与接入能力不匹配、原有通信方式运营成本高、基础设施建设难度大等问题，本书研究了异构网络快速资源调配与控制方法，提出了高效帧结构及相应的时频资源分配和快速调度机制，实现了资源高效接入算法；此外，还研究了大规模节点资源调度机制，采用多结构子网融合，实现了电力通信的深覆盖、低时延、高可靠链路。未来，电力物联网通信技术将向更高速率、更高容量、更高可靠性、更低时延、更低能耗方向发展。

在宽带无线通信技术方面，目前自组网网络通信带宽有限、传输速度不高、节点电池能源有限等问题的存在，极大地限制了其商用价值。超宽带技术功耗低，发射功率小，在短距离内的数据传输速率高，故采用超宽带技术的自组网络可大幅提高移动节点的通信能力、降低待机时间[4]。因此，将自组网络和超宽带技术结合是必然趋势。未来将进一步研究无线网络中的 MAC 调度技术，协调 MAC 各个节点对信道的使用，实现数据的高效传输。此外，基于时分复用的跨层 MAC 调度技术、基于分组空分复用的无线资源调度技术、定制化帧结构和综合抗干扰技术也是未来研究热点。本书研制的高可靠超多跳自组网设备将应用于天津 500kV 滨丽一二线双回输电线路示范区，对现有的光纤通信网络是一个有益补充。该无线自组网具备抗毁特性，单点故障不影响网络正常通信，能够在灾害气候下起到应急通信保障的作用，可解决高可靠超多跳安全接入问题的难点，同时也将满足区域内电力物联网广覆盖、立体化通信网络的需求，提高长距离高压输电线路维护的时效性和安全性，减轻维护工作量，降低运维成本，实现电力业务高频次、高质量数据采集、传输和接入要求，提升网络的灵活性和效率。

在窄带无线通信技术方面，面向电网复杂环境，未来将进一步研究应用于智能传感、智能终端、智能设备的工业级广域窄带物联网通信模块[5]，实现主站与采集终端、主站与电表之间的工业级远程无线通信及电力集中采集终端和计量电表的数据传输，支撑进一步优化电力行业数据传输的通信质量，提升电力营销业务的管理效率，降低日常运维成本，形成具有核心国产化技术的配套通信产品和实用的解决方案；研究针对电网海量数据的安全模型，实现异常或易受攻击的传感器节点的检测和感知；研究广域窄带物联网快速故障检测技术和局部故障检测算法，支持精确识别广域窄带物联网的故障节点，实现高效运维。后续将通过示范工程的落地实施部署窄带多层次自组网设备，通过细化调度粒度，提高网络对业务的识别能力，控制并提高业务传输服务质量，并进一步优化信令流程，实现更快捷的网络自愈功能，以满足高压输电线路等偏远地区的低成本通信需求。

8.3 平台技术

我国开始建设具有清洁低碳、安全可控、灵活高效、智能友好、开放互动特征的新型电力系统，对电力物联网数字化能力提出了广泛互联互通、全局协同计算、全域在线透明、智能友好互动等更高要求；电力系统向“源网荷储”全环节协调互动转变，将对电力物联网平台的设备接入与管理能力、数据存储能力、数据跨专业共享能力有更高要求；而新型电力系统智能化转型中大量以人工智能、区块链等新技术为核心的新型电力系统智能应用也将进一步对电力物联网平台数据分析支持的种类和分析实时性提出更高的要求，电力物联网平台支撑技术的研究仍然任重道远。

未来电力物联网平台将进一步聚焦终端接入和物联数据安全服务这两个方向发展。终端接入方面，电力物联网平台将通过负载均衡对海量终端的亿级连接进行资源合理分配[6]。从静态算法、动态权值分配算法和组合优化算法三个方面对负载均衡进行分析，选择合适的算法分配资源，对现实世界的相关环境和设备所处状态进行准确判断，实现外部环境感知的灵活性、主动性和准确性，为下一步进行决策、终端管理及缺陷、隐患的及时发现和处置提供前提保障。由于终端设备种类功能多样、使用协议也各不相同，接入面临协议种类复杂繁多、适配困难的问题，下一步可以研究终端接入的多协议组件适配，通过对不同协议的适配，实现多种协议之间的无缝转换，提升接入效率和接入质量，满足海量终端的接入要求。

在物联数据安全方面，未来随着电力物联网规模的扩大，接入设备的增多，电力物联平台中的数据安全问题将成为制约电力物联平台发展的关键[7]。针对电力物联网平台的数据安全问题，一方面可以引入区块链技术用于实现电力物联网数据的不可篡改性和去中心化，保障数据的真实性和可靠性；另一方面可以引入隐私计算技术用于保护电力物联网数据的隐私和安全，包括数据加密、安全计算和隐私保护等方面，针对物联接入设备的安全问题，研究可信计算技术用于提升电力物联网数据的安全性和可信度，包括终端设备的安全性、数据传输的安全性和数据存储的安全性等方面。

8.4 应用技术

电力物联网智能应用场景广泛，然而目前电力设备存在信息多源、状态评价困难、故障诊断率低等技术瓶颈；能源互联网中源网荷储要素多样、源荷双侧不确定性突出，进而导致新能源消纳能力不足；综合能源因多能互补潜力挖掘不够充分，能源利用效率不高等。在应用技术方面需要针对以上问题，重点发展电力专用模型与应用大模型技术。

设备智能运检方面，在专用模型技术上重点研究基于多模态信息与知识推理的决策支持技术[8]，通过实时监控设备的健康状况，及时发现异常情况并采取相应措施，避免设备故障和停机，并结合专家知识和规则库，实现对设备维护和运维的智能化决策，提高设备的可靠性和运行效率；在应用大模型技术上突破基于生成式大模型的设备运维技术，基于电力设备运行工况、检修历史、工作环境、监测数据、家族质量史等数据进行预训练，采用基于人类反馈的强化学习迭代优化模型，满足电力设备海量化、差异化、精细化的运维需求；开展基于大模型的电力设备健康状态综合评估、设备运行状态预测、设备缺陷识别与故障诊断、设备寿命评估与运检策略智能推荐等技术研究，提升电力设备运检知识可检、可生成等数字化水平；结合虚拟现实和增强现实等技术，实现对设备状态的可视化展示和操作，提高运维人员的工作效率和准确性。

电网调度运行方面，在专用模型技术上重点发展基于群体智能与混合增强智能的电力系统优化决策[9]，群体智能技术基于分解协调思想与分布式优化架构，采用区域自治与全局协同的分层分布控制策略，将大规模的非线性非凸问题分解为多个复杂度较低、规模较小的子问题，解决能源互联网源网荷储海量要素的协同互动与优化。混合增强智能将人的反馈、指导作用和人的认知模型引入单纯的智能模型中，通过人与人工智能模型的交互、学习与合作的方式提升系统输出结果的可靠性与安全性，进一步形成人的紧急介入机制，解决电力人工智能技术应用的安全性、可信性难题；在应用大模型技术上突破以 GPT 技术为基础的决策大模型框架，通过实时量测数据、镜像映射系统与人机混合增强的智能决策技术，为电网调度业务全流程提供仿真推演与辅助决策能力。构建电网状态快速辨识、拓扑薄弱环节识别、运行控制与优化协同、故障处置建议与指令下发等调度全业务流程智能辅助大模型，实现增强人机自然交互与在线引导，提高调度人员意图理解能力，提升调度、运行、检修、管理人员之间的协作工作效率，自动化办理调度规程工作。

用户营销客服方面，在专用模型技术上重点发展基于分布式分层博弈的综合能源协同优化方法[10]，利用多智能体深度强化学习对综合能源系统中多能设备优化控制问题求解，实现多目标、复杂约束下的动态策略学习，基于主从、合作、非合作等不同的博弈机制，并考虑各多能微网间的信息有限共享及利益主体有限理性条件等条件，实现综合能源系统的博弈协同，解决用户侧不同利益主体均衡策略生成难题；在应用大模型技术上注重基于人类反馈强化学习和思维链的大模型优化技术。梳理电力客服问答场景，结合电力客服知识图谱、问答知识库、客服历史数据及用户反馈优化大模型，提升大模型在意图识别、客户情感分析方面的识别效果，强化智能客服的“拟人化”“智慧化”能力，构建基于生成式人工智能的电力智能客服，攻克用户诉求精准度低、流畅性差等难题，实现客户服务效率和用户满意度的双重提升。

8.5　小　　结

面对未来新型电力系统的随机性、波动性、不确定性与复杂性不断增强带来的挑战，电力物联网作为电力数字化转型升级的重要支撑技术体系，将向全层级、多模态、跨领域、强关联、互操作、频交互等方向发展演进，有效提升新型电力系统的可观、可测、可控能力，加快电网信息采集、感知、处理、应用等全环节数字化、智能化能力，成为连接全社会用户、各环节设备的物联体系。

在状态感知方面，传感器本体将向微型化、低功耗、多参量、网络化方向发展，边缘智能将向轻量级、嵌入式、软件定义、自主芯片替代技术、工控级操作系统开发、端边云协同技术方向发展；在网络通信方面，高效传输将向协议统一化、5G大连接技术、空天地一体化、电力定制化发展，电力系统将具备网络化、在线化、泛在化特征；在计算管理方面，将向泛物联模型柔性定义、云边端智能协同、多模态数据自融合、可信计算和动态安全防护与追踪技术等方向发展；在智能应用方面，将从浅层特征分析发展至深度逻辑分析，从环境感知发展至自主认知与行为决策，从电力系统业务辅助决策发展至核心业务决策。

以电力物联网关键技术为核心驱动力的数字技术打造数字孪生电网，构建与新型电力系统同步共生的数字镜像系统，通过数字世界与物理世界之间信息的双向流动与融合共享，实现能源电力系统数字世界与物理世界的实时交互与智能应用。从物理世界向数字世界进行实时映射，基于电力高性能感知终端与边缘计算技术，实现能源电力系统发-输-变-配-用、源-网-荷-储-人的电气量、物理量、环境量、状态量、空间量的全面感知与边端即时处理；基于“空天地一体化”电力通信网络及 5G 等先进通信技术，实现电网多参量感知状态数据的全覆盖、广连接、低时延和高可靠的传输通信；基于高并发物联接入与海量数据处理技术，实现数据的融合共享与模型的共建训练，从而将能源电力系统实时完整映射到数据和算法定义的数字世界。从数字世界向物理世界进行反馈优化，通过电力专用模型与应用大模型的交互反馈引导新型电力系统趋优进化，提升能源电力系统的仿真、计算、分析及优化能力，基于人机高度互联与决策深度融合实现电网核心业务的常态化智能决策，推进碳达峰碳中和目标与智慧能源系统的发展进程。

参考文献

[1] 王继业，蒲天骄，仝杰，等. 能源互联网智能感知技术框架与应用布局[J]. 电力信息与通信技术，2020，18(4)：1-14.

[2] 周孝信，曾嵘，高峰，等. 能源互联网的发展现状与展望[J]. 中国科学：信息科学，47(2)：149-170.

[3] 欧海清，曾令康，李祥珍，等. 电力物联网概述及发展现状[J]. 数字通信， 2012，39(5)：62-64，71.

[4] 吴微威，王卫东，卫国. 基于超宽带技术的无线传感器网络[J]. 中兴通讯技术，2005，(4)：28-31.

[5] 邬世磊，尹林. NB-IoT 低速率窄带物联网通信技术研究[J]. 信息通信，2019，(9)：206-208.

[6] 谢可，郭文静，祝文军，等. 面向电力物联网海量终端接入技术研究综述[J]. 电力信息与通信技术，2021，19(9)：57-69.

[7] 宋祺鹏，王继东，张丽伟，等. 本地化差分隐私下的电力物联网终端数据隐私保护方法[J/OL]. 重庆邮电大学学报(自然科学版)：1-10[2023-08-08].http://kns.cnki.net/kcms/detail/50.1181.N.20230801.1541.002.html.

[8] 蒲天骄，乔骥，韩笑，等. 人工智能技术在电力设备运维检修中的研究及应用[J]. 高电压技术，2020，46(2)：369-383.

[9] 乔骥，郭剑波，范士雄，等. 人在回路的电网调控混合增强智能初探:基本概念与研究框架[J]. 中国电机工程学报，2023，43(1)：1-15.

[10] 董雷，刘雨，乔骥，等. 基于多智能体深度强化学习的电热联合系统优化运行[J]. 电网技术，2021，45(12)：4729-4738.

彩　　图

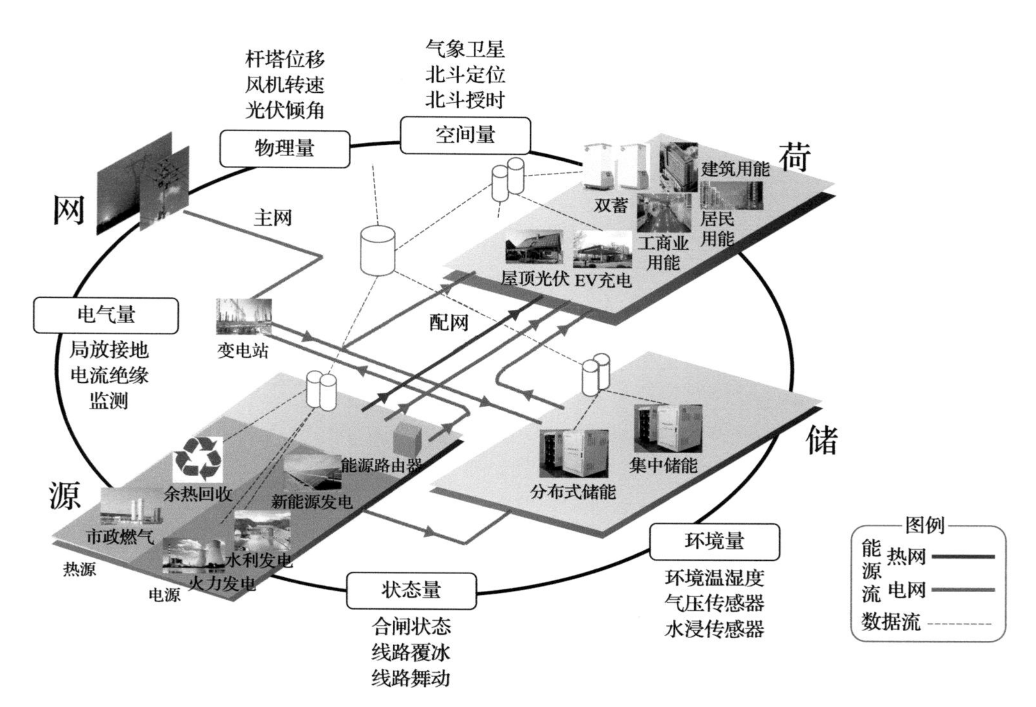

图 3-1　电力物联网架构

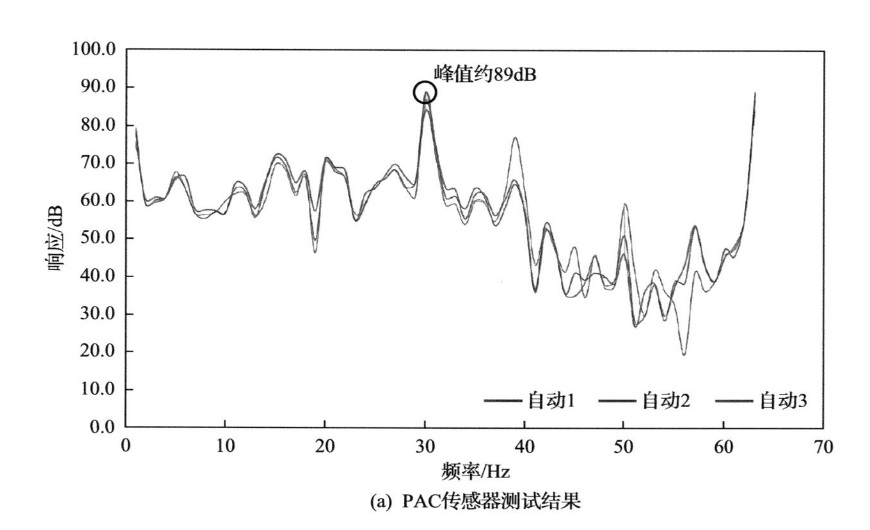

(a) PAC传感器测试结果

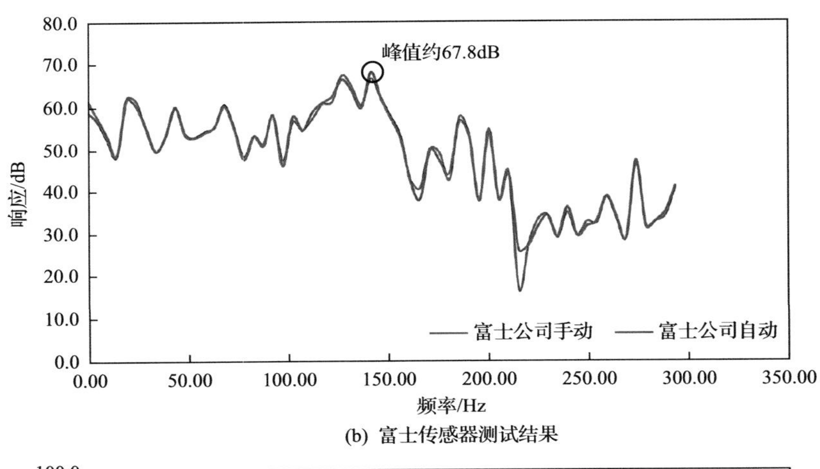

(b) 富士传感器测试结果

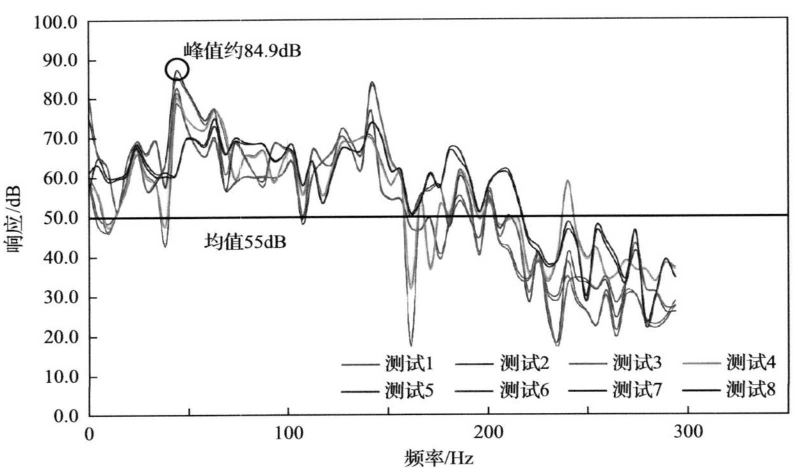

(c) 自研传感器测试结果

图 3-8　国内外超声传感器测试结果

图 3-37　输电线路边缘智能终端检测效果图

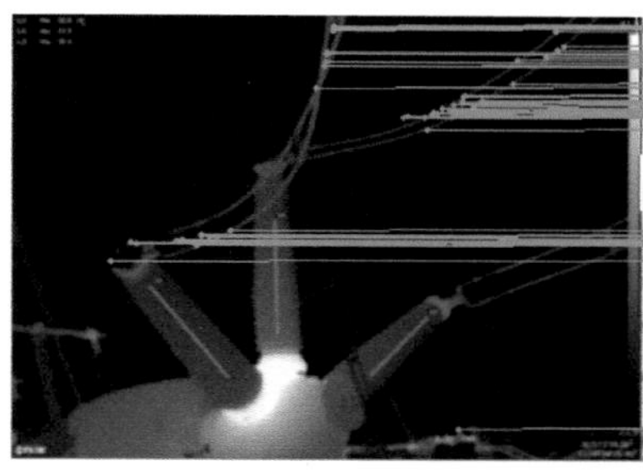

(a) 出线气室

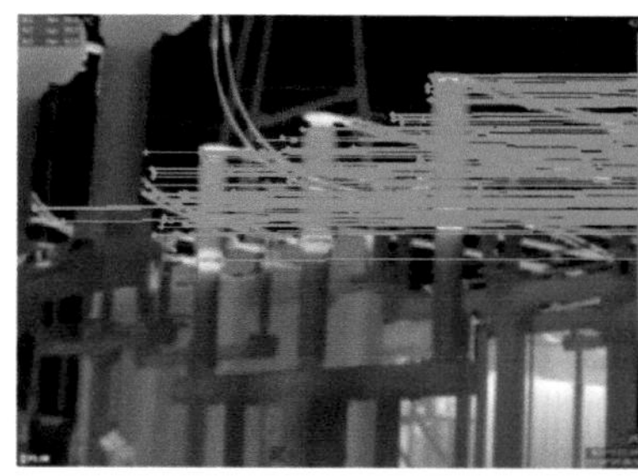

(b) 断路器

(c) 电流互感器

图 6-11　红外与可见光图像配准结果

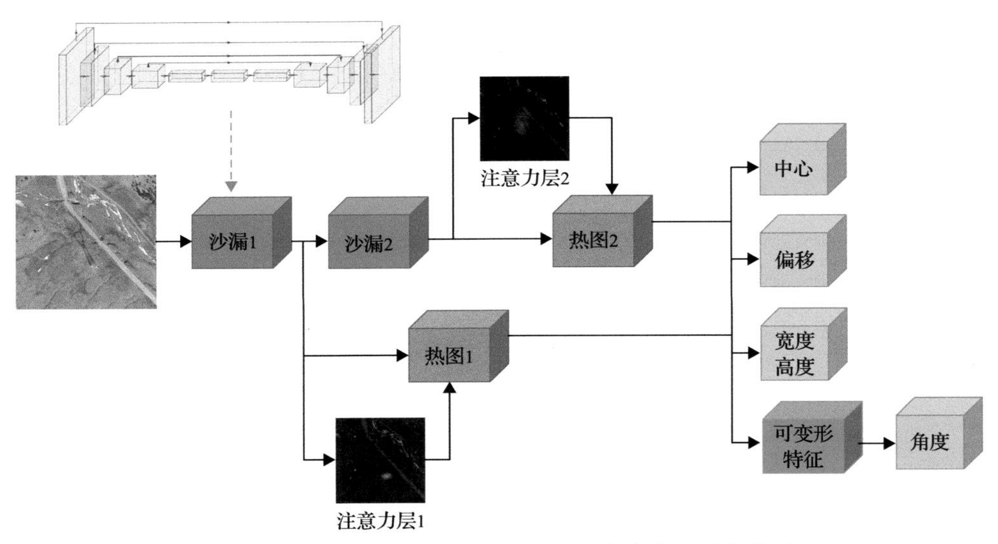

图 6-18　基于 Rot-CenterNet 的电力设备方向自适应检测

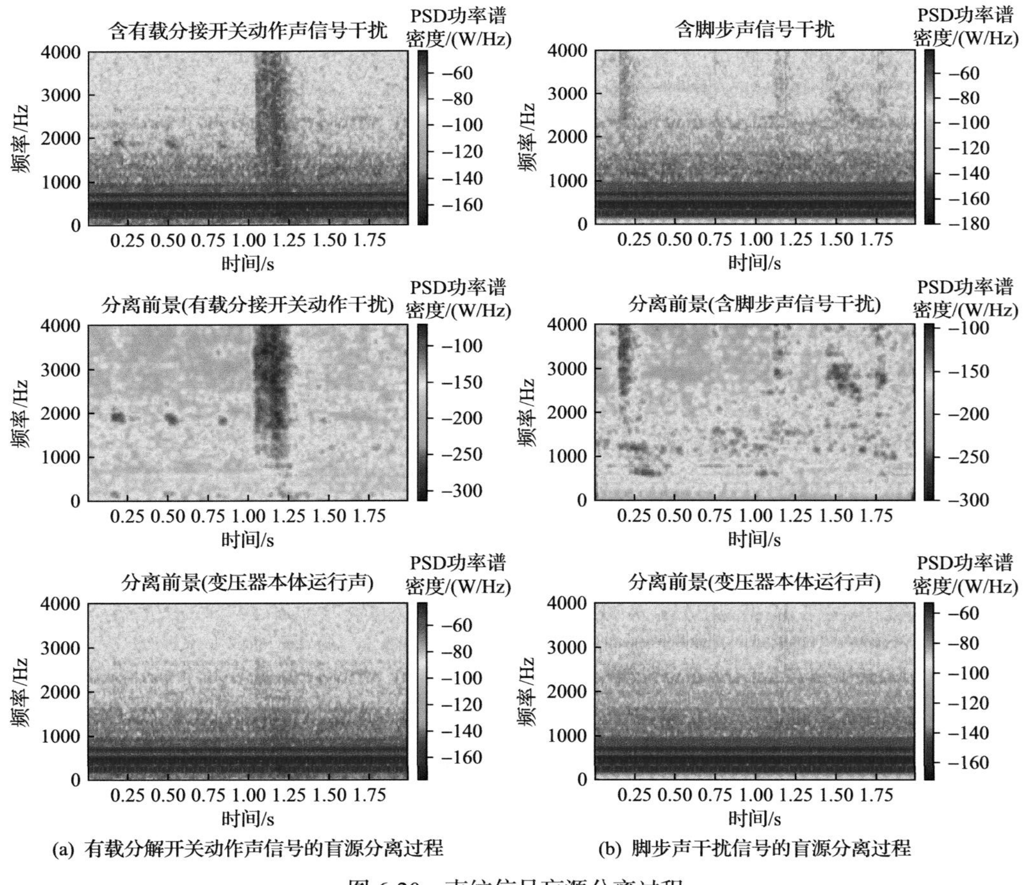

(a) 有载分解开关动作声信号的盲源分离过程　(b) 脚步声干扰信号的盲源分离过程

图 6-20　声纹信号盲源分离过程

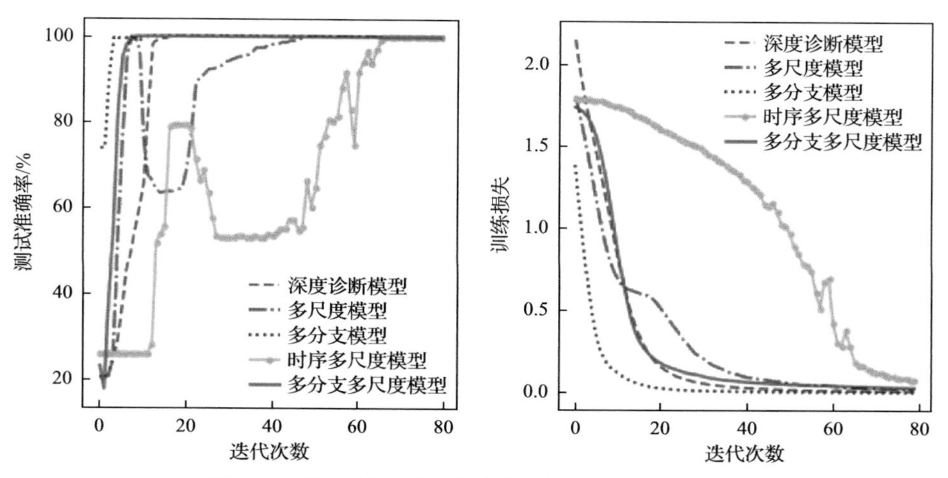

图 6-22　算法模型诊断准确率与损失函数计算结果

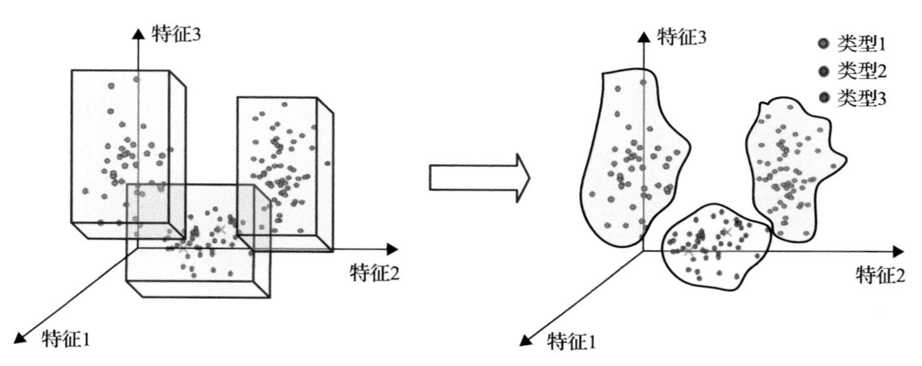

图 6-23　基于聚类与单分类组合算法的样本分类示意图

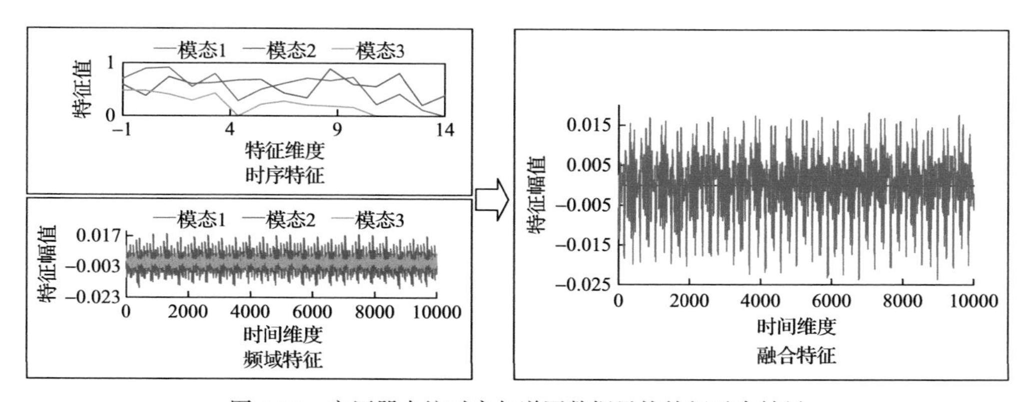

图 6-24　变压器声纹时序与谱图数据异构特征融合结果

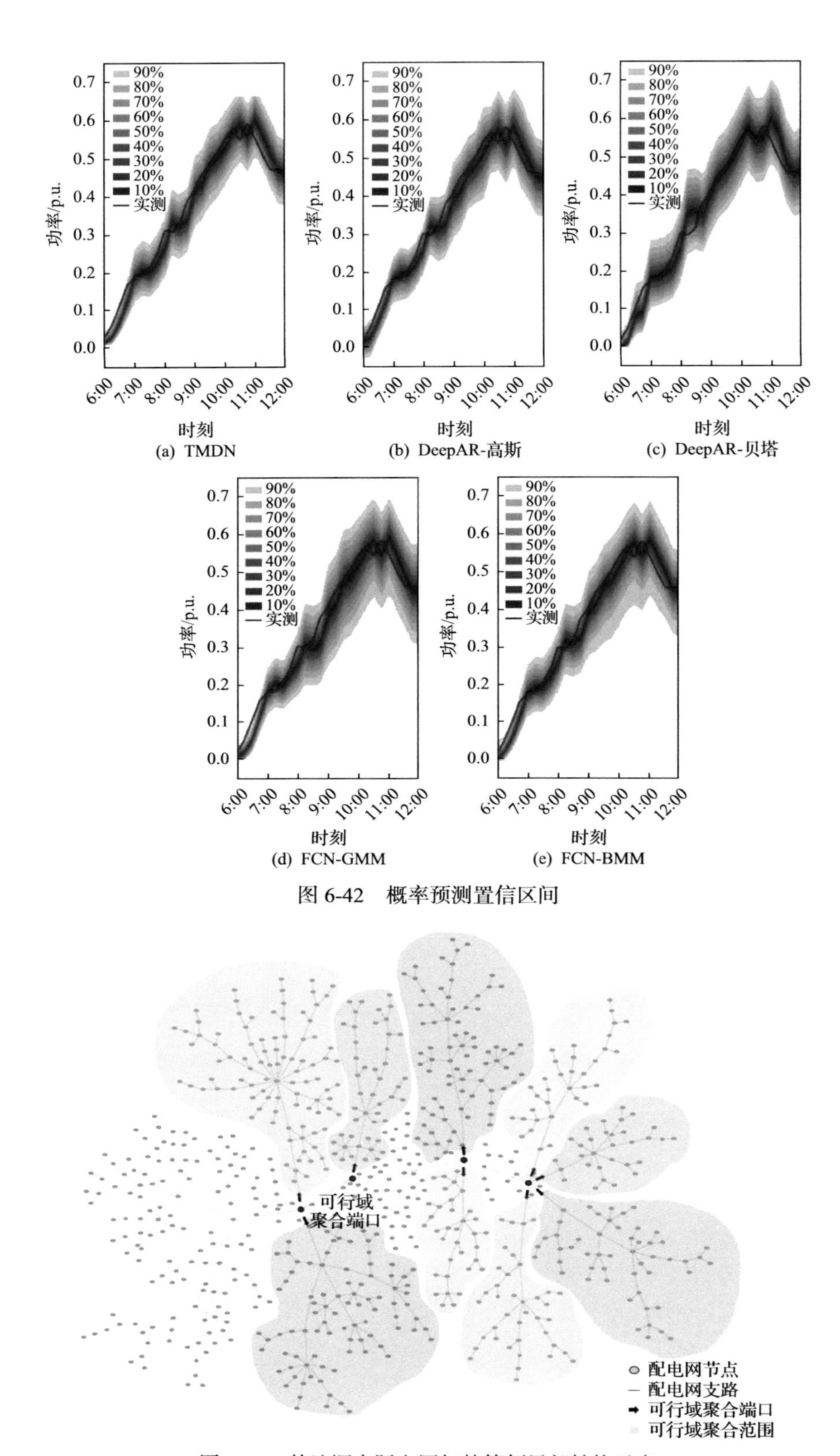

图 6-42　概率预测置信区间

图 6-45　某地调实际电网拓扑算例局部结构示意

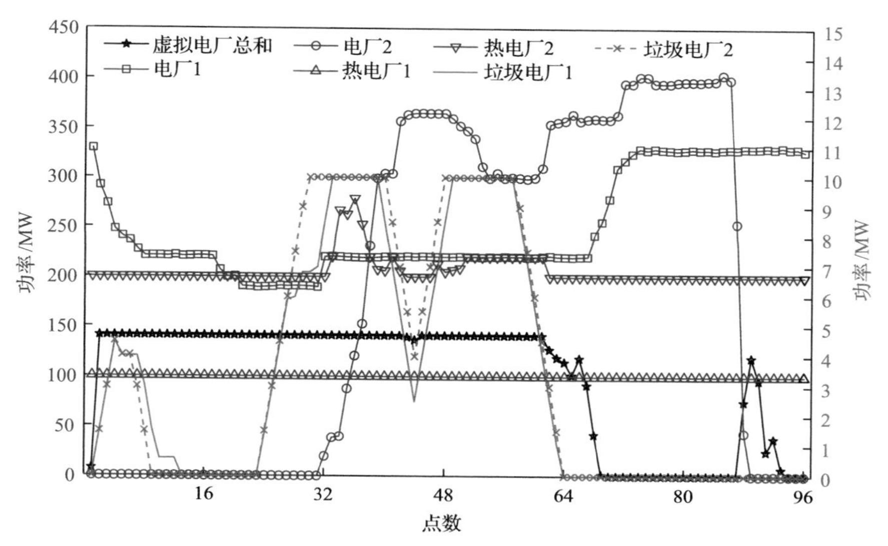

图 6-47　电厂主要设备出力计划优化结果

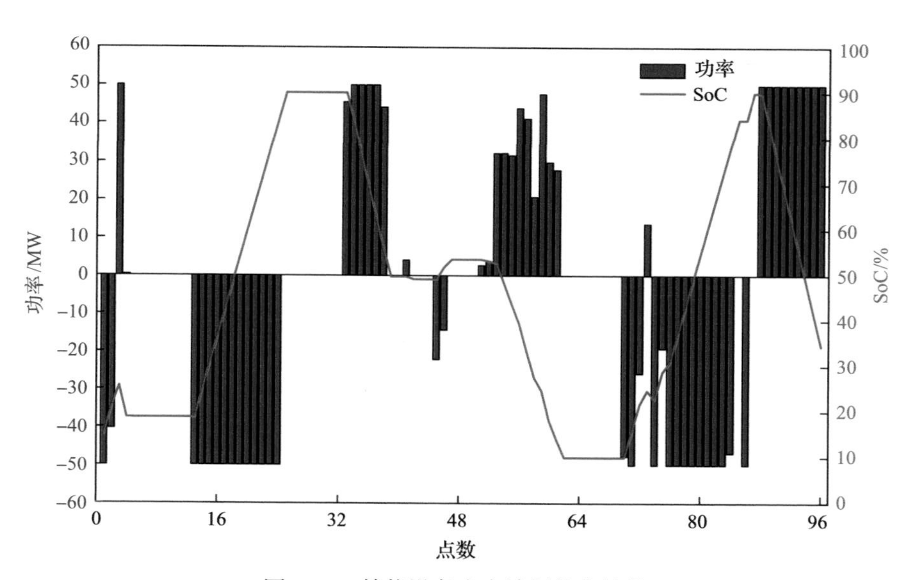

图 6-48　储能设备出力计划优化结果

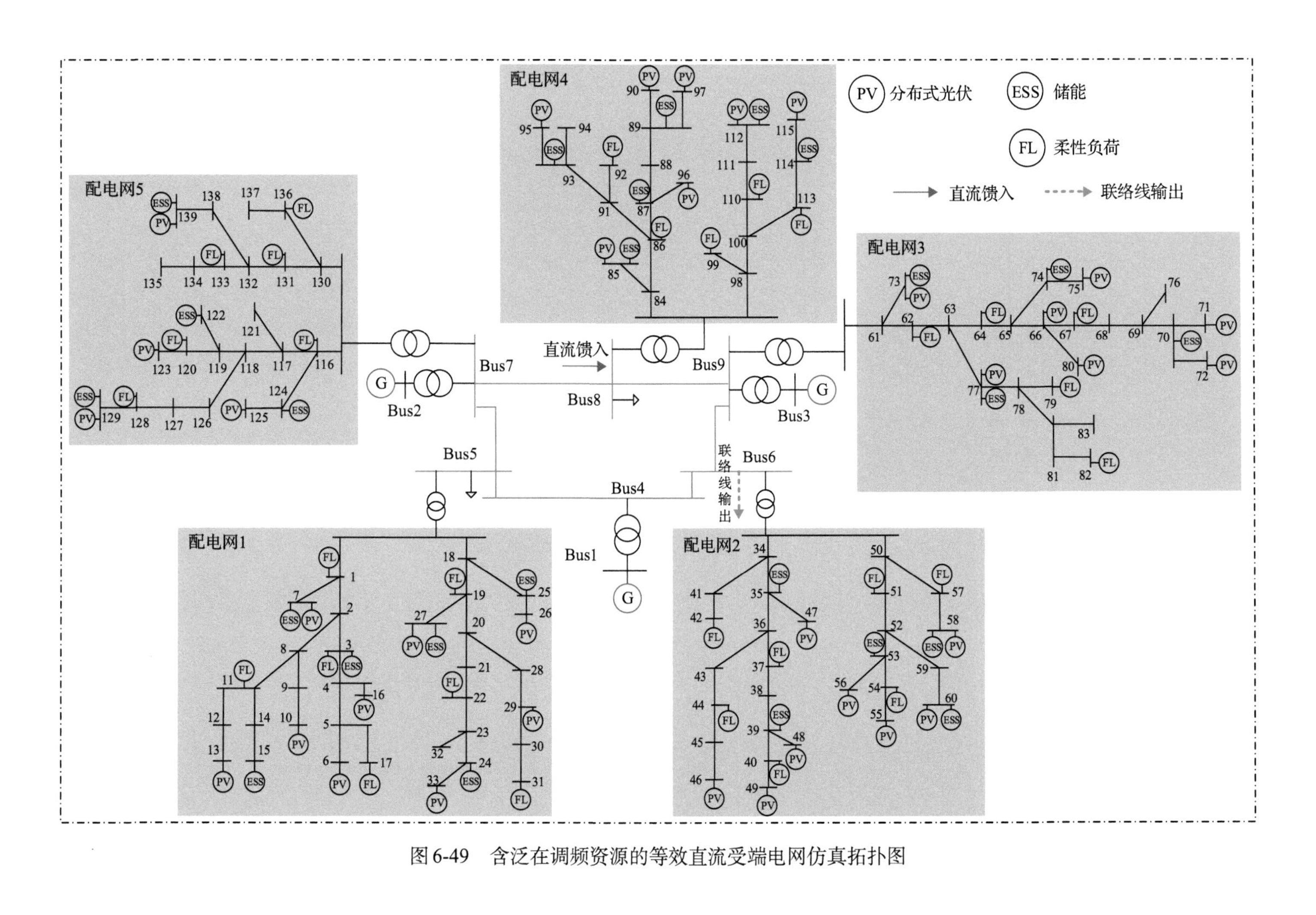

图 6-49　含泛在调频资源的等效直流受端电网仿真拓扑图

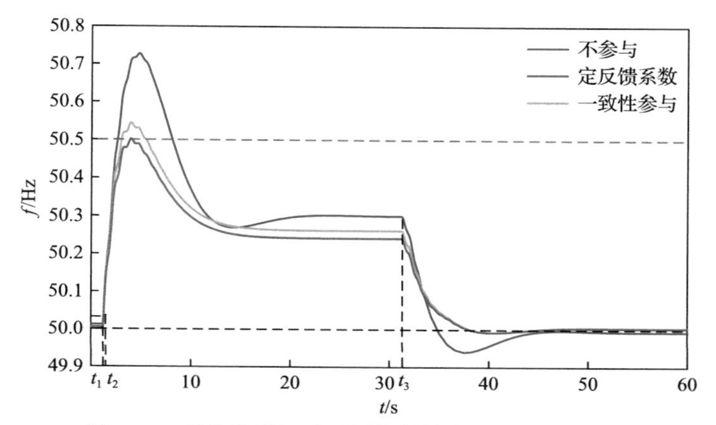

图 6-50　联络线跳闸时不同控制策略下系统频率变化

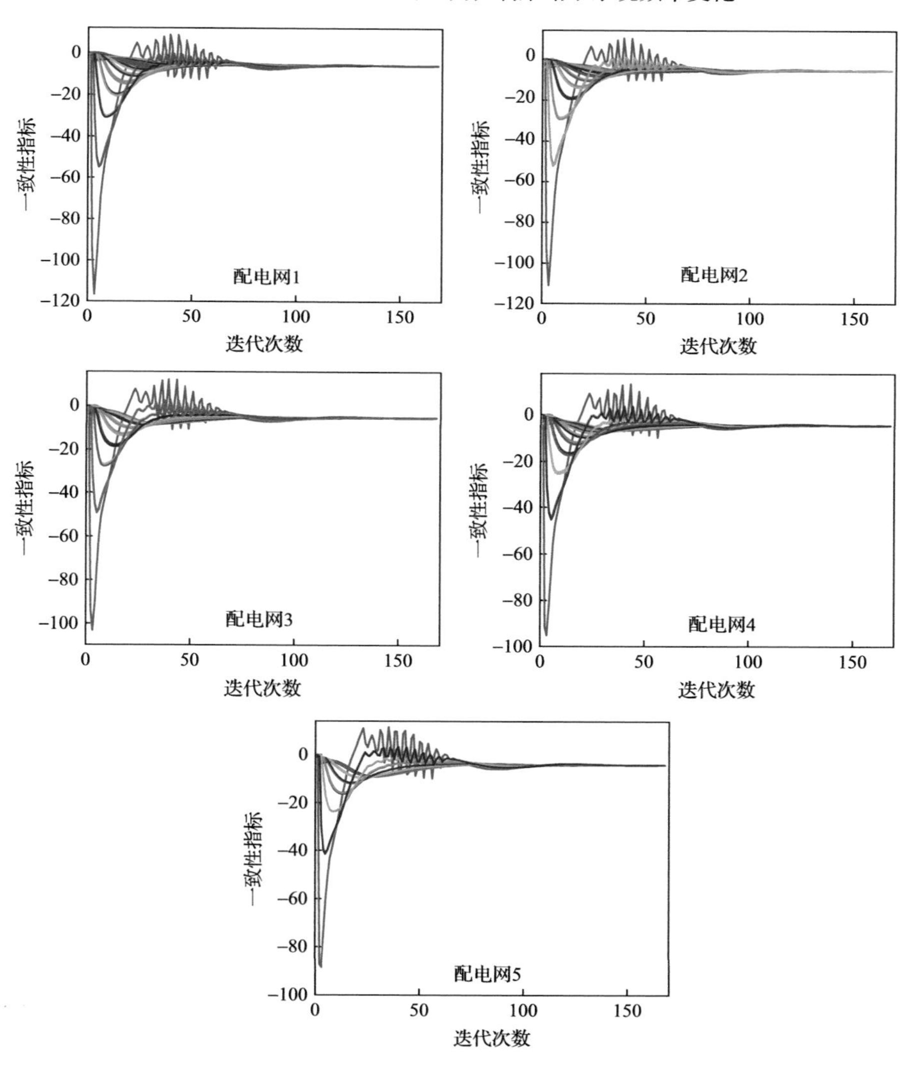

图 6-51　常规迭代收敛过程

图中各种不同颜色的线代表该配置中的一个可调资源的一致性变量 λ

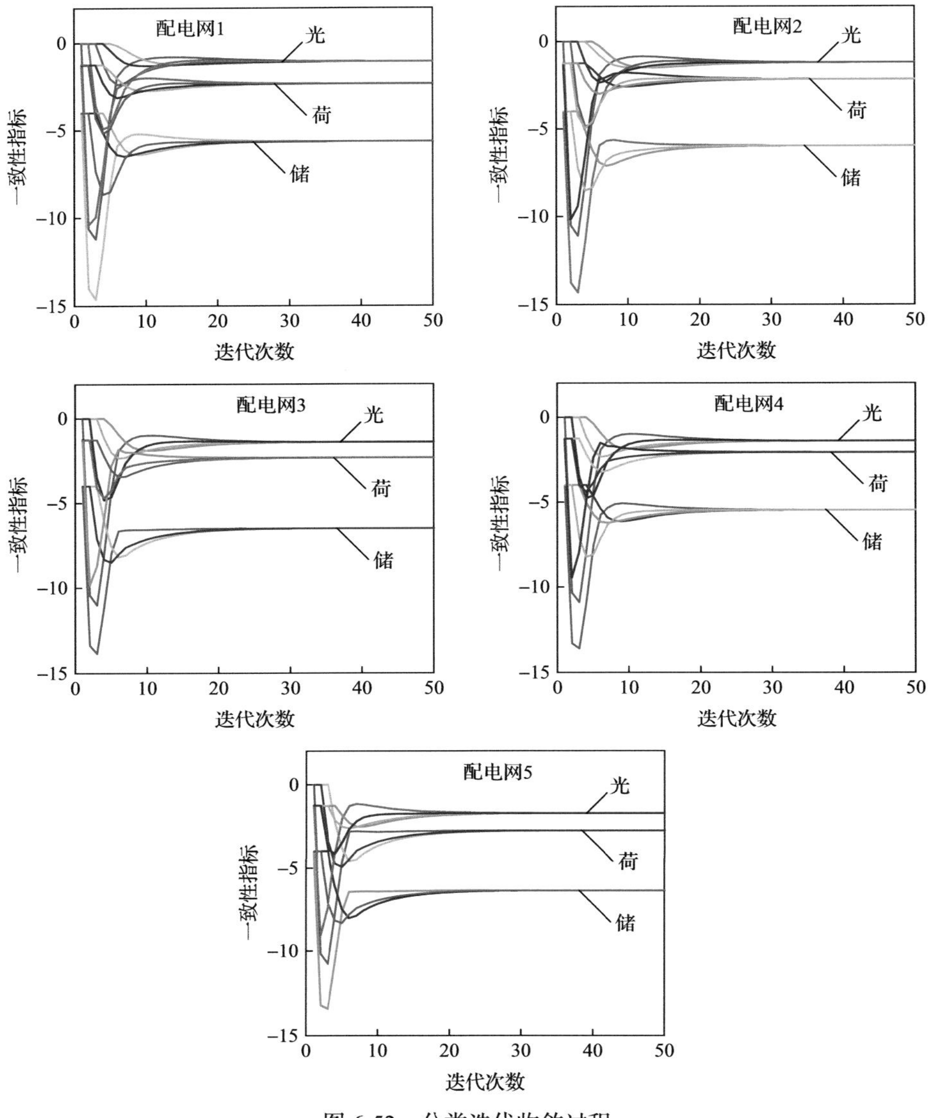

图 6-52　分类迭代收敛过程

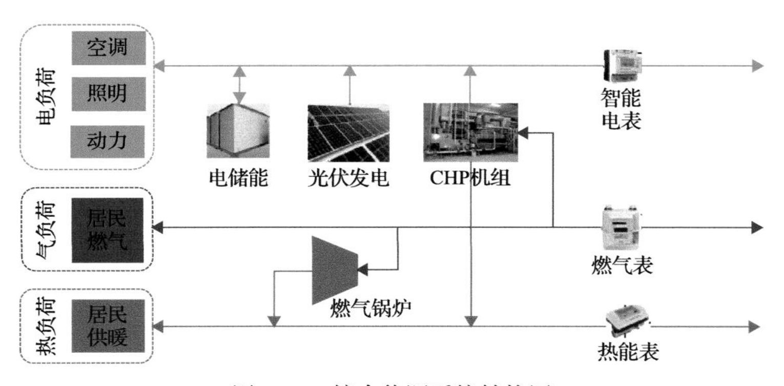

图 6-54　综合能源系统结构图

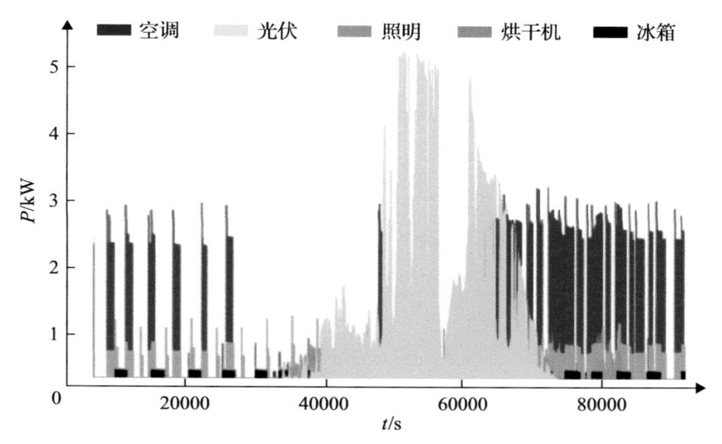

图 6-57　源荷运行细粒度感知数据实例

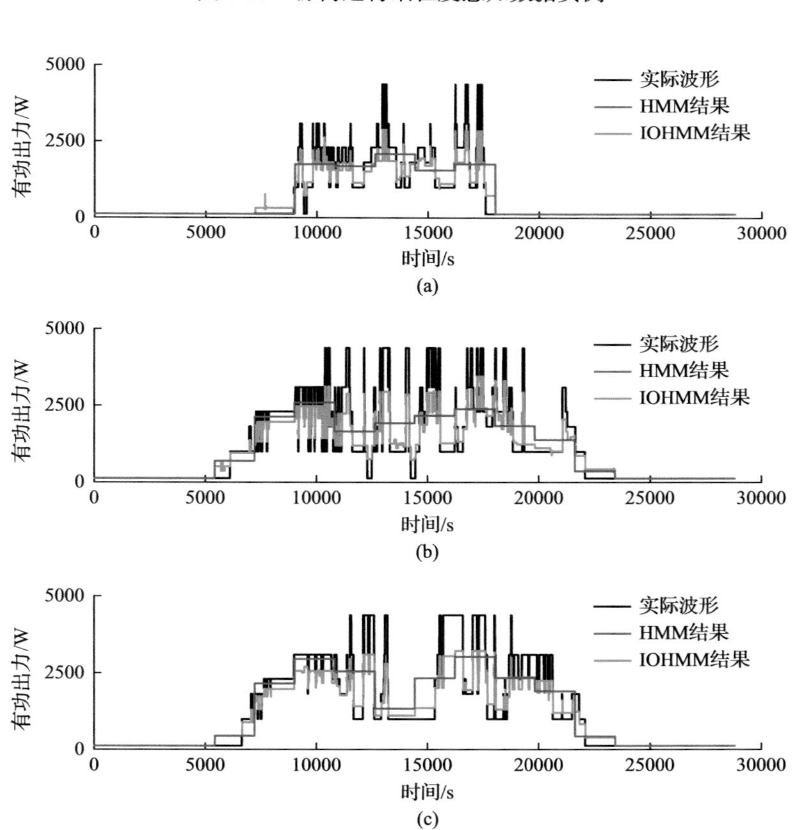

图 6-59　对比测试 IOHMM 光伏运行状态估计效果

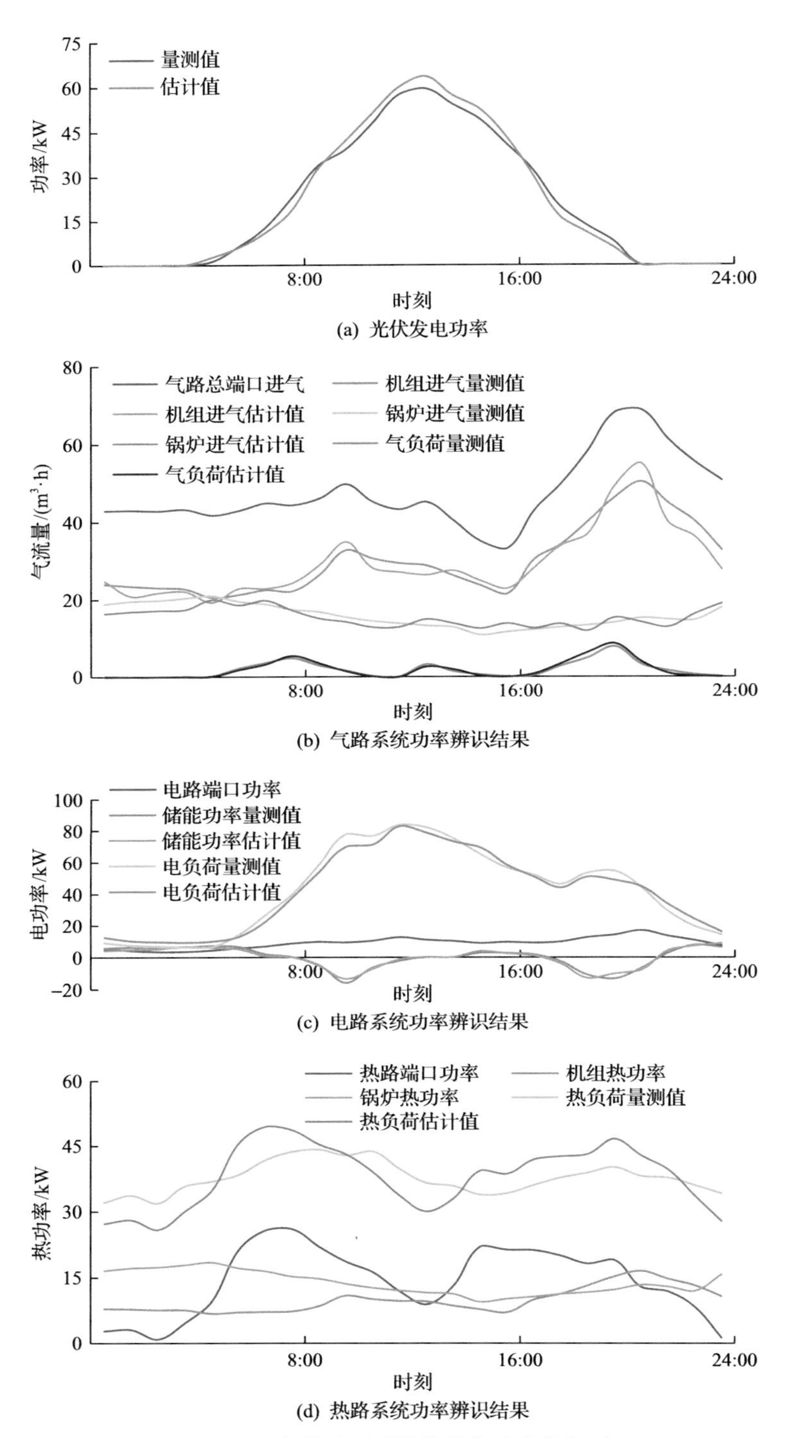

图 6-64 各能源子系统的设备功率分解图

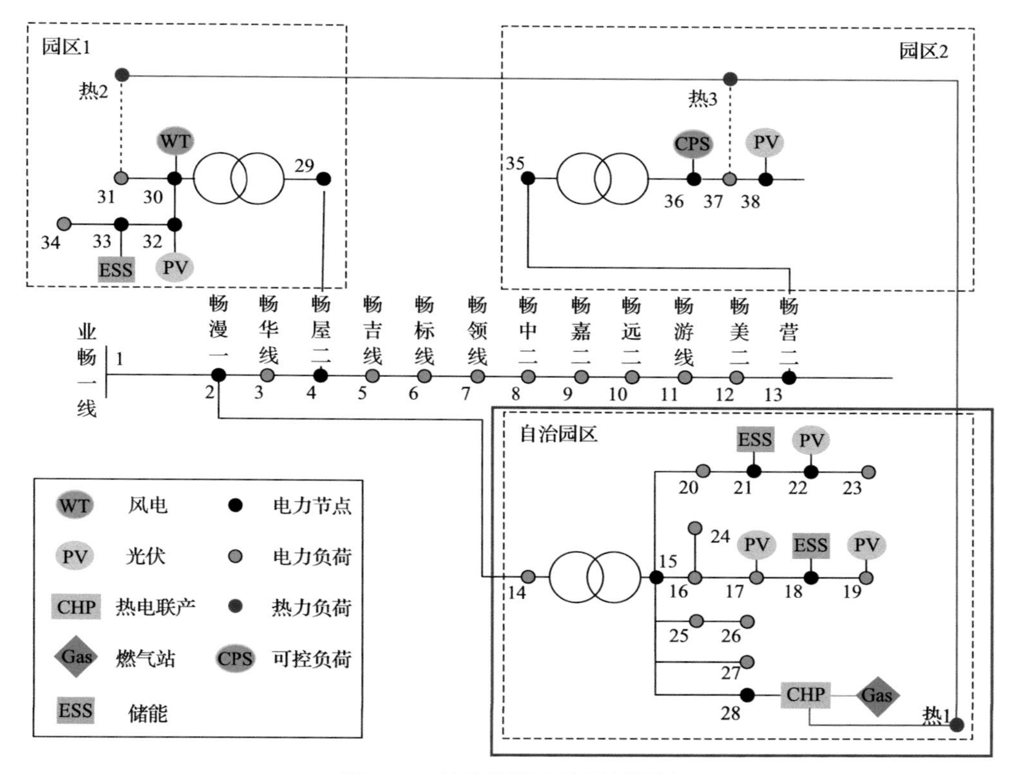

图 6-65　综合能源自治运行算例

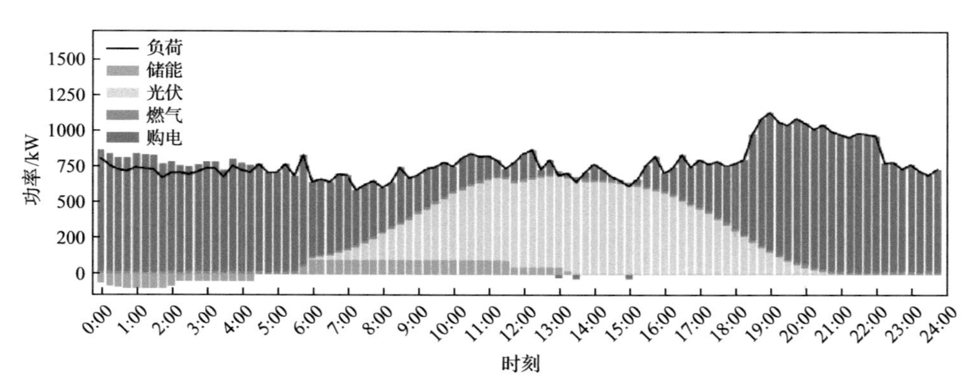

图 6-67　利用训练好的模型进行实时优化调度的日调度结果

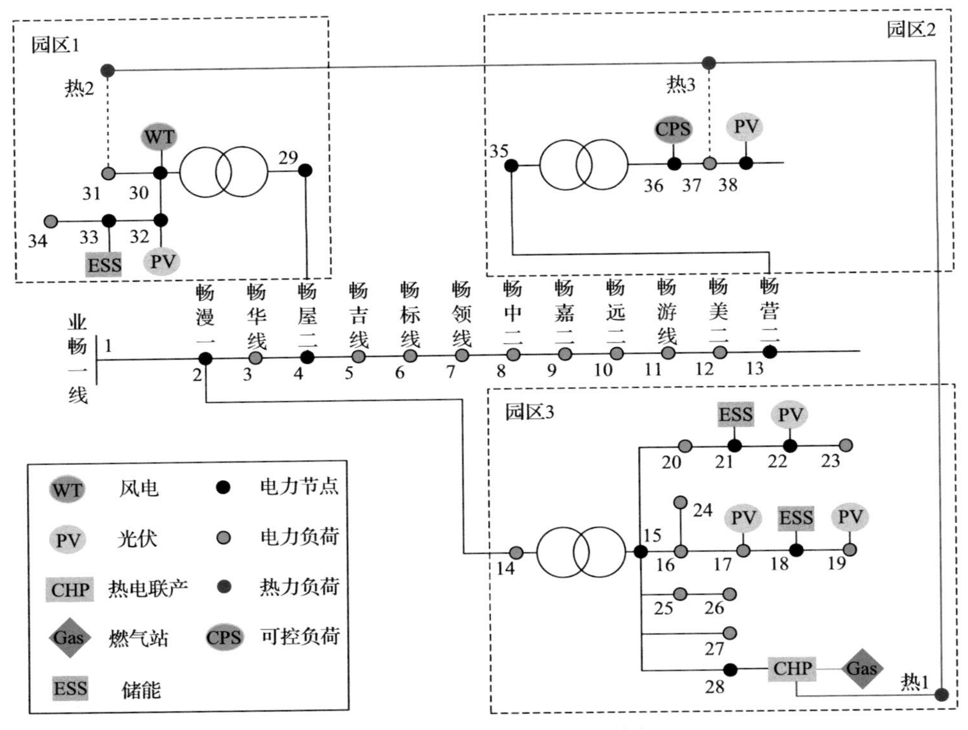

图 6-68　综合能源博弈优化算例

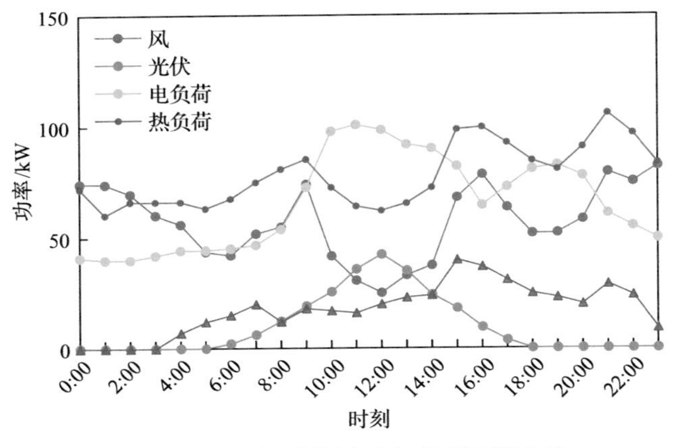

图 6-69　可再生能源出力与负荷预测曲线

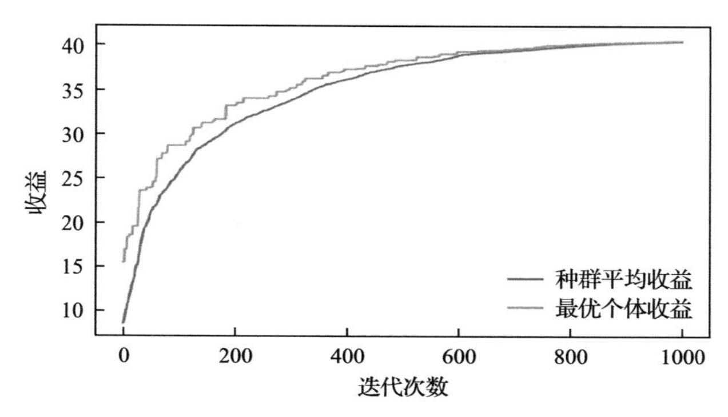

图 6-70　配网运营商博弈收益

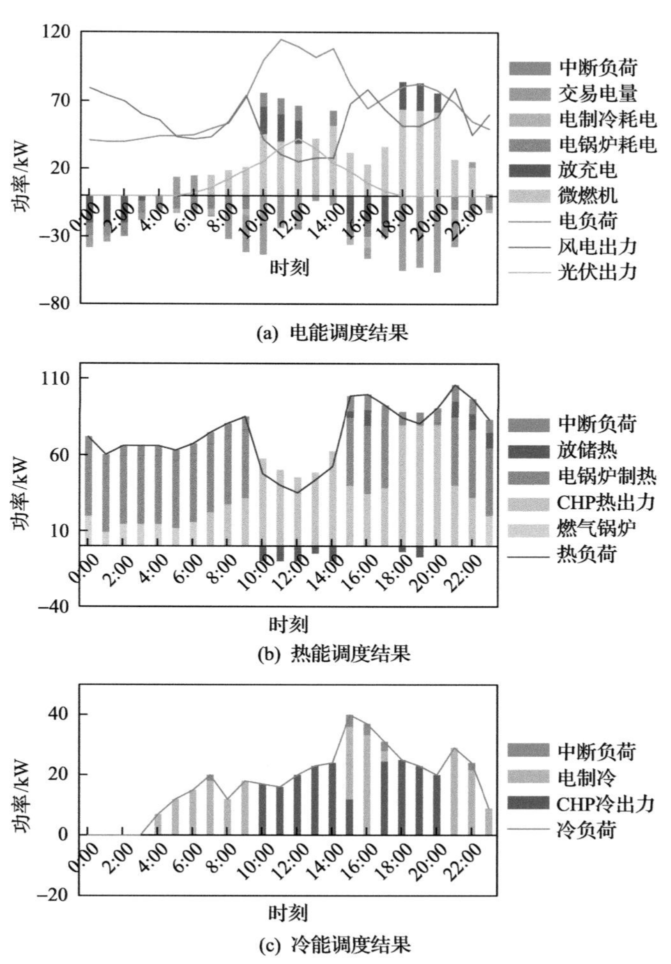

图 6-71　电-热-冷调度结果

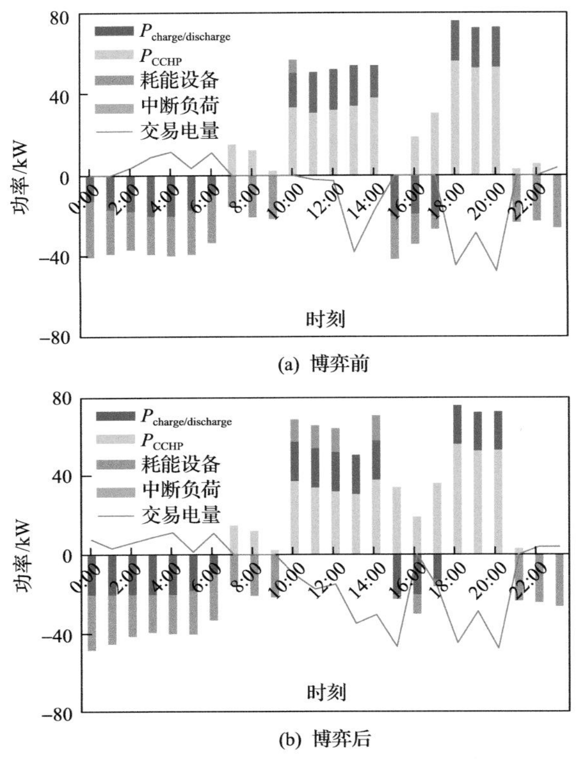

图 6-72　博弈前后出力变化

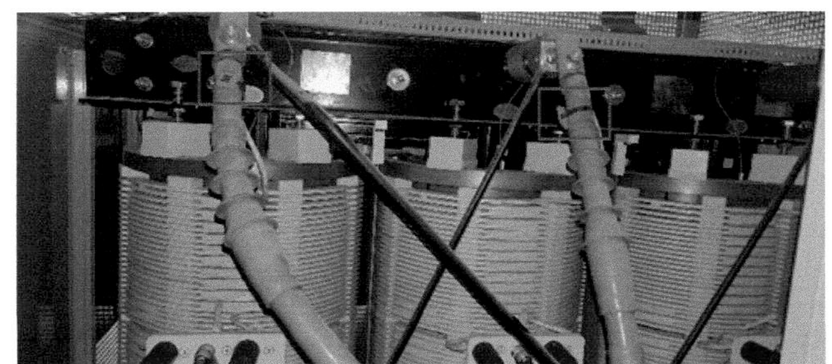

图 7-11 配电站房各类传感器安装实物图